面向“十二五”高职高专土木与建筑规划教材

建筑工程制图与识图

赵建军　主　编

清华大学出版社
北　京

内容简介

本书是在总结多年高等职业教育经验的基础上，根据教育部对高等职业教育的最新要求编写的专业基础课程教材。在本书的编写过程中，结合高等职业教育的办学特点，“以应用为目的，以必需和够用为度”，着重介绍了制图基本知识、投影基本知识、立体的投影、轴测图、组合体投影图、剖面图与断面图、建筑施工图、结构施工图、单层工业厂房施工图、计算机绘图——AutoCAD 基础等内容，另附实际工程图纸一套，供实训使用。同时，为适应不同培养方向的需要，对部分内容进行了适当的加深和拓宽，并加大了各种施工图的识读训练。

本书采用国家最新颁布的技术制图标准及各专业现行制图标准，文字精练，言简意明，图文并重。同时出版的《建筑工程制图与识图习题集》与本书配套使用。

本书既可作为高职高专、各类成人高校建筑工程类专业的基础教材，也可作为职工培训和广大自学者及工程技术人员的参考书。

图书在版编目(CIP)数据

建筑工程制图与识图/赵建军主编. --北京：清华大学出版社，2012（2017.10 重印）
(面向“十二五”高职高专土木与建筑规划教材)
ISBN 978-7-302-29496-2

Ⅰ. ①建…　Ⅱ. ①赵…　Ⅲ. ①建筑制图—高等职业教育—教材　Ⅳ. ①TU204

中国版本图书馆 CIP 数据核字(2012)第 170245 号

责任编辑：桑任松
装帧设计：刘孝琼
责任校对：李玉萍
责任印制：杨　艳

出版发行：清华大学出版社
网　　址：http://www.tup.com.cn，http://www.wqbook.com
地　　址：北京清华大学学研大厦 A 座　　邮　　编：100084
社 总 机：010-62770175　　邮　　购：010-62786544
投稿与读者服务：010-62776969，c-service@tup.tsinghua.edu.cn
质 量 反 馈：010-62772015，zhiliang@tup.tsinghua.edu.cn
印 刷 者：北京富博印刷有限公司
装 订 者：北京市密云县京文制本装订厂
经　　销：全国新华书店
开　　本：185mm×260mm　　**印　张**：16.25　　**字　　数**：395 千字
版　　次：2012 年 9 月第 1 版　　**印　　次**：2017 年 10 月第8 次印刷
印　　数：16501～19000
定　　价：30.00 元

产品编号：045863-01

前　言

本书是一本面向建筑类专业工程素质教育的基础性教材，是针对目前土建类专业高职高专学生的知识储备、职业特点和工作需要而编写的。本书的编写以职业能力培养为主线，注重处理好知识、能力和素质三者之间的关系，以体现基础知识、基础理论为出发点，加强基本技能和职业能力的培养，坚持基础理论以够用为度、适用为主的原则。本门课程的理念及思路就是培养学生的动手能力和实践能力，提高其实际应用中的绘图和读图能力。为了教学，同时还编写出版了与本书相配套的《建筑工程制图与识图习题集》。

全书共10章并设附录，由赵建军任主编并统稿，参编人员有李洪坤、张海玲、李晓华和李世文等。其中各章节基本分工为：李洪坤编写了第1、4章；赵建军编写了第2、3、5、7章；李晓华编写了第6章；张海玲编写了第8、9章；第10章由赵建军和李世文共同编写等；附录由李世文编绘。

在本书的编写过程中，编者认真总结长期以来课程教学实践经验，并广泛吸取同类教材的优点，力求做到以下几点。

(1) 为在有限的时间内把最需要的知识和技能传授给学生，同时也便于学生抓住重点，提高学习效率，本着够用为度、适用为主的原则在保证能正确、熟练表达工程图样的前提下，精简了画法几何内容，增强了专业施工图的内容。

(2) 在注重基础知识的系统性、表达的规范性和准确性的同时，充分考虑对学生能力的培养和训练。

(3) 考虑到制图与识图课时的普遍减少，以制图规范、投影方法、简单专业图样为主要内容，教师可根据教学课时和教学条件按一定的广度和深度进行补充。

(4) 注重密切结合工程实际，专业例图来源于工程实际，并附实际施工图一套供实训使用，便于学生理论联系实际，有利于提高学生识读施工图的能力。

(5) 贯彻新的国家制图标准，力求严谨、规范，叙述准确，通俗易懂。

在教学过程中建议教师将讲授课本知识与做习题集习题紧密结合起来，使理论教学与实践教学相辅相成，互相补充，穿插进行，教学效果会更好。

本书编写过程中，参阅了有关教材和文献资料，在此对这些作者表示衷心的感谢。

由于编者水平有限，书中难免有缺点和错误，恳请广大教师及读者批评指正。

编　者

目　录

第 1 章　制图基本知识

【本章要点】

- 绘图工具的使用
- 国家制图的基本规定
- 几何作图的方法
- 平面图形绘制的步骤

【本章难点】

平面图形的分析及画法

1.1　制图工具、仪器用品

本节只介绍常用的手工绘图工具及仪器等的使用知识。

1.1.1　制图工具

1. 图板

图板用于铺放图纸，一般用胶合板制成，其表面要求平整、光洁。图板的短边为工作边(也叫导边)，必须光滑、平直，如图 1-1 所示。

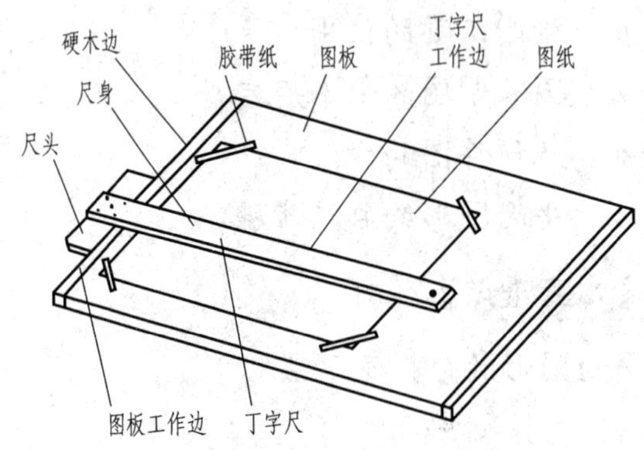

图 1-1　主要绘图工具

2. 丁字尺

丁字尺主要用于画水平线。

丁字尺一般用有机玻璃制成，尺头与尺身相互垂直构成丁字形，尺头与尺身牢固连接，尺头的内边缘为丁字尺导边，尺身上边缘为工作边，都要求平直、光滑。

使用丁字尺时(见图 1-2)，左手握尺头，使尺头紧靠图板左边缘。尺头沿图板的左边缘上下滑动到需要画线的位置，从左向右画水平线。画一组水平线时，要从上到下逐条画出。应注意，尺头不能靠图板的其他边缘滑动画线，也不能用丁字尺的下边缘画线。丁字尺不用时应挂起来，以免尺身翘起变形。

3. 三角板

一副三角板有 45° 和 30° 、60° 的各一块，一般用有机玻璃制成。三角板用于绘制各种方向的直线。其与丁字尺配合使用，可画垂直线以及与水平线成 30° 、45° 、60° 夹角的倾斜线，如图 1-3 所示。用两块三角板可以画与水平线成 15° 、75° 夹角的倾斜线，还可以画任意已知直线的平行线和垂直线，如图 1-4 所示。

4. 比例尺

比例尺是用于放大或缩小实际尺寸的一种尺子，其形式常为三棱柱，故又称三棱尺，如图 1-5 所示。比例尺的 3 个面刻有 6 种不同的比例刻度，供绘图时使用。比例尺上的刻度一般以米(m)为单位。

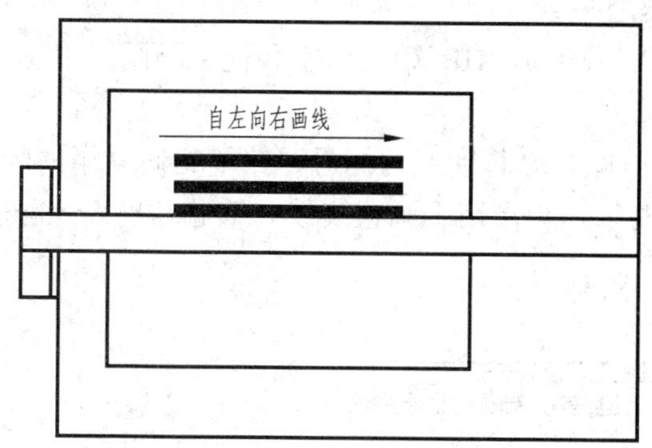

图 1-2　用丁字尺画水平平行线

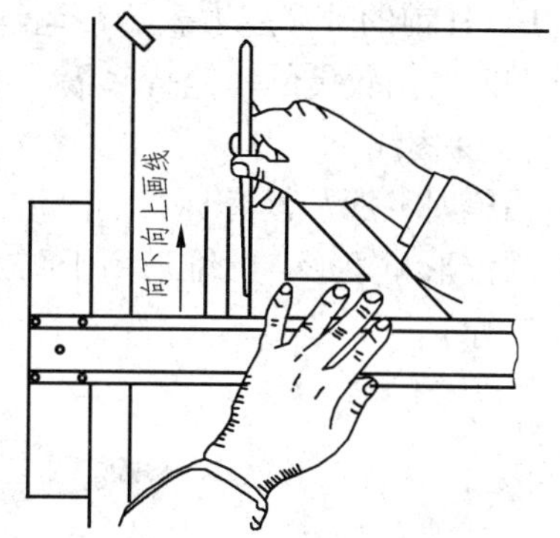

图 1-3　用三角板与丁字尺配合画铅垂平行线

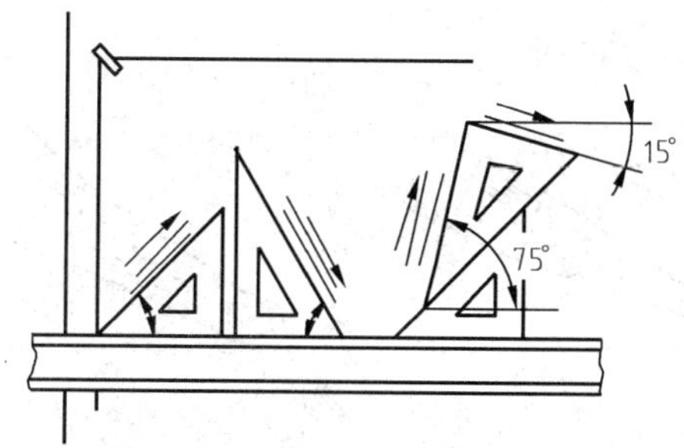

图 1-4　用三角板与丁字尺配合画与水平线成 15°及其倍数的斜线

5．曲线板

曲线板用来描画非圆弧曲线。使用时(见图 1-6)应先徒手将所求曲线上各点轻轻地依次连成圆滑的细线，然后从曲率大的地方着手，在曲线板上找到曲率变化与该段曲线基本相同的一段进行描画。一般每描一段最少有 4 个点与曲线板的曲线重合。为了保证连接顺滑，每描一段曲线时，应有一小段与前一段所描的线段重合，后面留一小段待下次描画。

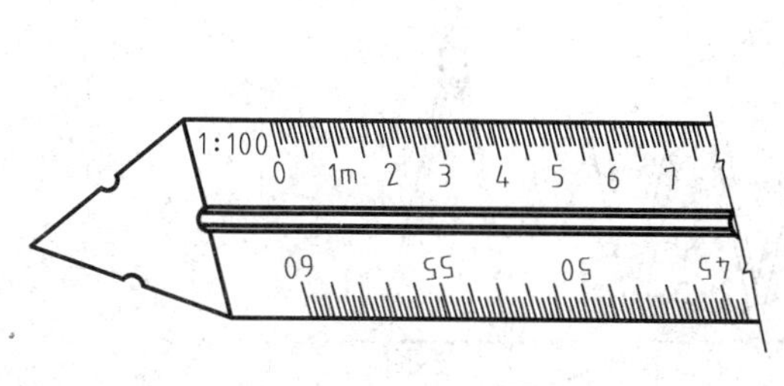

图 1-5　比例尺

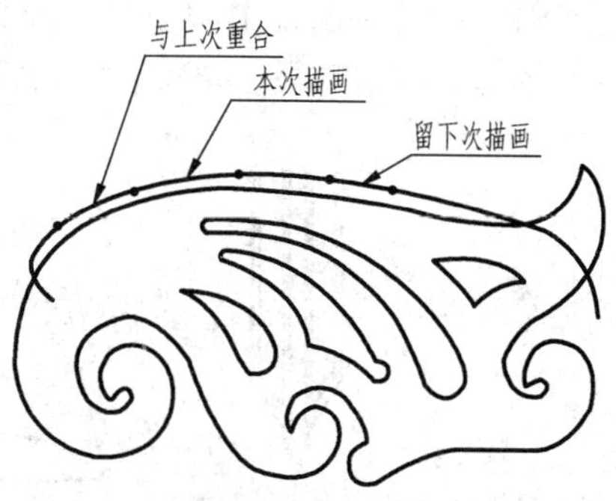

图 1-6　用曲线板描画非圆弧曲线

6. 绘图铅笔

绘图铅笔用标号来表示铅芯的软硬程度。H 表示硬铅笔，B 表示软铅笔，HB 表示软硬适中，B、H 前的数字越大表示铅笔越软和越硬。

绘图时常用较硬的铅笔打底稿，如 H、2H 等；用 HB 铅笔写字和徒手画图，用 B 或 2B 铅笔加深图线。

削铅笔时，应从没有标号的一端削起，以保留铅芯硬度的标号，铅笔铅芯常用的削制形状有圆锥形和矩形，圆锥形用于画细线和写字，矩形用于画粗实线。笔芯露出 6～8mm。如图 1-7 所示。

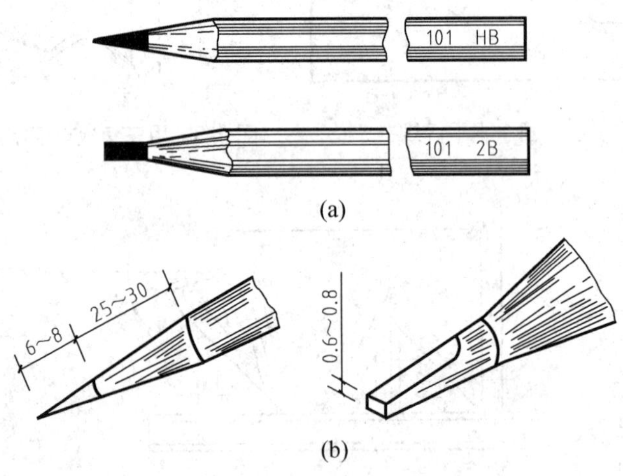

图 1-7 铅笔削法

1.1.2 绘图仪器

1. 分规

分规两脚均为钢针，两脚合拢时针尖应合于一点。用于量取尺寸和截取线段。

用分规将已知线段分成 *n* 等分时，可采用试分法。如图 1-8 所示，将线段 *AB* 五等分，先目测估计，使分规两针尖间距离大约为 1/5*AB*，然后从 *A* 点开始在 *AB* 上试分。若最后针尖未落在 *B* 点，可用剩余长度的 1/5 调整分规两针尖距离后，重新试分，直到等分为止。

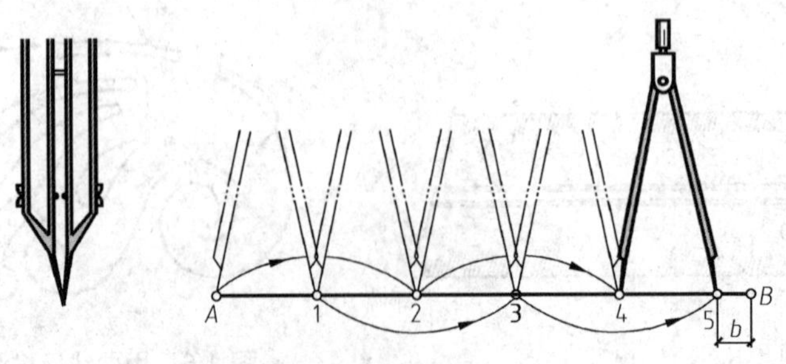

图 1-8 用分规等分线段

2. 圆规

圆规是用来画圆及圆弧的工具。一般圆规附有钢针插脚、铅芯插脚、鸭嘴笔插脚和延长杆等。

画圆时，应先调整好针脚，使针尖稍长于铅笔芯，取好半径，对准圆心，将针尖插入图板，台阶接触纸面，并使圆规略向转动方向倾斜，按顺时针方向从右下角开始画圆，绘制圆或圆弧应一次完成。画大圆时，应使圆规两脚都与纸面垂直，如图 1-9 所示。

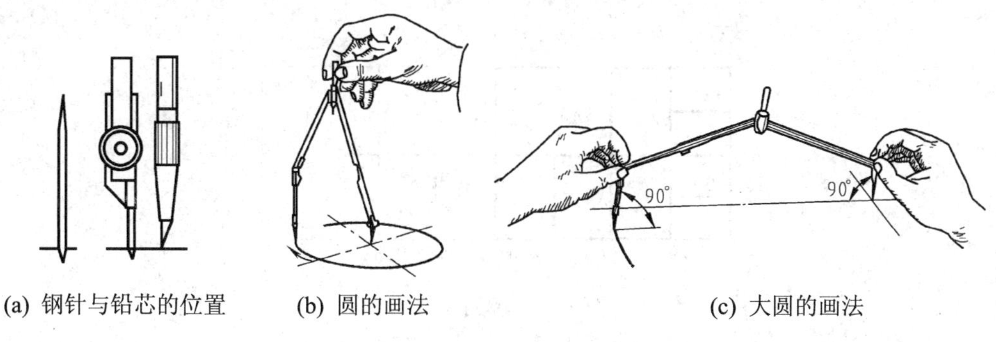

(a) 钢针与铅芯的位置　(b) 圆的画法　(c) 大圆的画法

图 1-9　用圆规画圆

1.1.3　常用绘图用品

常用绘图用品有橡皮、小刀、擦图片、胶带纸、砂纸等，绘图时应必备。

1.2　制图基本规定

本节主要介绍《房屋建筑制图统一标准》(GB/T 50001—2001)中关于图幅、线型、文字、比例、尺寸标注等基本规定。

1.2.1　幅面

幅面即图纸幅面的简称。图纸幅面是指图纸宽度与长度组成的图面。为了便于图样的绘制、使用和保管，图样均应画在一定幅面和格式的图纸上。

1. 幅面尺寸

图纸的基本幅面(如图 1-10 中粗实线所示)尺寸应符合表 1-1 的规定。表中符号的含义如图 1-11 所示。

从表 1-1 中可以看出，各号幅面的尺寸关系是：沿上一号幅面的长边对裁，即为次一号幅面的大小。

必要时，可按规定加长幅面，加长后的幅面尺寸是由基本幅面的短边整数倍增加后而形成，如图 1-10 所示。

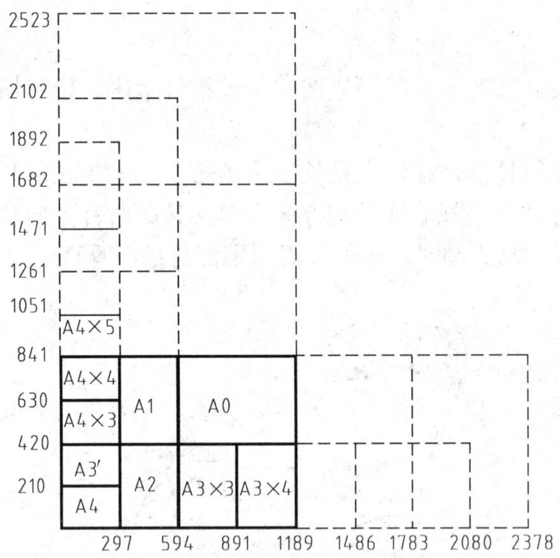

图 1-10　幅面尺寸

表 1-1　基本图幅尺寸(mm)

尺寸符号 \ 幅面代号	A0	A1	A2	A3	A4
b×*l*	841×1189	594×841	420×594	297×420	210×297
e	20		10		
c	10			5	
a	25				

2. 图框格式

图框格式是图纸上限定绘图区域的线框。图框用粗实线绘制，其格式分为留装订边(如图 1-11 所示)和不留装订边两种。同一工程的图样只能采用一种格式，建筑制图一般采用留装订边的格式。

3. 标题栏、会签栏及图纸形式

由名称及代号区、签字区、更改区和其他区组成的栏目称为图纸标题栏，用粗实线绘制。

图纸的标题栏(有时简称图标)、会签栏及装订边的位置应按图 1-11 所示布置。标题栏的大小及格式如图 1-12 所示，单位均为 mm。

会签栏应按图 1-13 所示的格式绘制，栏内应填写会签人员所代表的专业、姓名、日期(年、月、日)，一个会签栏不够时可另加一个，两个会签栏应并列，不需会签的图纸可不设会签栏。

学生制图作业用标题栏推荐如图 1-14 所示的格式。

图纸分为立式和横式两种。标题栏的长边置于水平方向，并与图纸长边平行时，构成横式图纸(如图 1-11(c)所示)。标题栏的长边与图纸的长边垂直时，则构成立式图纸(见图 1-11(a)、(b))。在此情况下，看图的方向与标题栏的方向一致。

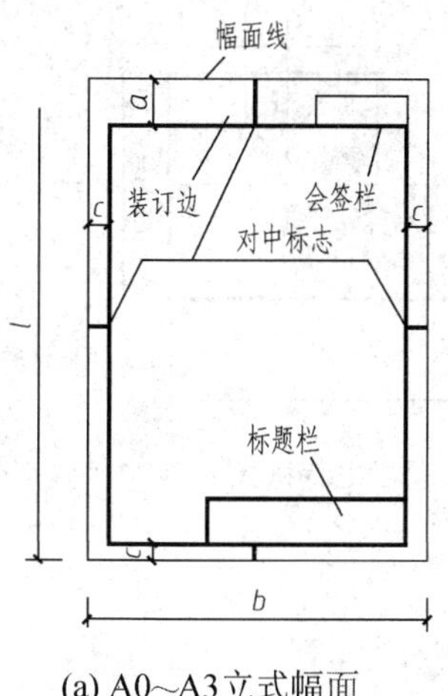

(a) A0～A3立式幅面

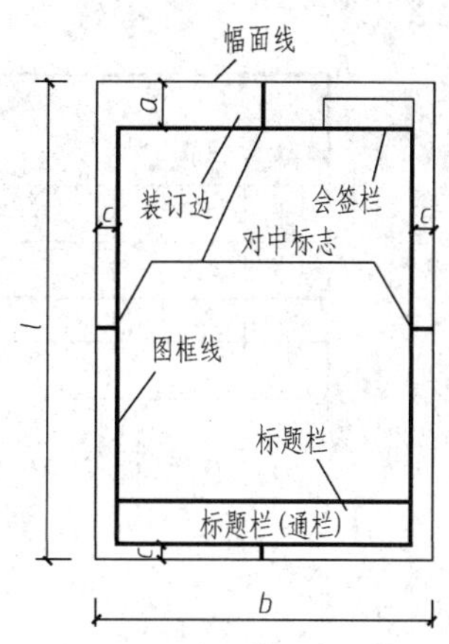

(b) A4立式幅面

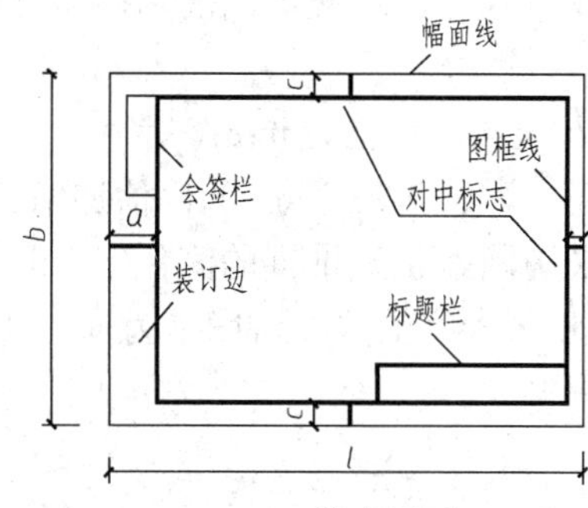

(c) A0～A3横式幅面

图 1-11　幅面、图框格式

设计单位名称	工程名称	签名	图号
	图名		

240　30(40)

设计单位名称		
签名	工程名称	图号

200　30(40)

图 1-12　标题栏

(专业)	(姓名)	(签名)	(日期)

25　25　25　25　100　5　5　5　5　20

图 1-13　会签栏

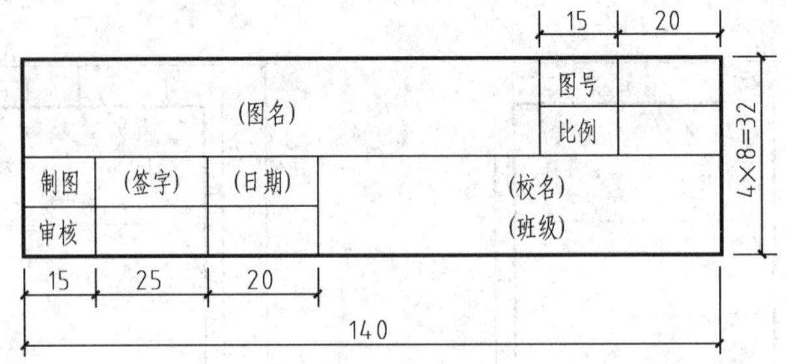

图 1-14　学生制图作业用标题栏推荐格式

1.2.2　字体

图纸上所书写的文字、数字或符号等，均应笔画清晰、字体端正、排列整齐，标点符号应清楚正确。

字体的号数即字体的高度(用 h 表示，单位为 mm)，常用的有 2.5、3.5、5、7、10、14、20 等 7 种字号。如需书写更大的字，其高度应按 $\sqrt{2}$ 的比值递增。

汉字宜采用长仿宋字体，并采用国家正式推行的简化字。长仿宋字体的字高与字宽的比例大约为 3∶2(或 1∶0.7)。书写长仿宋字的要领可归纳为横平竖直、起落有锋、填满方格、布局均匀。汉字图例如图 1-15 所示。

长仿宋体汉字示例

10号汉字

字体工整笔画清楚间隔均匀排列整齐

7号字

横平竖直注意起落结构均匀填满方格

5号字

技术制图机械电子汽车航空船舶土木建筑矿山井坑港口纺织服装

图 1-15　图纸汉字示例

拉丁字母、阿拉伯数字、罗马数字等应写成线字体，有一般字体和窄字体两种，其书写规则应符合表 1-2 中的规定。

拉丁字母、阿拉伯数字、罗马数字也可写成斜体。斜体字字头向右倾斜，与水平基准线成 75°，如图 1-16 所示。

表 1-2　拉丁字母、阿拉伯数字、罗马数字书写规则

字　体		一般字体	窄字体
字母高	大写字母	h	h
	小写字母(上下均无延伸)	7/10h	10/14h
小写字母向上或向下延伸部分		3/10h	4/14h
笔画宽度		1/10h	1/14h
间隔	字母	2/10h	2/14h
	上下行底线间最小间隔	14/10h	20/14h
	文字间最小间隔	6/10h	6/14h

A B C D E F G H I J K L M

N O P Q R S T U V W X Y Z

abcdefghijklmnopqrstuvwxyz

1 2 3 4 5 6 7 8 9 0

A B C R a b c d 5 3 1

图 1-16　字体示例

1.2.3　图线

画在图纸上的线条统称图线。图线的名称、线型、线宽、用途如表 1-3 所示。

表 1-3　线　型

名　称	线　型	线　宽	用　途
粗实线	————	b	(1) 平、剖面图中被剖切的主要建筑构造(包括构配件)的轮廓线 (2) 建筑立面图或室内立面图的外轮廓线 (3) 建筑构配件详图中被剖切的主要部分的轮廓线 (4) 建筑构配件详图中的外轮廓线 (5) 平、立、剖面图的剖切符号
中实线	————	0.5b	(1) 平、剖面图中被剖切的次要建筑构造(包括构配件)的轮廓线 (2) 建筑平、立、剖面图中建筑构配件的轮廓线 (3) 建筑构造详图及建筑构配件详图中的一般轮廓线 (4) 尺寸起止符号

续表

名 称	线 型	线 宽	用 途
细实线	————————	0.25b	小于 0.5b 的图形线、尺寸线、尺寸界线、图例线、索引符号、标高符号、详图材料做法的引出线、较小图形的中心线等
中虚线	- - - - - - - - -	0.5b	(1) 建筑构造详图及建筑构配件不可见的轮廓线 (2) 平面图中的起重机(吊车)轮廓线 (3) 拟扩建的建筑物轮廓线
细虚线	- - - - - - - - - -	0.25b	图例线、小于 0.5b 的不可见轮廓线
粗单点长画线	——— - ———	b	起重机(吊车)轨道线
细单点长画线	——— - ———	0.25b	中心线、对称线、定位轴线
折断线	——\/——	0.25b	不需画全的断开接线
波浪线	～～～	0.25b	不需画全的断开接线 构造层次不断开接线

图线的宽度 b，宜从下列线宽系列中选取，既 2.0mm、1.4mm、1.0mm、0.7mm、0.5mm、0.35mm、0.25mm、0.18mm。每个图样，应根据复杂程度与比例大小，先选定基本线宽 b，再选用表 1-3 中相应的线宽组。

粗线、中线、细线的宽度比率为 4∶2∶1。

在同一图样中，同类图样的线宽与形式应保持一致。图纸的图框和标题栏线，可采用表 1-4 中的线宽。

表 1-4　图框线、标题栏线的宽度

单位：mm

幅面代号	图 框 线	标题栏外框线	标题栏分格、会签栏线
A0、A1	1.4	0.7	0.35
A2、A3、A4	1.0	0.7	0.35

绘制图线应注意以下几点。

(1) 相互平行的图线，其间隙不宜小于其中的粗线宽度，且不宜小于 0.7mm。

(2) 虚线、单点长画线或双点长画线的线段长度和间隔，宜各自相等。

(3) 单点长画线或双点长画线，当在较小图形中绘制有困难时，可用实线代替。

(4) 单点长画线或双点长画线的两端，不应是点。点画线(也称点划线)与点画线交接或点画线与其他图线交接时，应是线段交接。

(5) 虚线与虚线交接或虚线与其他图线交接时，应是线段交接。虚线为实线的延长线时，不得与实线连接。

(6) 图线不得与文字、数字或符号重叠、混淆，不可避免时，应首先保证文字等的清晰。

图线的有关画法如图 1-17 所示。

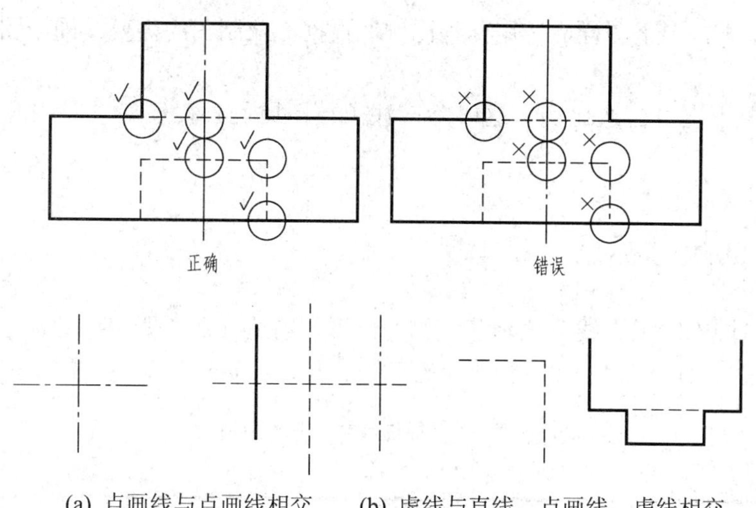

(a) 点画线与点画线相交　(b) 虚线与直线、点画线、虚线相交

图 1-17　图线的有关画法

1.2.4　比例

比例是图中图形与其实物相应要素的线性尺寸之比。比例符号用“：”表示，表示方法如 1∶1、1∶200、1∶1000 等。

比例的大小是指其比值的大小。

比例宜注写在图名的右侧，字的基准应取平。

比例的字高宜比图名的字高小一号或二号，如图 1-18 所示。

平面图 1:100　⑥ 1:20

图 1-18　比例的书写示例

绘制图样所用比例，应根据图样的用途与被绘制对象的复杂程度，从表 1-5 中选用，并应优先选用表中的常用比例。

表 1-5　绘图比例

种　类	比　例					
原值比例	优先选用	1∶1				
放大比例	优先选用	5∶1 5×10^n∶1	2∶1 2×10^n∶1	 1×10^n∶1		
	可选用	4∶1	2.5∶1	4×10^n∶1	2.5×10^n∶1	
缩小比例	优先选用	1∶2 1∶2×10^n	1∶5 1∶5×10^n	1∶10 1∶1×10^n		
	可选用	1∶1.5 1∶1.5×10^n	1∶2.5 1∶2.5×10^n	1∶3 1∶3×10^n	1∶4 1∶4×10^n	1∶6 1∶6×10^n

一般情况下，一个图样应选用一种比例。根据专业制图的需要，同一图样也可选用两种比例。

特殊情况下也可自选比例，这时除应注出绘图比例外，还必须在相应位置绘制出比例尺。

1.2.5 平面尺寸标注

建筑工程图中除了用线条表示建筑物的外形、构造外，还要有尺寸标注数字来准确、清楚地表达建筑物的实际尺寸，以作为施工的依据。表 1-6 列出了标注尺寸的基本规则。

表 1-6 标注尺寸的基本规则

单位：mm

	说 明	图 例
总则	(1) 完整的尺寸由下列内容组成： ① 尺寸界线(细实线)； ② 尺寸线(细实线)； ③ 尺寸起止符号(尺寸线终端)； ④ 尺寸数字。 (2) 实物的真实大小应以图上所注尺寸数据为依据，与图形比例无关。 (3) 除标高和总平面图以 m 为单位外，尺寸单位均为 mm，无须注明。	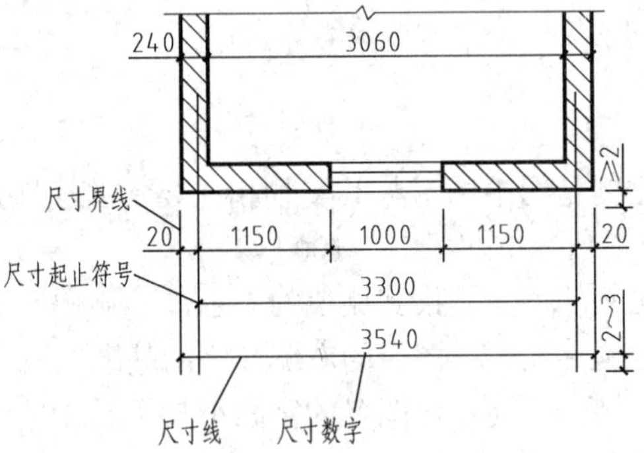
尺寸数字	(1) 尺寸数字的方向应按图(a)的方向标注，尽量避免在图中所示 30º 范围内标注尺寸，当无法避免时可按图(b)的形式标注。	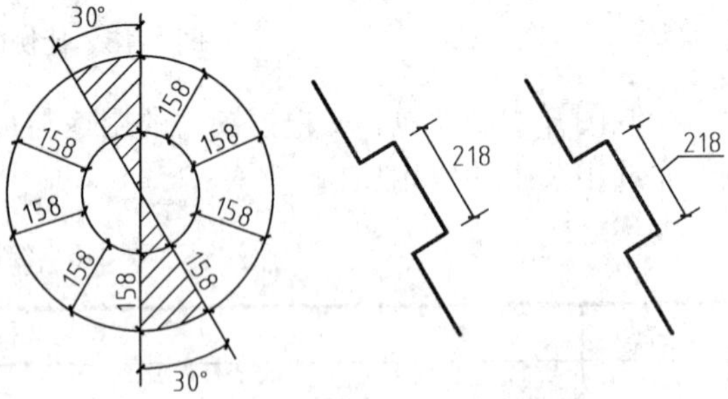 (a) (b)

续表

	说　明	图　例
尺寸数字	(2) 线性尺寸数字一般应依据其方向注写在靠近尺寸线的上方中部。如没有足够的注写位置，最外边的尺寸数字可注写在尺寸界线的外侧，中间相邻的尺寸数字可错开注写，也可引出注写。	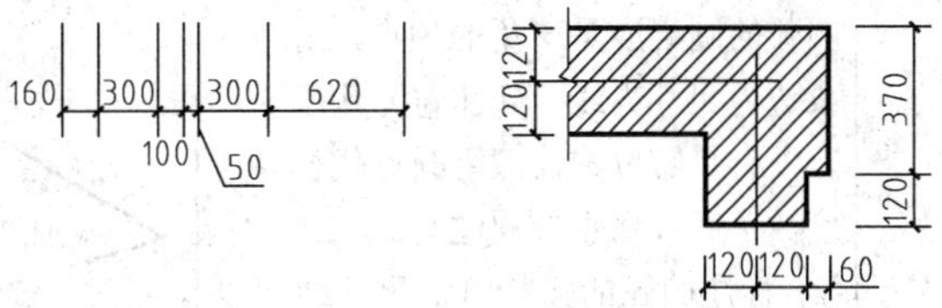
	(3) 任何图线不得与尺寸数字相交，无法避免时，应将图线断开。	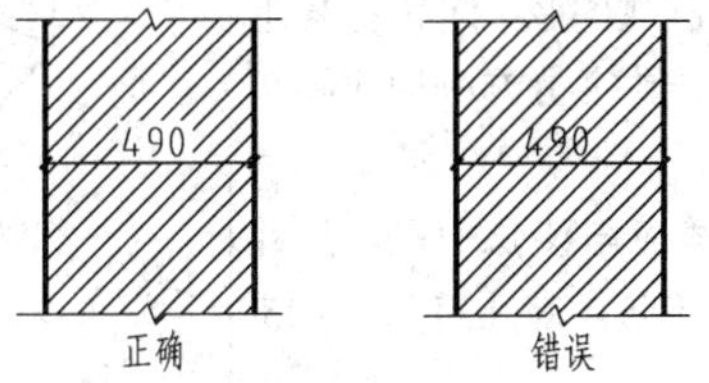 正确　错误
尺寸线	尺寸线用细实线绘制，并与被注长度平行，与尺寸界线垂直相交，但不宜超出尺寸界线外。图样上任何图线都不得用作尺寸线。	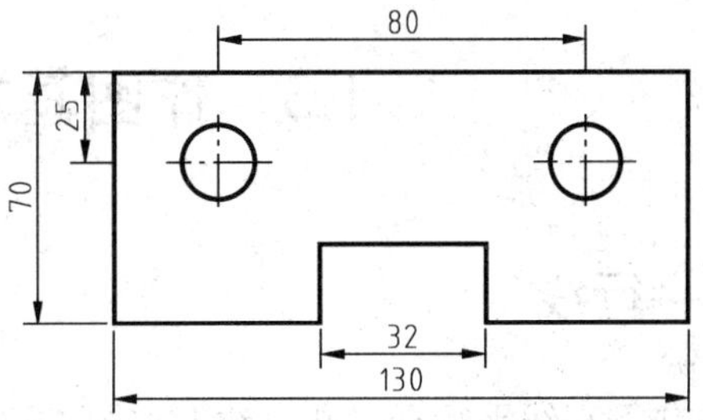
尺寸界线	轮廓线、中心线可作尺寸界线。	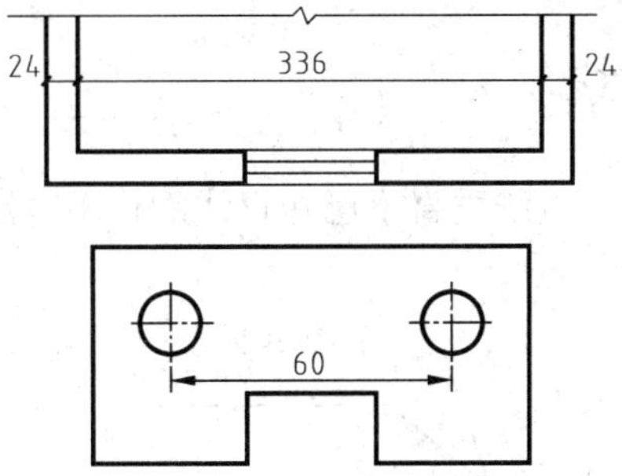
直径与半径	(1) 标注直径尺寸时应在尺寸数字前加注符号“ *ϕ* ”，标注半径尺寸时，加注符号“*R*”。 (2) 半径的尺寸线应一端从圆心开始，另一端画箭头指向圆弧。直径的尺寸线应通过圆心，两端画箭头指至圆弧。 (3) 较大或较小的半径、直径尺寸按图示标注。	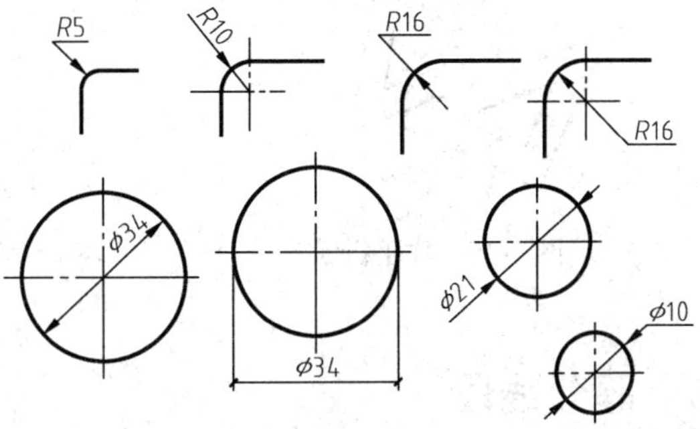

续表

	说　明	图　例
角度、弧度、弦长	(1) 角度的尺寸线应以圆弧表示。此圆弧的圆心应是该角的顶点，角的两条边为尺寸界线。起止符号用箭头，若没有足够位置，可用圆点代替。角度数字应按水平方向注写。 (2) 标注圆弧的弧长时，尺寸线应以与该圆弧同心的圆弧线表示，尺寸界线应垂直于该圆弧的弦，起止符号用箭头表示，弧长数字上方应加注圆弧符号“⌒”。 (3) 弦长尺寸线应与该弦平行，尺寸界线应垂直于该弦，起止符号用 45º 斜短画线表示。	58°　35°　38　20°　12°　⌒76　543

1.3 作图基本方法

1.3.1 作平行线

过已知点作一直线平行于已知直线的作图方法如图 1-19 所示。

1.3.2 作垂线

过已知点作一直线垂直于已知直线的作图方法如图 1-20 所示。

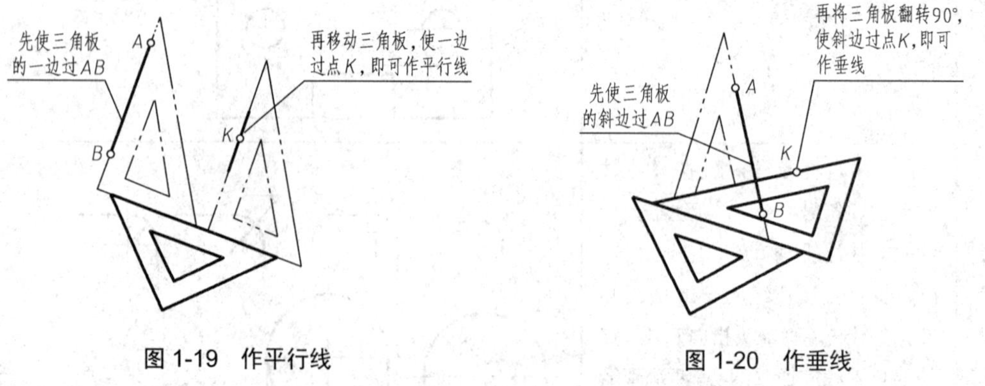

图 1-19　作平行线　　　图 1-20　作垂线

1.3.3 等分线段

等分线段的作图方法如图 1-21 所示。

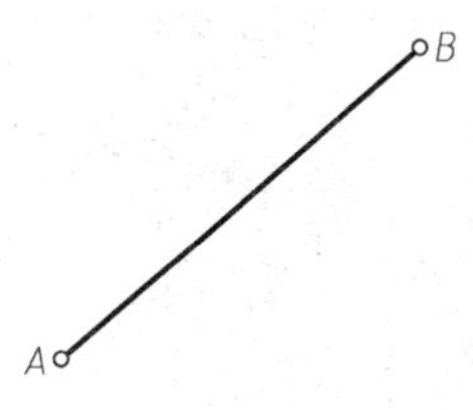

(a) 已知直线段AB

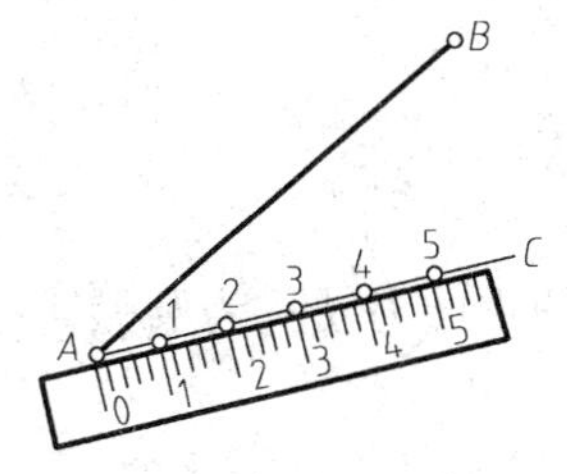

(b) 过点A作任意直线AC，用直尺在AC上从点A起截取任意长度的5等分，得1、2、3、4、5点

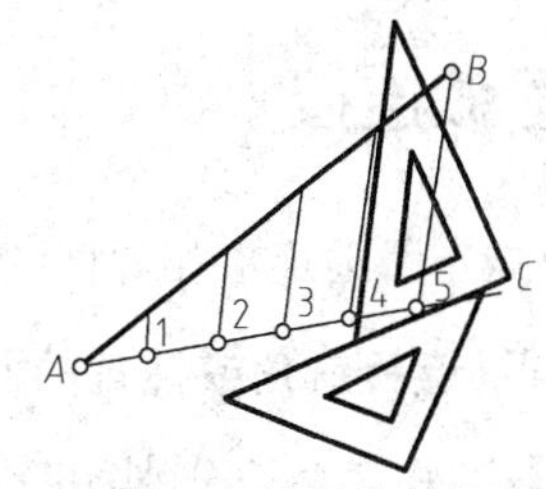

(c) 连接B5，然后过其他点分别作直线平行于B5，交AB于4个等分点，即为所求

图 1-21　等分线段

1.3.4　等分圆周

这里只分析六等分、五等分圆周的作图方法。

1. 六等分

(1) 用圆规作图，如图 1-22 所示。
(2) 用丁字尺和三角板作图，如图 1-23 所示。

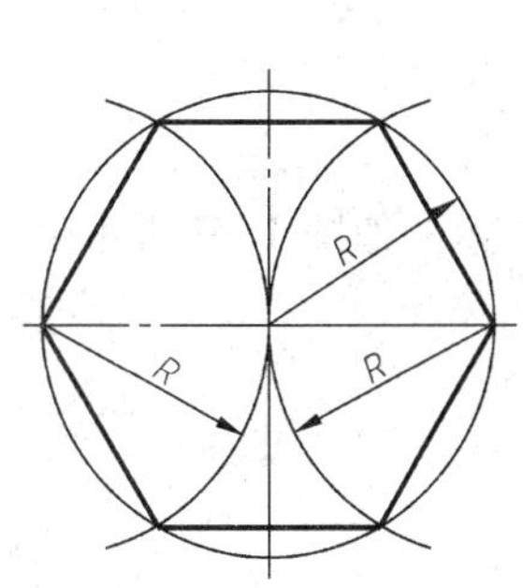

图 1-22　用圆规六等分圆周

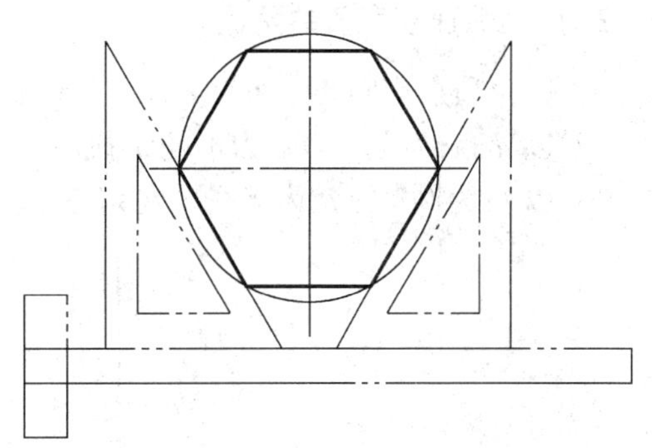

图 1-23　用丁字尺、三角板六等分圆周

2. 五等分

五等分圆周，如图 1-24 所示。

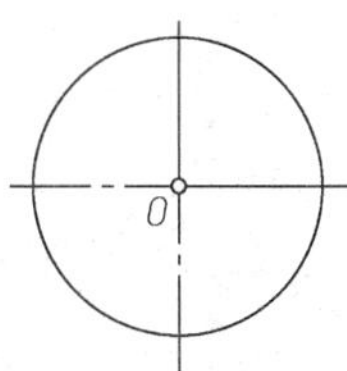

(a) 已知圆O

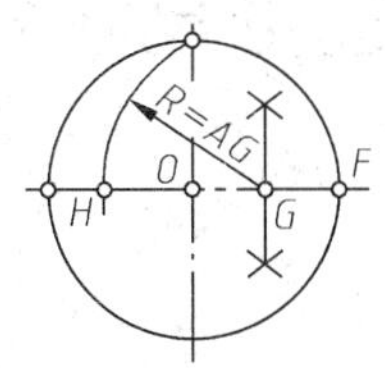

(b) 作出半径OF的等分点G，以G为圆心，GA为半径作圆弧，交直径于H

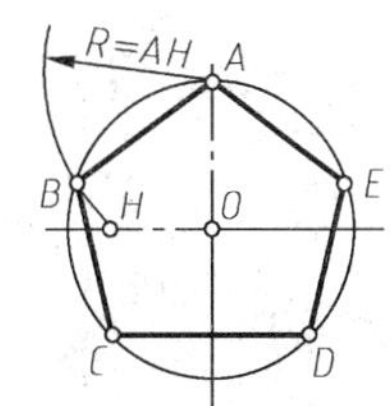

(c) 以AH为半径, 分圆周为五等分。顺序连接各等分点A、B、C、D、E，即为所求

图 1-24　五等分圆周

1.3.5 圆弧连接

用一圆弧光滑地连接相邻两线段的作图方法称为圆弧连接。

1. 用圆弧连接锐角或钝角的两边

(1) 作与已知角两边分别相距 R 的平行线，交点 O 即为所求的连接弧的圆心。
(2) 过 O 点分别向已知角两边作垂线，垂足 d、e 即为切点。
(3) 以 O 为圆心，R 为半径，在切点 d、e 之间连接圆弧，如图 1-25 所示。

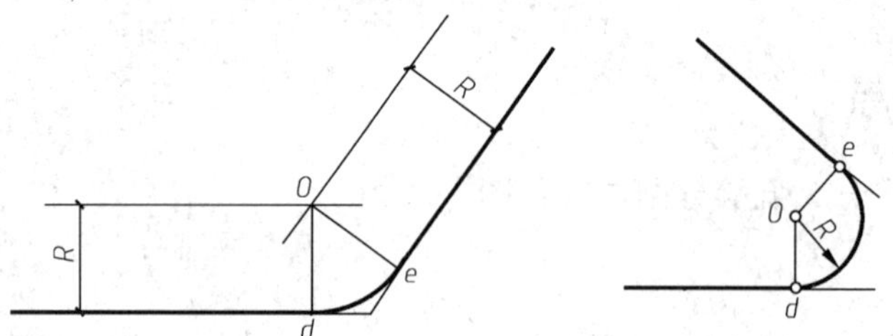

图 1-25 用圆弧连接锐角或钝角的两边

2. 用圆弧连接直角的两边

(1) 以角顶点为圆心，R 为半径，交两直角边于 d、e 点。
(2) 以 d、e 为圆心，R 为半径作圆弧交于 O'点。
(3) 以 O'为圆心，R 为半径，在切点 d、e 之间连接圆弧，如图 1-26 所示。

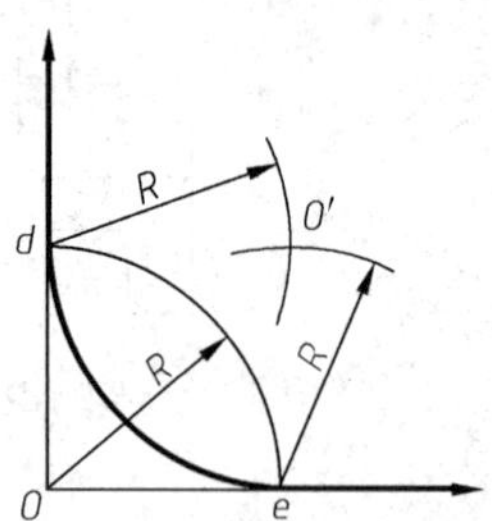

图 1-26 用圆弧连接直角的两边

1.4 平面图形尺寸分析

1.4.1 尺寸分析

平面图形中的尺寸按其作用分为以下两类。
(1) 定形尺寸。确定各组成部分的形状和大小的尺寸。如图 1-27 中的 $\varphi30$、$R14$、$R98$ 等。

(2) 定位尺寸。确定各组成部分之间相对位置的尺寸。如图 1-27 中的尺寸 36、52 分别是 φ30 和 R14 的定位尺寸。

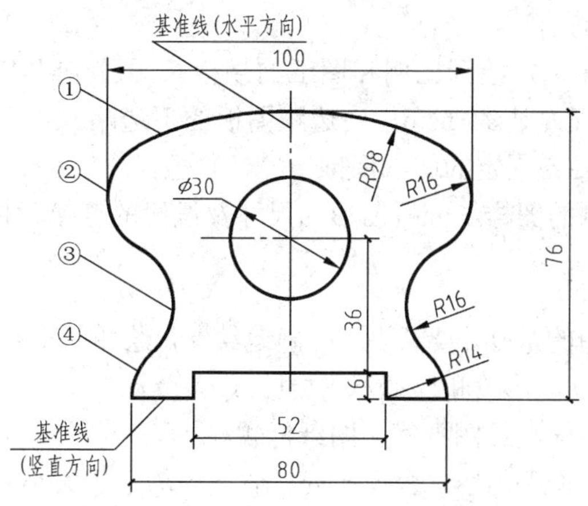

图 1-27　平面图

尺寸基准——标注尺寸的起点。

在平面图形中，水平与竖直方向各有一个尺寸基准。通常选取图形的对称线、圆的中心线、重要端线等作为尺寸基准。

有时某个尺寸既是定形尺寸也是定位尺寸，具有双重作用。

1.4.2　平面图形的线段分析

平面图形中的线段，根据所给的尺寸是否完整，可分为 3 种。

1. 已知线段

根据给出的尺寸可以直接画出的线段称为已知线段，即这个线段的定形尺寸和定位尺寸都完整。例如，图 1-27 中根据 80、52、6、R14、36、φ30 画出的直线、圆和圆弧。

2. 中间线段

线段尺寸不全，但只要一段相邻线段先作出后，就可根据尺寸和几何条件作出的线段称为中间线段。

3. 连接线段

尺寸不全，需要依靠两端相切或相接的条件才能画出的线段称为连接线段。

1.5　绘图的一般步骤

绘制工程图时，为了保证图纸的质量、提高工作效率，除了要养成认真、耐心的良好习惯之外，还要按照一定的方法和步骤循序渐进地完成。

1. 制图前的准备工作

(1) 准备好绘图的各种工具，如图板、丁字尺、三角板及铅笔等，并且在绘图之前和绘图过程中都要保持工具的清洁。

(2) 根据绘图的需要选定绘图比例和图纸的规格，用胶带纸将图纸固定在图板的左下角，使图纸的左边距图板左边约 5cm，底边距图板的下边略大于丁字尺的宽度，贴图时应用丁字尺校正其位置。要使固定的图纸保持干净、平整。

(3) 认真阅读所绘制的图样，分析图形的尺寸及线段的连接，拟定作图顺序。

2. 绘制底稿

(1) 底稿图是一张图的基础，要认真、准确地绘制。绘图时采用削尖的 H 或 2H 铅笔绘制，底稿线要细而淡，以便修改和擦掉不需要的线。

(2) 依次画出图纸幅面线、图框线、图纸标题栏。

(3) 根据所画图的类型和内容，合理布局。估计各图形的大小及预留尺寸线的位置，将图形均匀、整齐地安排在图纸上，避免某部分太紧凑或某部分过于宽松。

(4) 画图时，一般先画轴线或中心线，其次画图形的主要轮廓线，然后画细部线；尺寸线、尺寸界线、剖面符号、文字说明等，可在图形加深完后再注写。材料符号在底稿中只需画出一部分或不画，待加深时再全部画出。

3. 加深底稿

(1) 在图形加深前，要认真校对底稿，修正错误和填补遗漏；底稿经检查无误后，擦去多余的线条和污垢。

(2) 一般用 2B 铅笔加深粗线，用 B 铅笔加深中粗线，用 HB 铅笔加深细线、注写文字和画箭头。用铅笔加深图线时用力要均匀，边画边转动铅笔，使加深出来的线条粗细均匀、颜色深浅一致，加深时还要根据制图的有关规定，做到线型正确、粗细分明，图线与图线的连接要光滑、准确，图面要整洁。

(3) 加深图线的一般步骤如下。

① 加深所有的点画线(先水平点画线，后铅垂点画线)。

② 加深所有粗实线的曲线、圆及圆弧。

③ 依次从上到下加深所有水平方向的粗实线：从左到右加深所有铅垂方向的粗实线。

④ 从图的左上方开始，依次加深所有倾斜的粗实线。

⑤ 按照加深粗实线同样的步骤，加深所有的中虚线曲线、圆和圆弧，然后加深水平的、铅垂的和倾斜的中虚线。

⑥ 按照加深粗实线的同样步骤，加深所有的中实线。

⑦ 加深所有的细实线、折断线、波浪线等。

⑧ 画尺寸起止符号或箭头，注写尺寸数字、文字说明，并填写标题栏。

⑨ 加深图框及标题栏。

第 2 章　投影基本知识

【本章要点】

- 正投影的基本原理
- 点、线、面的三面投影
- 特殊位置直线、平面的投影特性
- 直角定理
- 两直线的相对位置

【本章难点】

求一般位置直线的实长与倾角(与水平投影面或正投影面的夹角)、直角定理的应用

2.1 投 影 概 述

2.1.1 投影的形成

在日常生活中，光线照射物体，在地面上就会出现影子，而且随着光线照射角度或距离的改变，影子的位置和大小也会改变，这就是自然界的投影现象。自然界中物体的影子是灰黑一片的，如图 2-1 所示，它只能反映物体外形的轮廓，不能反映物体上的一些变化或内部情况，这样不符合清晰表达工程物体形状大小的要求。

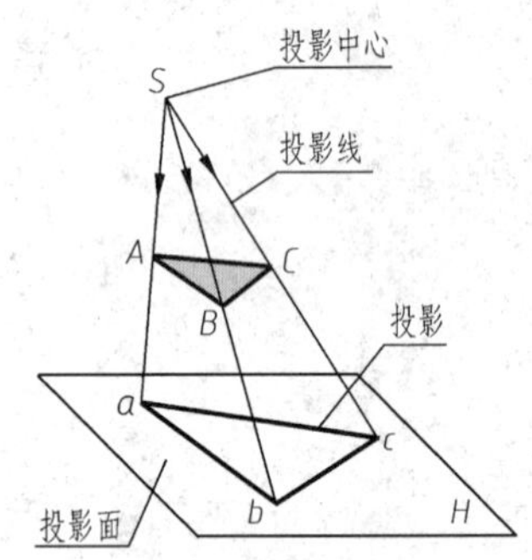

图 2-1 投影的形成

工程制图上，假设光线能透过物体将物体上所有轮廓线都反映在落影平面上，这样的“影子”能够反映出物体的轮廓形状，通常把这种影子称为物体的投影图。

如图 2-1 所示，在投影理论中，把光源 *S* 称为投影中心，光线称为投射线，光线的射向称为投射方向，落影的平面 *H*(如地面、墙面等)称为投影面，把产生的影子称为投影，把物体抽象称为形体(只考虑物体在空间的形状、大小、位置而不考虑其他)，把空间的点、线、面称为几何元素。

产生投影必须具备下面 3 个条件：投射线、投影面、形体(或几何元素)。三者缺一不可，称为投影三要素。

2.1.2 投影的分类

根据投射方式的不同，投影一般分为两类，即中心投影和平行投影。

1. 中心投影

当投影中心 *S* 距投影面为有限远时，所有的投射线都从投影中心一点出发，这种投影方法称为中心投影法，由此得到的投影图称为中心投影图，简称中心投影，如图 2-2(a)所示。

2. 平行投影

当投影中心 *S* 距投影面为无穷远时，所有的投射线变得互相平行(如同太阳光一样)，这种投影法称为平行投影法，由此得到的投影图称为平行投影图，简称平行投影。

平行投影根据投射线与投影面相对位置的不同，又可分为正投影和斜投影两种。

(1) 正投影。投射线垂直于投影面产生的平行投影叫做正投影，如图 2-2(b)所示。

(2) 斜投影。投射线倾斜于投影面产生的平行投影叫做斜投影，如图 2-2(c)所示。

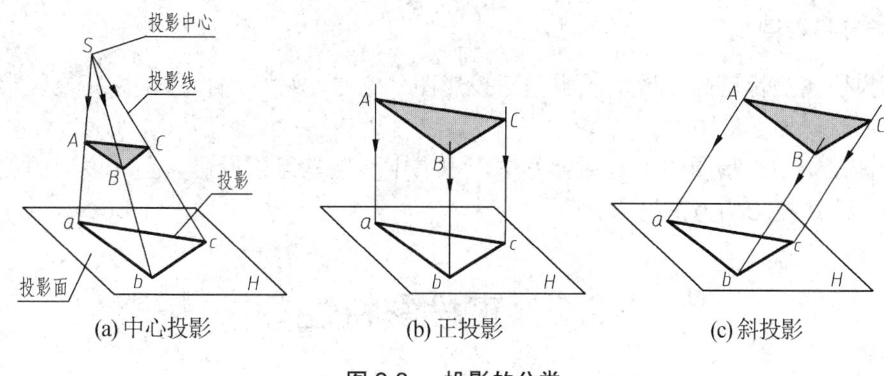

(a) 中心投影　　(b) 正投影　　(c) 斜投影

图 2-2　投影的分类

2.1.3　投影图的分类

在工程实践中常用的投影图如图 2-3 所示。

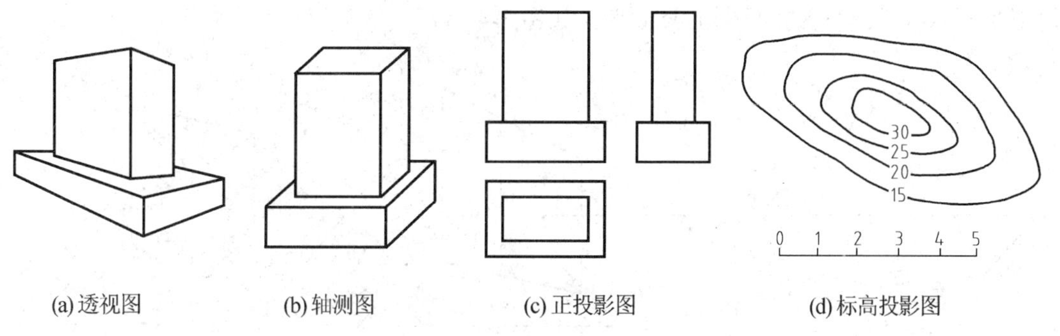

(a) 透视图　　(b) 轴测图　　(c) 正投影图　　(d) 标高投影图

图 2-3　投影的分类

1．透视投影图

透视投影图是运用中心投影的原理，绘制出物体在一个投影面上的中心投影，简称透视图。这种图真实、直观、形象、逼真，且符合人们的视觉习惯。但绘制复杂，且不能在投影图中度量和标注形体的尺寸，所以不能作为施工的依据。一般用作工程图的辅助图样。

2．轴测投影图

轴测投影图是运用平行投影的原理，将物体平行投影到一个投影面上所作出的投影图。该图有很强的立体感，但作图方法比较复杂，度量性差。工程中常用作辅助图样。

3．正投影图

通常采用多面正投影图。首先要建立一个投影体系(由若干个投影面组成)，然后把一个形体用正投影的方法画出其在各个投影面上的正投影图，称为多面正投影图。正投影图的优点是作图较上述方法简便，能准确地反映物体的形状和大小，便于度量和标注尺寸。缺点是立体感差，不易看懂。因此正投影图是工程图中主要的图示方法。

4．标高投影图

标高投影图是标有高度数值的水平正投影图，它是一种单面投影。标高投影常用来表达地面的形状，如地形图等。

由于正投影是工程图的主要图示方法，本书主要以学习正投影为主，以后的叙述中不特别指明，所述投影均为正投影。

2.2 正投影特性

2.2.1 点、直线、平面正投影特性

1．类似性

点的正投影仍然是点，直线的正投影一般仍为直线，平面的正投影仍然保留其空间几何形状，这种性质称为正投影的类似性，如图 2-4 所示。

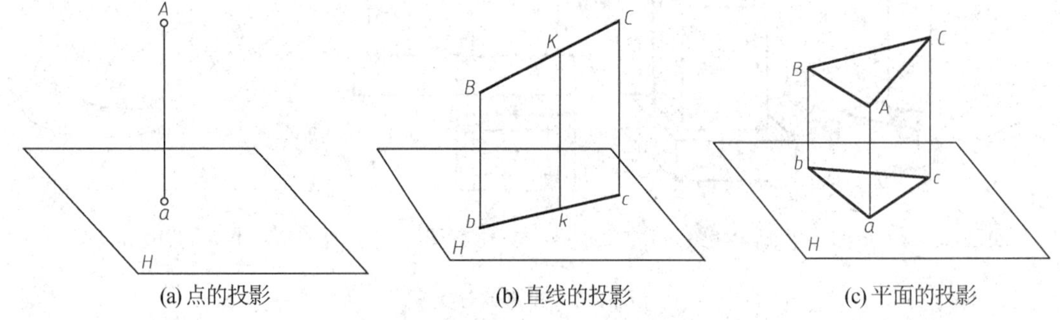

图 2-4 正投影的类似性

在图 2-4(a)中，空间点 *A* 在 *H* 面上的正投影仍为一个点 *a*。在图 2-4(b)中，空间直线 *BC* 在 *H* 面上的正投影 *bc* 仍为直线，但投影长度小于直线原长。在图 2-4(c)中，空间三角形 *ABC* 与投影面 *H* 倾斜，平面在 *H* 面的正投影 *abc* 仍为三角形，但投影图形的面积小于空间平面的面积。

2．显实性

当线段或平面图形平行于投影面时，其正投影反映实长或实形，即线段的长短和平面图形的形状和大小都可以在正投影上直接确定，这种性质称为正投影的显实性。

从图 2-5(a)中可以看出，直线 *AB* 和三角形 *ABC* 都平行于 *H* 面，它们的正投影 *ab*=*AB*，*abc*=*ABC* 分别反映直线的实长和平面的实形。

3．积聚性

当线段或平面图形垂直于投影面时，线段的正投影积聚为一点，平面形的正投影积聚为一线段，该投影称为积聚投影，这种性质称为积聚性，如图 2-5(b)所示。

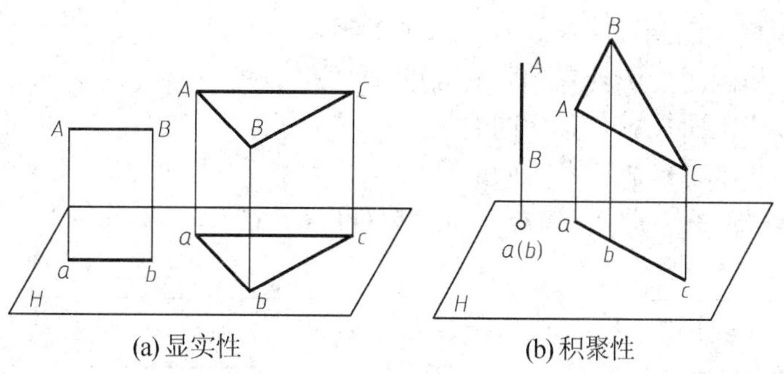

(a) 显实性　　(b) 积聚性

图 2-5　正投影的显实性和积聚性

2.2.2　三面正投影图

由于空间形体是具有长度、宽度、高度的三维形体，仅用一个正投影图不能确定其空间形状。一般来说，需要建立一个由相互垂直的 3 个投影面组成的投影体系，并作出形体在该投影面体系中的 3 个投影图，才能充分表达出这个形体原有空间形状。

1. 三面正投影图的形成

首先建立一个三面投影体系。如图 2-6 所示，给出 3 个投影面 *H*、*V*、*W*。*H* 面水平放置，称为水平投影面，简称水平面；*V* 面正立放置，称为正立投影面，简称正立面；*W* 面侧立放置，称为侧立投影面，简称侧立面。3 个投影面分别垂直相交，交线称为投影轴。*H* 面与 *V* 面的交线称为 *OX* 轴，*H* 面与 *W* 面的交线称为 *OY* 轴，*V* 面与 *W* 面的交线称为 *OZ* 轴，三轴垂直相交，交点为 *O*，称为原点。

把一个形体放置在三投影面体系中，如图 2-6(a)所示，放置形体时尽量让形体的各个表面与投影面平行或垂直。然后用 3 组平行投射线分别从 3 个方向进行投射，作出形体在 3 个投影面上的正投影图，称为三面正投影图。由上向下在 *H* 面上得到的正投影图称为水平投影图(简称 *H* 投影)；由前到后在 *V* 面上得到的正投影图称为正面投影图(简称 *V* 投影)；由左到右在 *W* 面上得到的正投影图称为侧面投影图(简称 *W* 投影)。

2. 3 个投影面的展开

为了把空间 3 个投影面上所得到的投影画在一个平面上，需将 3 个相互垂直投影面展开摊平成为一个平面。即 *V* 面保持不动，*H* 面绕 *OX* 轴向下翻转 90°，*W* 面绕 *OZ* 轴向右翻转 90°，使它们与 *V* 面处在同一平面上，如图 2-6(b)、(c)所示。这时，*OY* 轴分成了两条，位于 *H* 面上的 *OY* 轴称为 OY_H，位于 *W* 面上的 *OY* 轴称为 OY_W。

3. 三面正投影图的投影规律

(1) 形体的三面投影与形体的关系如下。

① 水平投影反映了立体的顶面形状和长、宽两个方向的尺寸。

② 正面投影反映了立体的正面形状和高、长两个方向的尺寸。

③ 侧面投影反映了立体的侧面形状和高、宽两个方向的尺寸。

(2) 立体三面投影的两面之间，存在以下关系。

① 正面投影和侧面投影具有相同的高度。

② 水平投影和正面投影具有相同的长度。

③ 侧面投影和水平投影具有相同的宽度。

这些投影规律称为“三等”关系，即“长对正、高平齐、宽相等”。

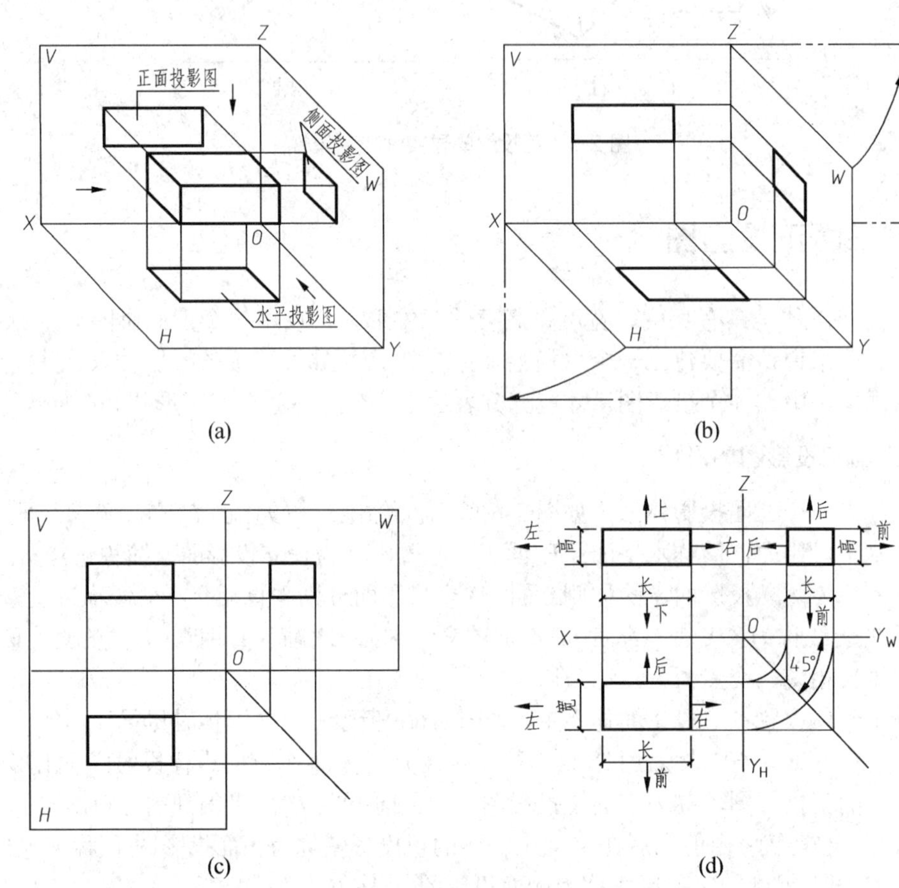

图 2-6 三面正投影的形成

2.3 点的投影

2.3.1 点的三面投影

1. 点投影的形成

如图 2-7(a)所示，为作出空间点 *A* 在三面投影体系中的投影，需过 *A* 点分别向 3 个投影面作垂线(即投射线)，交得 3 个垂足α、α'、α''，即分别为 *A* 点的 *H* 面投影、*V* 面投影、*W* 面投影。将投影体系展开即得 *A* 点的三面投影，如图 2-7(b)、(c)所示。在图 2-7(c)中，投影面边框未画出，且不必画出；45º 斜线作为辅助线，用于保证 *H*、*W* 投影的对应关系。

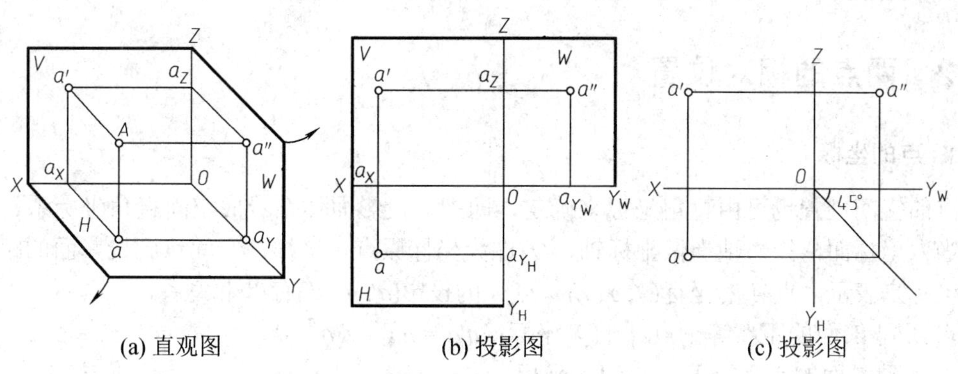

(a) 直观图　(b) 投影图　(c) 投影图

图 2-7　点的三面投影

统一规定：空间点用大写字母 *A*、*B*、*C* 表示；空间点在 *H* 面上的投影用其相应的小写字母 *a*、*b*、*c* 表示；在 *V* 面上的投影用字母 *a*′、*b*′、*c*′表示；在 *W* 面上的投影用字母 *a*″、*b*″、*c*″表示。

2. 点的三面投影规律

(1) 点的正面投影和水平投影连线垂直于 *OX* 轴，即 $aa' \perp OX$；点的正面投影和侧面投影连线垂直于 *OZ* 轴，即 $a'a'' \perp OZ$。

(2) 点的正面投影到 *OX* 轴的距离，反映该点到 *H* 面的距离；点的水平投影到 *OX* 轴的距离，反映该点到 *V* 面的距离，即 $a'a_x=Aa$，$aa_x=Aa'$。

【例 2-1】 如图 2-8(a)所示，已知点 *A* 的 *V* 面投影 *a*′ 和 *W* 面投影 *a*″，求点 *A* 的水平投影。

分析：可按点的投影规律来作图，如图 2-8(b)所示。

作图：(1) 过 *a*′ 作 *OX* 轴的垂线。

(2) 过 *a*″ 作 OY_W 轴的垂线，垂足为 a_{YW}，与 45º 分角线相交后转折向左引水平线，该水平线与过 *a*′ 所画的铅垂线相交，交点即为 *a*。

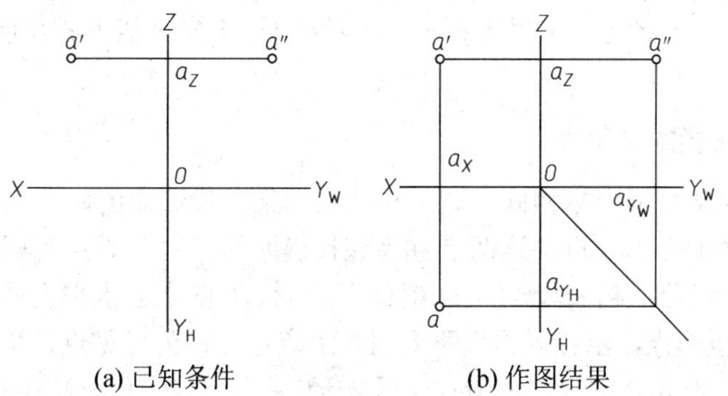

(a) 已知条件　(b) 作图结果

图 2-8　求点的第三投影

2.3.2 两点的相对位置

1. 点的坐标

点的空间位置也可由直角坐标来确定，即把三投影面体系看成空间直角坐标系，把投影面当做坐标面，投影轴当做坐标轴，O 即为坐标原点。这样，空间点到投影面的距离可以用坐标来表示，点 A 的坐标(X, Y, Z)与点 A 的投影(a', a, a'')有以下关系。

点 A 到 W 面的距离等于点 A 的 X 坐标：$a'a_Z = aa_Y = Aa'' = X$

点 A 到 V 面的距离等于点 A 的 Y 坐标：$a''a_Z = aa_X = Aa' = Y$

点 A 到 H 面的距离等于点 A 的 Z 坐标：$a''a_Y = a'a_X = Aa = Z$

【例 2-2】 已知点 A 的坐标 $x=18, y=10, z=15$，即 $A(18, 10, 15)$，求作点 A 的三面投影图。

解：作法如图 2-9。

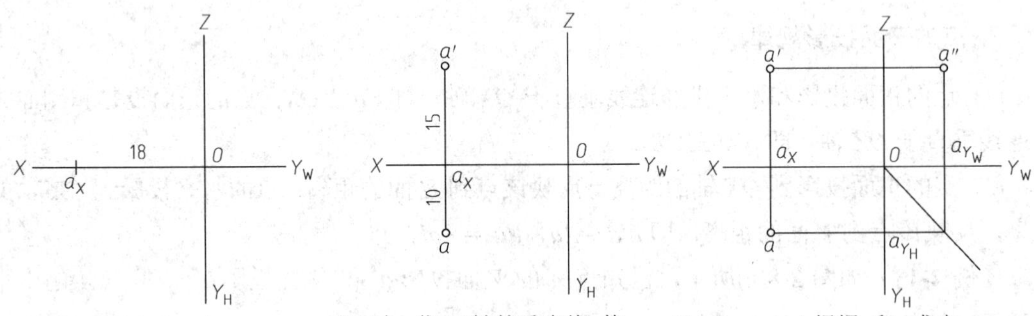

(a) 在 OX 轴上取 Oa_X=18mm　(b) 过 a_X 作 OX 轴的垂直线，使 aa_X=10mm、$a'a_X$=15mm，得 a 和 a'　(c) 根据 a 和 a' 求出 a''

图 2-9 根据点的坐标作点的三面投影图

2. 两点的相对位置

空间两点的相对位置，有上下、前后、左右之分，空间两点的相对位置可用点的坐标值的大小来判定。规定 Z 坐标值大者在上，小者在下；Y 坐标值大者在前，小者在后；X 坐标值大者在左，小者在右。

3. 重影点及投影的可见性

当空间两点的某两个坐标相同，这两点就处于某一投影面的同一条投射线上，这两点对该投影面的投影重合为一点，这两点称为该投影面的一对重影点。标记时，重影点中不可见的点的投影用括号括起来。如图 2-10(a)所示，A、B 两点的水平投影重合于一点，A、B 两点称为 H 面的重影点，沿投射方向下看时，A 点在上，为可见点，B 点在下，为不可见点，在 H 面投影图中 B 点的投影 b 应加括号表示。

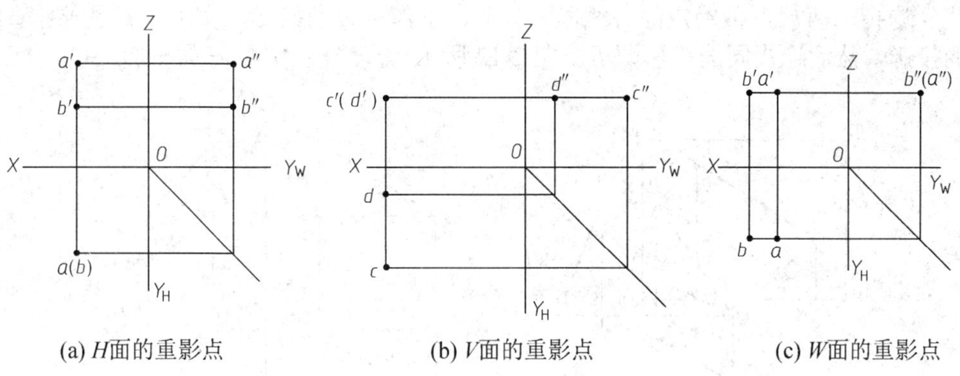

(a) H面的重影点
(b) V面的重影点
(c) W面的重影点

图 2-10　投影面的重影点

【例 2-3】 如图 2-11(a)所示，已知 *A*、*B* 两点的三面投影，判别两点的相对位置，并画出 *A*、*B* 两点的直观图。

解：由图 2-11(a)可知，*A* 点的 *x* 坐标大于 *B* 点的 *x* 坐标，*B* 点的 *y* 坐标大于 *A* 点的 *y* 坐标，*A* 点的 *z* 坐标大于 *B* 点的 *z* 坐标，所以 *A* 点在 *B* 点的左后上方。

直观图作法：首先画一个三面投影体系(*OY* 轴应画成 45° 斜线)，然后在各个投影面上画出 *A*、*B* 两点的三面投影，过点的投影引该投影面的垂线，对应 3 条垂线的交点即为点的空间位置，如图 2-11(b)所示。通过直观图可以验证 *A*、*B* 两点的相对位置。

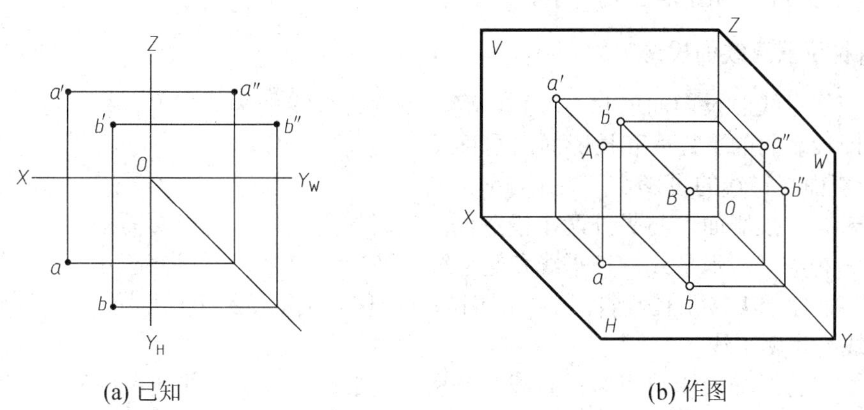

图 2-11　两点相对位置

2.4　直线的投影

2.4.1　直线的投影

1. 直线投影的形成

1) 直线投影的形成

由于直线的投影一般情况下仍为直线，且两点决定一条直线，故要获得直线的投影，只需作出已知直线上的两个点的投影，再将它们相连即可。需要注意的是，本书中提到的

“直线”均指由两端点所确定的直线段。因此，求作直线的投影，实际上就是求作直线两端点的投影，然后连接同面投影即可。图 2-12 所示为直线段 *AB* 的三面投影。

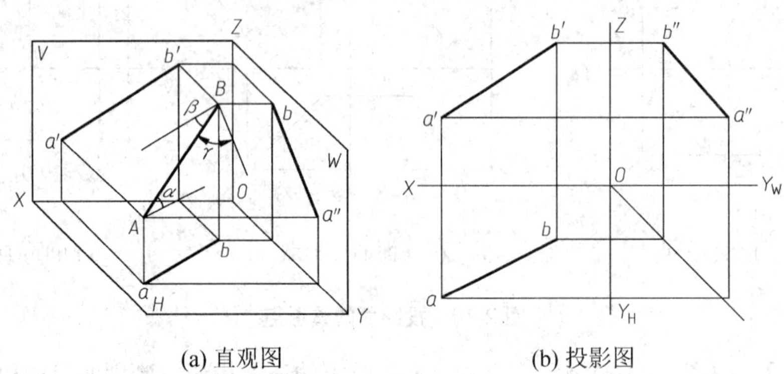

(a) 直观图　　(b) 投影图

图 2-12　直线的投影

2) 直线对投影面的倾角

一条直线对投影面 *H*、*V*、*W* 的夹角称为直线对投影面的倾角。

直线对 *H* 面的倾角为α角，α角的大小等于直线 *AB* 与 *ab* 的夹角；直线对 *V* 面的倾角为β角，β角的大小等于直线 *AB* 与 *a'b'*的夹角；直线对 *W* 面的倾角为γ角，γ角的大小等于直线 *AB* 与 *a"b"*的夹角，如图 2-12(b)所示。

2. 各种位置直线的投影

按照空间直线对投影面的相对位置，有一般位置直线和特殊位置直线。特殊位置直线有两种，即投影面的平行线和投影面的垂直线。

1) 投影面平行线的投影

平行于某一投影面，与另外两个投影面均倾斜的直线，称为投影面平行线。投影面平行线分为 3 种类型：水平线、正平线和侧平线。平行于 *H* 面，且倾斜于 *V*、*W* 面的直线称为水平线；平行于 *V 面*，且倾斜于 *H*、*W* 面的直线称为正平线；平行于 *W* 面，且倾斜于 *H*、*V* 面的直线称为侧平线。

投影面平行线的投影特点为：直线在它所平行的投影面上的投影反映实长，且反映对其他两个投影面倾角的实形；该直线在其他两个投影面上的投影分别平行于相应的投影轴，且小于实长，如图 2-13 所示。

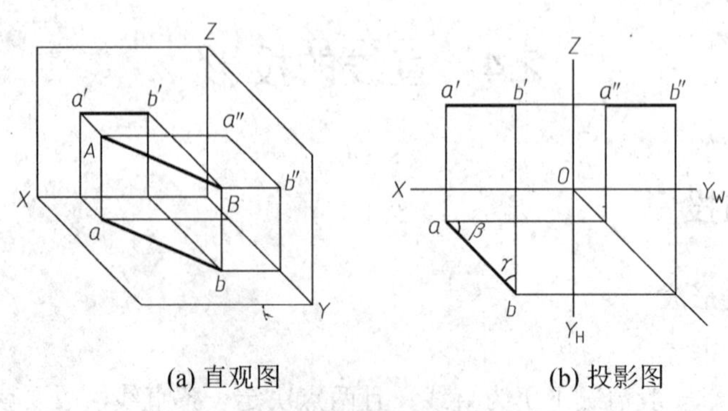

(a) 直观图　　(b) 投影图

图 2-13　水平线的三面投影

投影面平行线的投影及其投影特性如表 2-1 所示。

表 2-1　投影面平行线的投影及其投影特性

种　类	直 观 图	投 影 图	投影特性
正平线	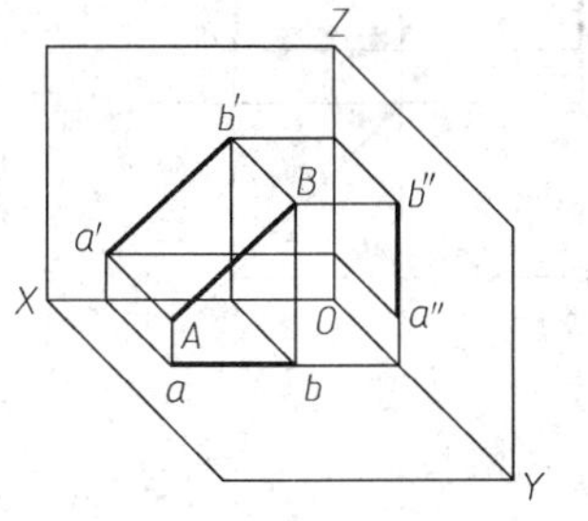 Z, b′, B, b″, a′, X, A, O, a″, a, b, Y	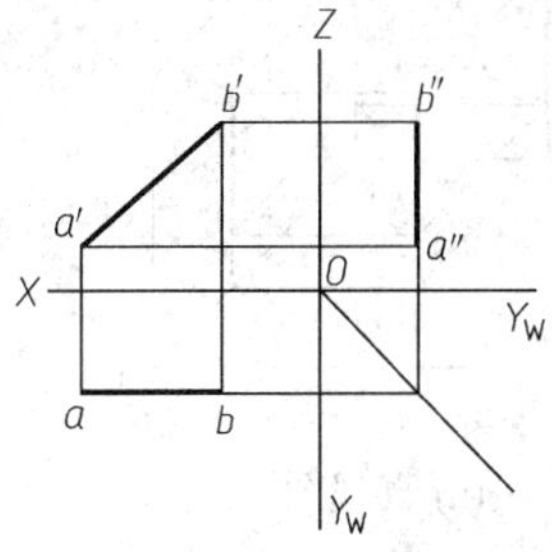 Z, b′, b″, a′, a″, X, O, Y_W, a, b, Y_W	一个投影反映实长，与投影轴的夹角反映直线与另外两个投影面的倾角；另外两个投影平行于相应的投影轴
水平线	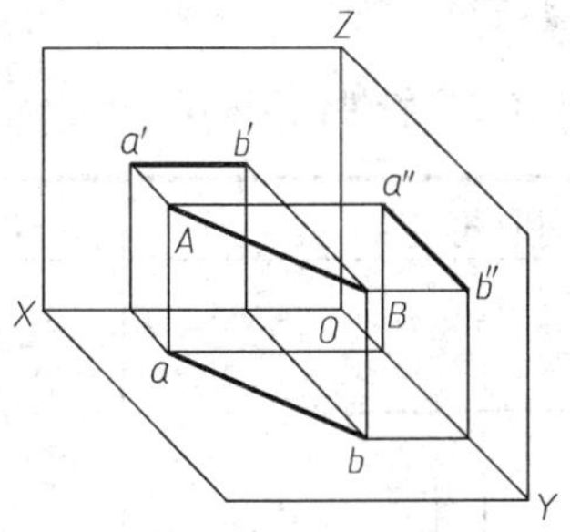 Z, a′, b′, a″, A, X, b″, O, B, a, b, Y	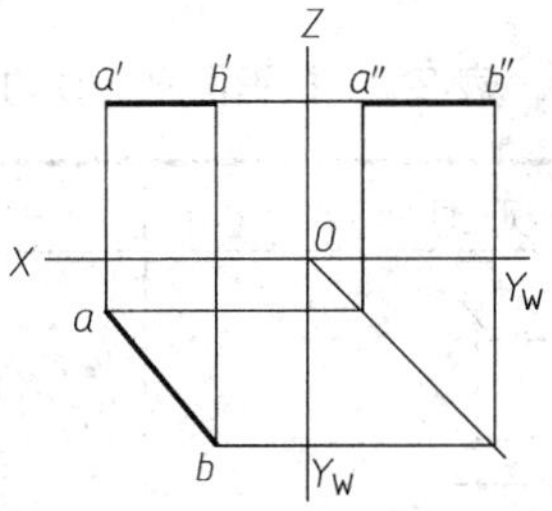 Z, a′, b′, a″, b″, O, X, Y_W, a, b, Y_W	
侧平线	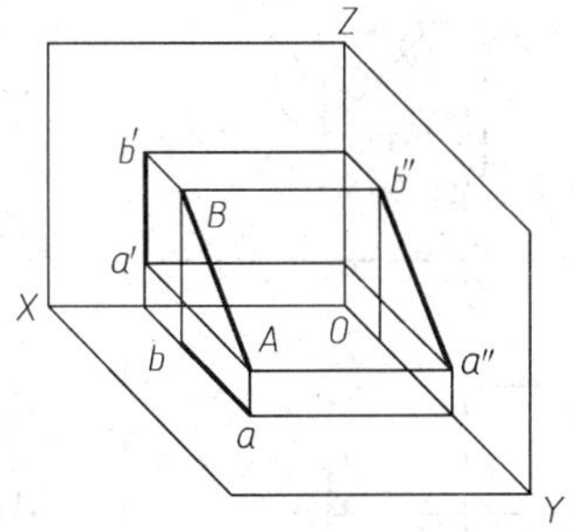 Z, b′, b″, B, a′, X, A, O, a″, b, a, Y	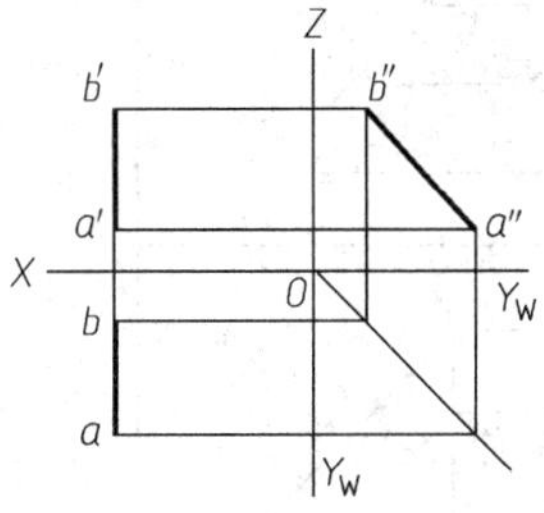 Z, b′, b″, a′, a″, X, O, Y_W, b, a, Y_W	

2) 投影面垂直线的投影

垂直于某一投影面的直线，称为投影面垂直线。投影面垂直线分为 3 种类型：铅垂线、正垂线和侧垂线。垂直于 *H* 面(必然平行于 *V*、*W* 面)的直线称为铅垂线；垂直于 *V* 面(必然平行于 *H*、*W* 面)的直线称为正垂线；垂直于 *W* 面(必然平行于 *H*、*V* 面)的直线称为侧垂线。

投影面垂直线的投影特点：直线在它所垂直的投影面上的投影积聚成一点；该直线在其他两个投影面上的投影分别垂直于相应的投影轴，且都等于该直线的实长，如图 2-14 所示。

投影面垂直线的投影及其投影特性如表 2-2 所示。

3) 一般位置直线的投影

与 3 个投影面均倾斜的直线，称为一般位置直线。

由正投影的基本特性中的类似性可知，一般位置直线的三面投影均不反映实长，而且小于实长。其投影与投影轴均倾斜，其夹角也不反映空间直线与投影面的倾角。图 2-12 所

示直线 *AB* 即为一般位置直线。

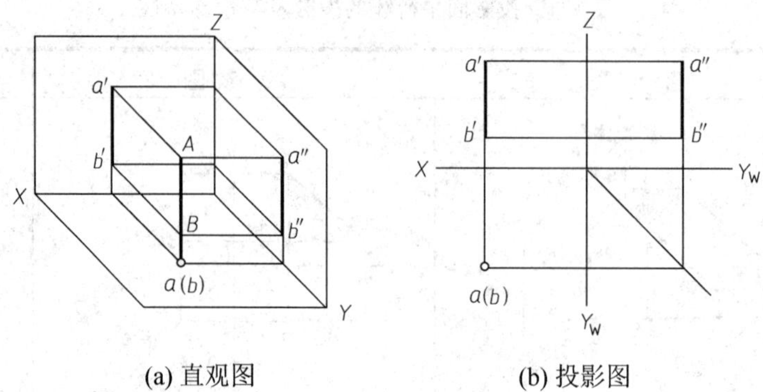

(a) 直观图　　(b) 投影图

图 2-14　铅垂线的三面投影

表 2-2　投影面垂直线的投影及其投影特性

种　类	直 观 图	投 影 图	投影特性
正垂线			
铅垂线			一个投影积聚为一点，另外两个投影垂直于相应的投影轴，并反映实长
侧垂线			

3. 直线投影作图举例

【例 2-4】已知点 *A* 的三面投影如图 2-15(a)所示，*AB* 为水平线，长 18mm，且点 *B* 在点 *A* 的右前方，β=30°，求作直线 *AB* 的投影。

解：作图步骤如下。

(1) 在 *H* 面投影中，过 *a* 点作一条与 *OX* 轴夹角为 30° 的直线，从 *a* 点沿所作直线往右前方量取 18mm，即为 *b* 点。

(2) 自 *b* 向上引垂线与过 *a′*作 *OX* 轴平行线交于 *b′*，再利用点的投影规律求出 *b″*点。

(3) 连接 *ab*、*a′b′*、*a″b″*即得直线 *AB* 的三面投影，如图 2-15(b)所示。

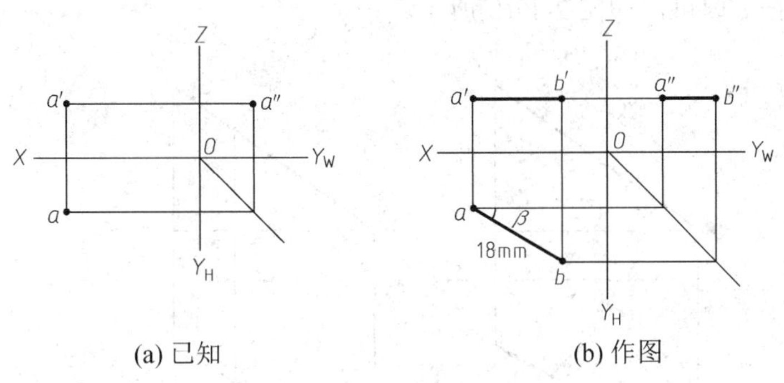

(a) 已知　　(b) 作图

图 2-15　求作直线的三面投影

2.4.2　直线上的点

1. 直线上点的投影规律

直线上点的投影必在直线的同面投影上并符合点的投影规律，这是正投影的从属性。如图 2-16 所示，*C* 点在直线 *AB* 上，则必有 *c* 在 *ab* 上，*c′*在 *a′b′*上，*c″*在 *a″b″*上，并且 *c*、*c′*、*c″*符合点的投影规律。由从属规律可以求直线上点的投影，或判定点是否在直线上。

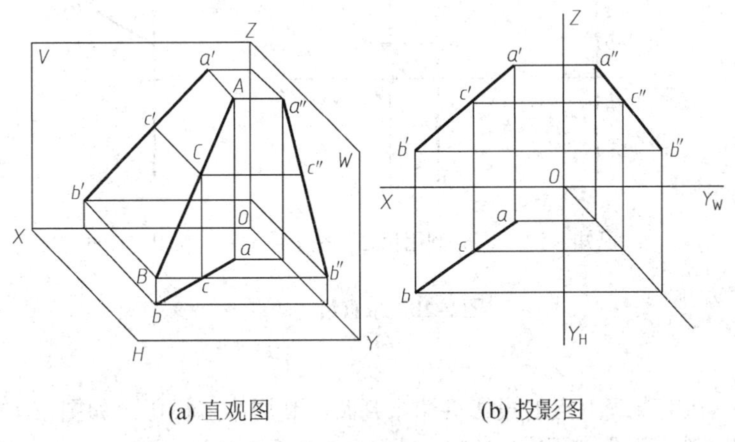

(a) 直观图　　(b) 投影图

图 2-16　直线上的点

2. 定比性

若点 C 在直线 AB 上，则有 $AC:CB=ac:cb=a'c':c'b'=a''c'':c''b''$，直线投影的这一性质称为定比性，如图 2-16 所示。

【例 2-5】已知线段 AB 的两面投影 ab 和 $a'b'$，试在其上取一点 C，使 $AC:CB=2:1$。求作点 C 的投影，如图 2-17(a)所示。

解：根据定比性，只要将 ab 或 $a'b'$分成 3 等分即可求出 c 和 c'。

作图：(1) 过 a 任作一条辅助线，并自 a 点起在其上截取 3 等分。

(2) 连接 $b3$，过 2 点作其平行线交 ab 于 c 点。

(3) 由 c 作出 c'即可，如图 2-17(b)所示。

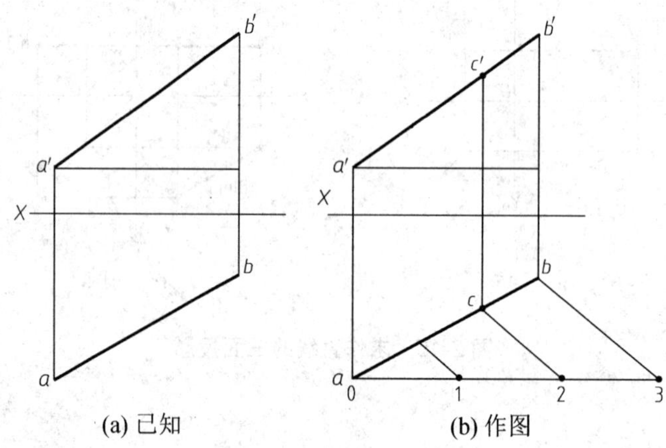

(a) 已知　　(b) 作图

图 2-17　求直线上的点

【例 2-6】判定 C 点是否在侧平线 AB 上，如图 2-18 所示。

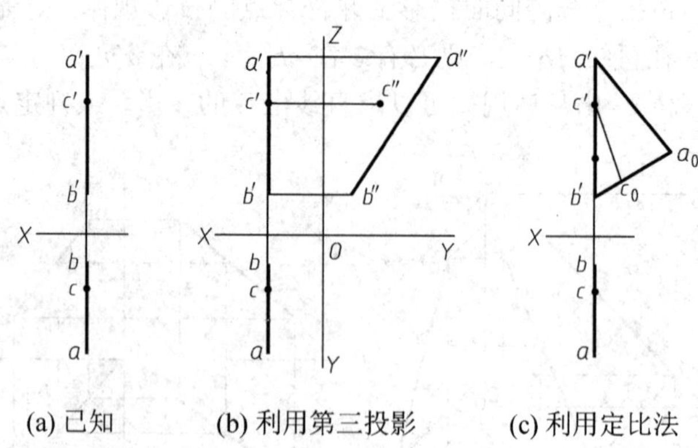

(a) 已知　　(b) 利用第三投影　　(c) 利用定比法

图 2-18　求直线上的点

解：

作图法一：利用直线上点的投影规律来判断，利用第三投影。如图 2-17(b)所示，补出 W 面投影 $a''b''$、c''，可见 c''不在 $a''b''$上，因此点 C 不在直线 AB 上。

作图法二：利用定比法来判断。如图 2-17(c)所示，$a'c':c'b'\neq ac:cb$，因此点 C 不在直线 AB 上。

2.4.3　一般位置直线的实长和倾角

在投影面平行线和投影面垂直线这两类特殊位置直线的三面投影中，至少有一个投影可以反映出直线的实长及其对相应投影面的真实倾角。而对一般位置直线来说，其实长和倾角不能直接在投影图中反映，需用投影作图的方法求得，这种方法就是直角三角形法。

1. 求线段对 *H* 面的倾角α和实长

如图 2-19(a)所示，在三角形 BB_0A 中，斜边 AB 为线段实长，直角边 AB_0 为水平投影 ab 的长，另一条直角边 BB_0 则为 A、B 两点 z 坐标之差。斜边 AB 与直角边 AB_0 的夹角为倾角α。

用直角三角形法求线段 AB 的实长和对 H 面的倾角α，其作图方法如图 2-19(b)所示。过 b 点作 ab 的垂线，在该垂线上量取 m(m 为 A、B 两点 z 坐标之差)，连接 aA_0。三角形 abA_0 中斜边 aA_0 之长即为线段 AB 的实长，α即为所求倾角。

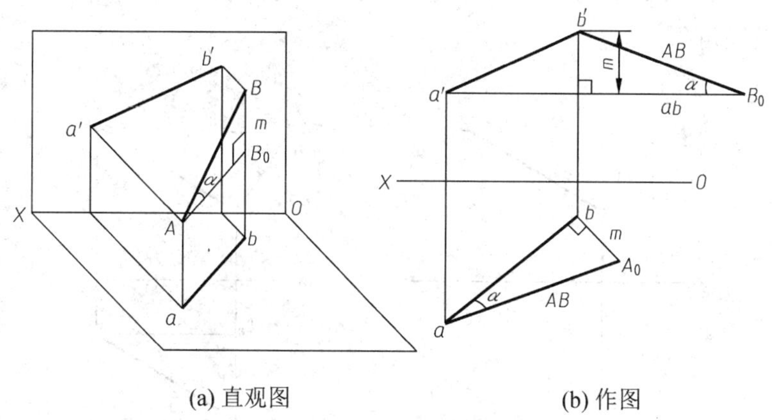

(a) 直观图　　(b) 作图

图 2-19　求线段的实长和倾角α

2. 求线段对 *V* 面的倾角β和实长

如图 2-20(a)所示，在三角形 BB_1A 中，斜边 AB 为线段实长，直角边 BB_1 为 $a'b'$的长，另一条直角边 AB_1 则为 AB 两点 y 坐标之差。斜边 AB 与直角边 BB_1 的夹角为倾角β。

用直角三角形法求线段 AB 的实长和对 V 面的倾角β，其作图方法如图 2-20(b)所示。过 b'点作 $a'b'$的垂线，在该垂线上量取 $A_0b' = ab_0$ (ab_0 为 A、B 两点 y 坐标之差)，连接 A_0a'。三角形 $a'b'A_0$ 中斜边 $a'A_0$ 之长即为线段 AB 的实长，β即为所求倾角。

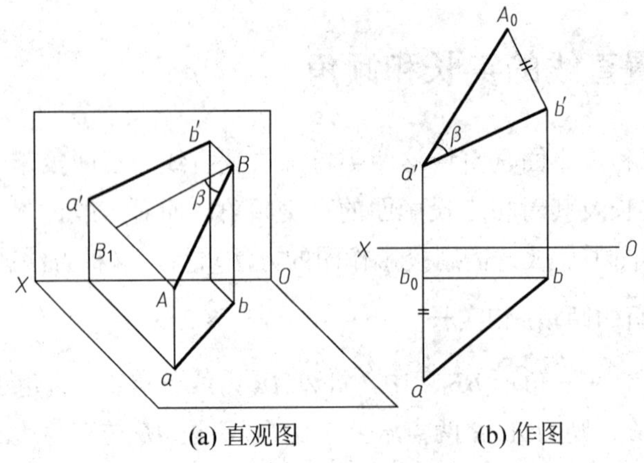

(a) 直观图　(b) 作图

图 2-20　求线段的实长和倾角β

求线段实长及直线对 W 面的倾角γ的作图方法与上述方法类似，请读者自行分析。

【例 2-7】 如图 2-21 所示，已知直线 AB 的部分投影 $a'b'$、a 及 AB=15mm，点 A 在点 B 之前。求 b 及倾角β。

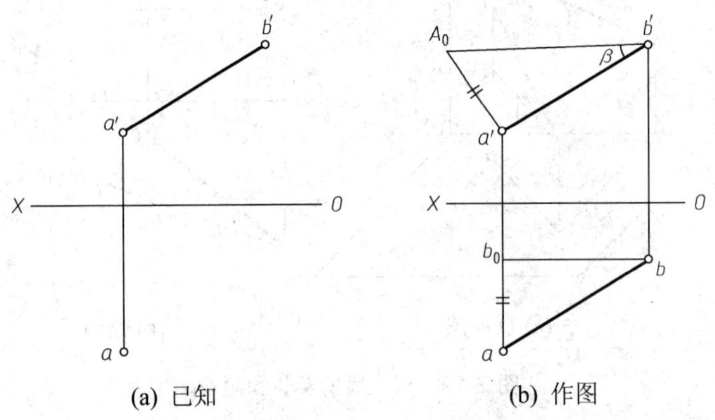

(a) 已知　(b) 作图

图 2-21　求直线的投影和倾角β

解：如图 2-21(b)所示，先过 a'点引 $a'b'$的垂线，再以 b'点为圆心，以 $b'A_0$=22mm 为半径画圆弧交所作垂线于 A_0 点，连接 $b'A_0$，得直角三角形 $a'b'A_0$，在该直角三角形中β即为所求倾角。直角边 $a'A_0$ 之长为 A、B 两点 y 坐标之差；由于 A 点在 B 点前，所以过 a 点在 aa' 上截取 $ab_0= a'A_0$ 得到 b_0 点，过 b_0 点作水平线交过 b'点的垂线于 b 点，连接 ab，作图完成。

2.4.4　两直线的相对位置

空间两直线的相对位置有平行、相交和交叉 3 种情况。其中平行两直线和相交两直线称为公面直线，交叉两直线称为异面直线。

1. 两直线平行

(1) 投影特点：空间平行的两直线，其同面投影也一定互相平行，如图 2-22 所示。

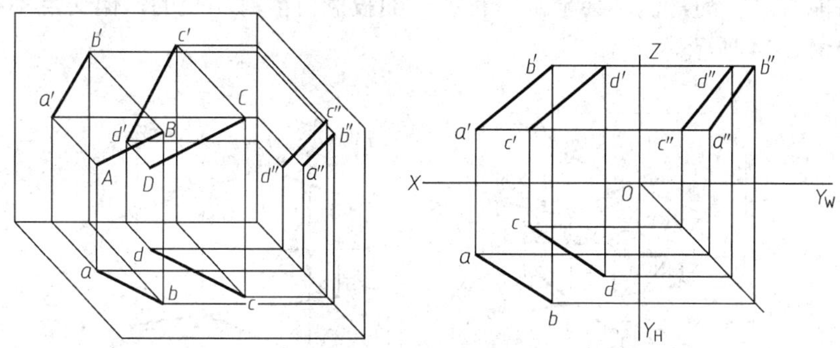

图 2-22　两直线平行

(2) 两直线平行的判定如下。

① 若两直线的三面投影都互相平行，则空间两直线也互相平行。

② 若两直线为一般位置直线，则只要看它们的两个同面投影是否平行，即可判定两直线在空间是否平行。

③ 若两条直线为某一投影面的平行线，则要用两直线在该投影面上的投影来判定其是否平行。

2. 两直线相交

(1) 投影特点：如果空间两直线相交，则其同面投影必定相交，且交点符合点的投影规律，如图 2-23 所示。

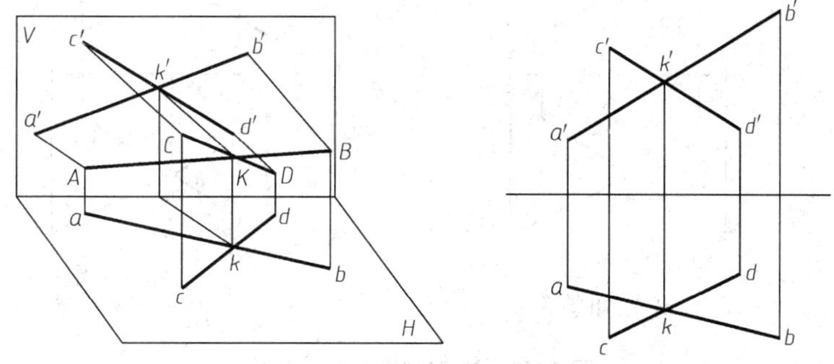

图 2-23　两直线相交

(2) 两直线相交的判定如下。

① 如果两直线的同面投影相交，且交点符合点的投影规律，则该两直线在空间也一定相交。

② 若两直线为一般位置直线，则只要两个同面投影符合上述规律，即可判定两直线在空间相交。

③ 对两直线中有某一投影面的平行线时，则应验证该直线在该投影面上的投影是否满足相交的条件，才能判定；也可以用定比性判定交点是否符合点的投影规律来验证两直线是否相交。

3. 两直线交叉

(1) 投影特点：如果空间两直线既不平行也不相交，则称为两直线交叉。其投影特点是同面投影可能有平行的，但不会全部平行；同面投影可能有相交的，但交点不符合点的投影规律，如图 2-24 所示。

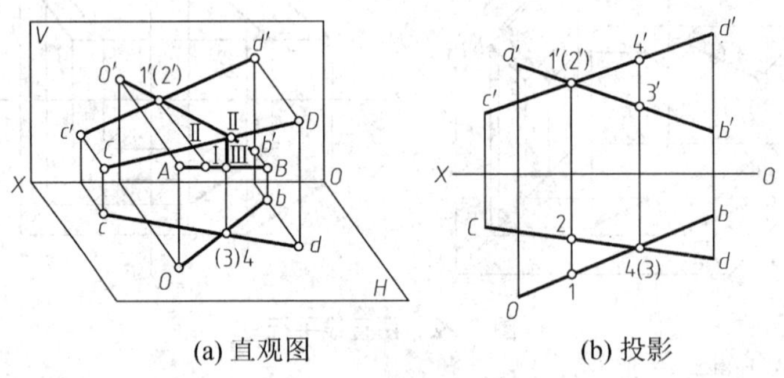

(a) 直观图　　(b) 投影

图 2-24　两直线交叉

(2) 两直线交叉的判定：两直线交叉，其同面投影的交点为该投影面重影点的投影，可根据其他投影判别其可见性。如图 2-24 所示，Ⅰ、Ⅱ点为 *V* 面的重影点，通过 *H* 面投影可知Ⅰ点在前，为可见点，Ⅱ在后，为不可见点；Ⅲ、Ⅳ点为 *H* 面的重影点，通过 *V* 面投影可知Ⅳ点在上，为可见点，Ⅲ点在下，为不可见点。

【例 2-8】 如图 2-25(a)所示，*K* 是直线 *AB* 和 *CD* 的交点，求作直线 *AB* 的正面投影。

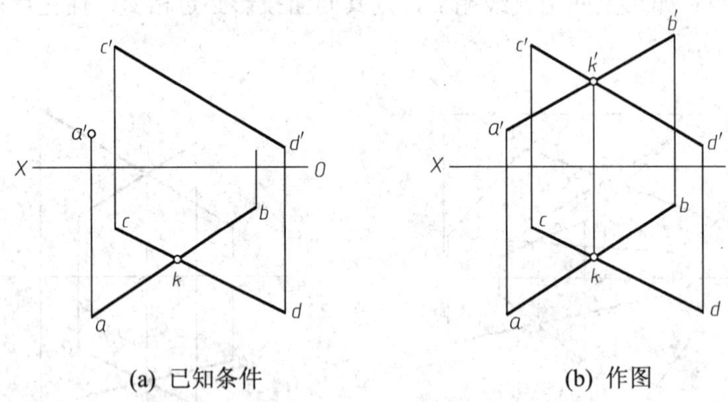

(a) 已知条件　　(b) 作图

图 2-25　求相交两直线的投影

解：

分析：*K* 是两直线的交点，故为两直线所共有，且符合点的投影规律，据此可求得 *K* 的正面投影 *k'*，*B*、*K*、*A* 同属一直线，可求出 *B* 的正面投影 *b'*。

作图：(1) 过 *k* 作 *OX* 轴的垂线，交 *c'd'* 于 *k'*。

(2) 连接 *a'k'* 并延长。

(3) 过 *b* 作 *OX* 轴的垂线求得 *b'*，如图 2-25(b)所示。

【例 2-9】 如图 2-26(a)所示，判定两侧平线是否平行。

解：由已知条件可知，两直线的 *V*、*H* 面投影分别平行，只需验证两直线 *W* 面的投影是否平行即可。如图 2-26(b)所示，作图知两直线的 W 面投影 $a''b''$、$c''d''$为相交直线，因此，AB、CD 两直线在空间不平行，为交叉直线。

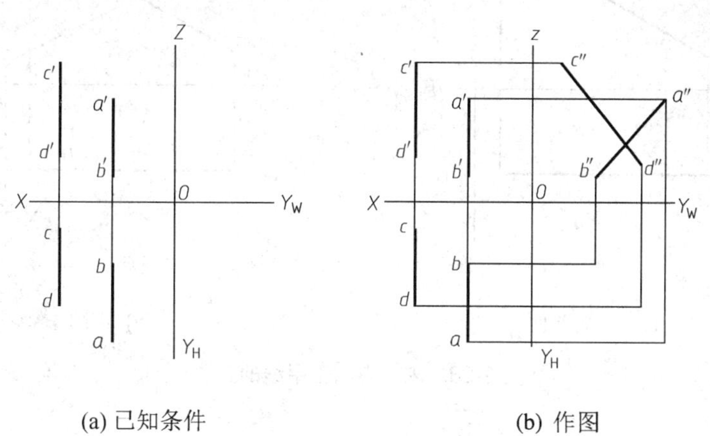

(a) 已知条件　　(b) 作图

图 2-26　判定两直线是否平行

2.4.5　一边平行于投影面的直角的投影

当直角的一边平行于投影面时，该直角在该投影面上的投影仍是直角，这一性质称为直角定理。

两直线在空间垂直相交或交叉，其中的一条直线平行于某一投影面，则这两条直线在该投影面上的投影仍然是垂直关系。如图 2-27 所示，图中 $AB \perp BC$，$BC /\!/ H$。

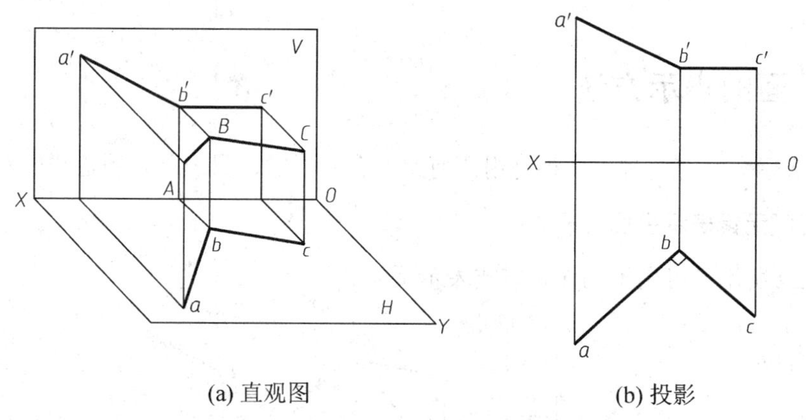

(a) 直观图　　(b) 投影

图 2-27　一边平行于投影面的直角投影

两直线在空间垂直相交或交叉，其中的一条直线平行于某一投影面，则这两条直线在该投影面上的投影仍然是垂直关系。

【例 2-10】求点 A 到正平线 BC 的距离及其投影，如图 2-28(a)所示。

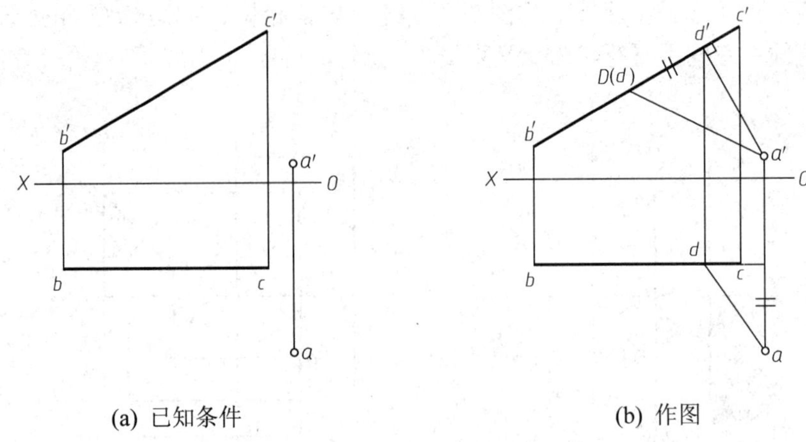

(a) 已知条件　　(b) 作图

图 2-28　求一点到正平线的距离

解：

分析：点 A 到 AB 的距离 $AD\perp BC$，因为 BC 为正平线，所以在正面投影上能反映直角关系。

作图：

(1) 过 a'作 $a'd'\perp b'c'$，垂足是 d'。

(2) 根据点的投影规律作出 d，进而作出 AD 的两面投影。

(3) 利用直角三角形法求出 AD 实长。如图 2-28(b)所示，斜边 $a'Dd$ 为 AD 的实长，该实长即为点 A 到 BC 的距离。

2.5　平面的投影

2.5.1　平面的表示方法

平面的表示方法有两种，一种是用几何元素表示平面，另一种是用迹线表示平面。

1. 用几何元素表示平面

如图 2-29 所示，可用下列 5 种方式表示平面。

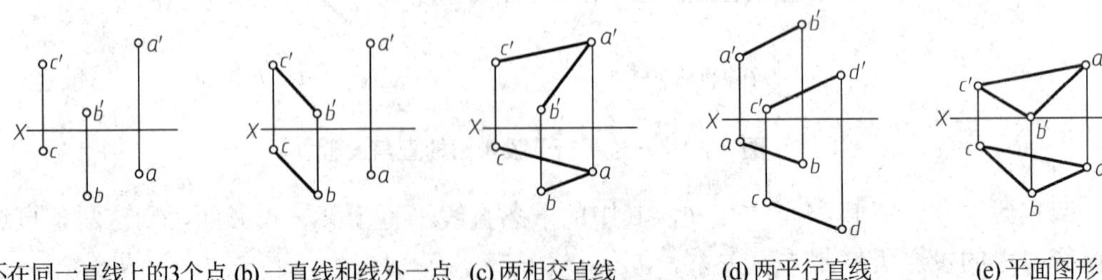

(a) 不在同一直线上的3个点　(b) 一直线和线外一点　(c) 两相交直线　(d) 两平行直线　(e) 平面图形

图 2-29　用几何元素表示平面

(1) 不在同一直线上的 3 个点。

(2) 一直线和线外一点。

(3) 两相交直线。

(4) 两平行直线。

(5) 平面图形，如三角形等。

2. 用迹线表示平面

空间平面 P 与 H、V、W 这 3 个投影面相交，交线分别为 P_H、P_V、P_W，则 P_H 称为水平迹线，P_V 称为正面迹线，P_W 称为侧面迹线。

空间平面可用其 3 条迹线来表示，如图 2-30 所示。

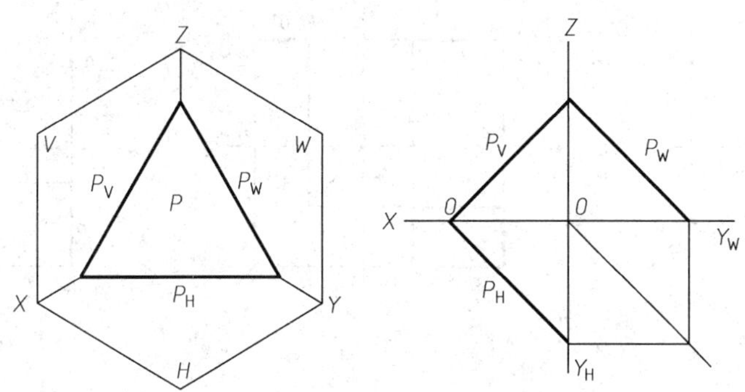

图 2-30　用迹线表示平面

2.5.2　各种位置平面的投影

根据空间平面相对于投影面的位置，平面可分为一般位置平面、特殊位置平面两大类。特殊位置平面又分为投影面平行面和投影面垂直面。

1. 投影面平行面的投影

投影面平行面与一个投影面平行，与另外两个投影面垂直。由此可以概括出投影面平行面的投影特性：在所平行的投影面上的投影反映实形，另外两投影积聚为直线且平行于相应投影轴，如图 2-31 所示。

2. 投影面垂直面的投影

垂直于一个投影面而倾斜于另外两个投影面的平面称为投影面垂直面。其投影特点为：因为它垂直于一个投影面，所以它在所垂直的投影面上的投影积聚为一条直线，且反映平面对另两个投影面倾角的大小；它倾斜于另外两个投影面，在另外两个投影面上的投影为该平面图形的类似形，如图 2-32 所示。

3. 一般位置平面的投影

与 3 个投影面均倾斜的平面，称为一般位置平面。它的 3 个投影均不反映实形，也没有积聚性，也不反映平面对投影面倾角的大小，但 3 个投影均为类似形，且小于实形，如

图 2-33 所示。

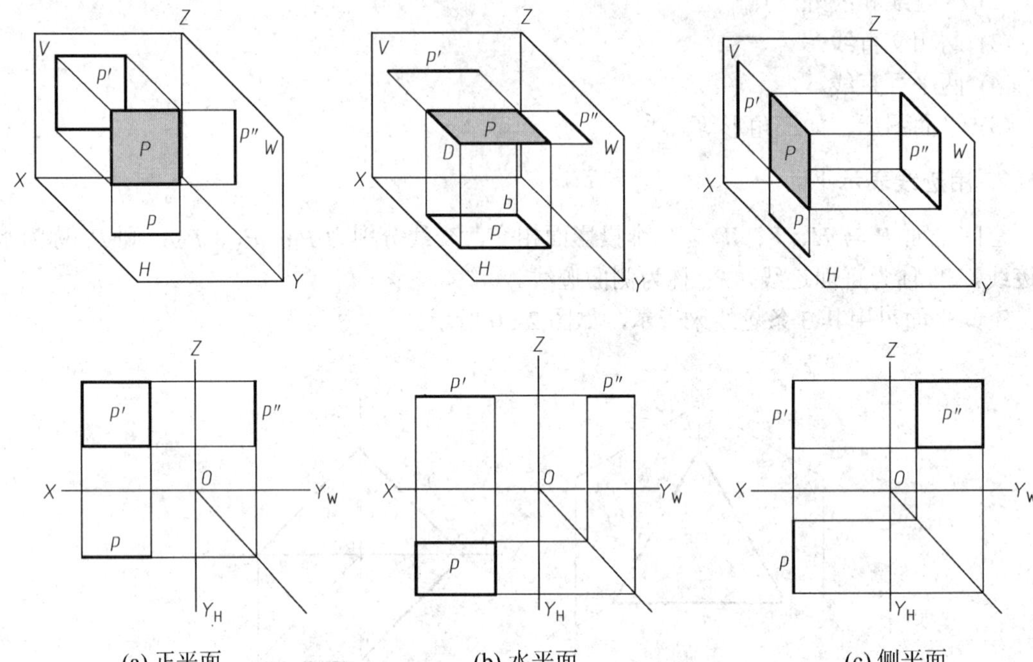

(a) 正平面　(b) 水平面　(c) 侧平面

图 2-31　投影面平行面

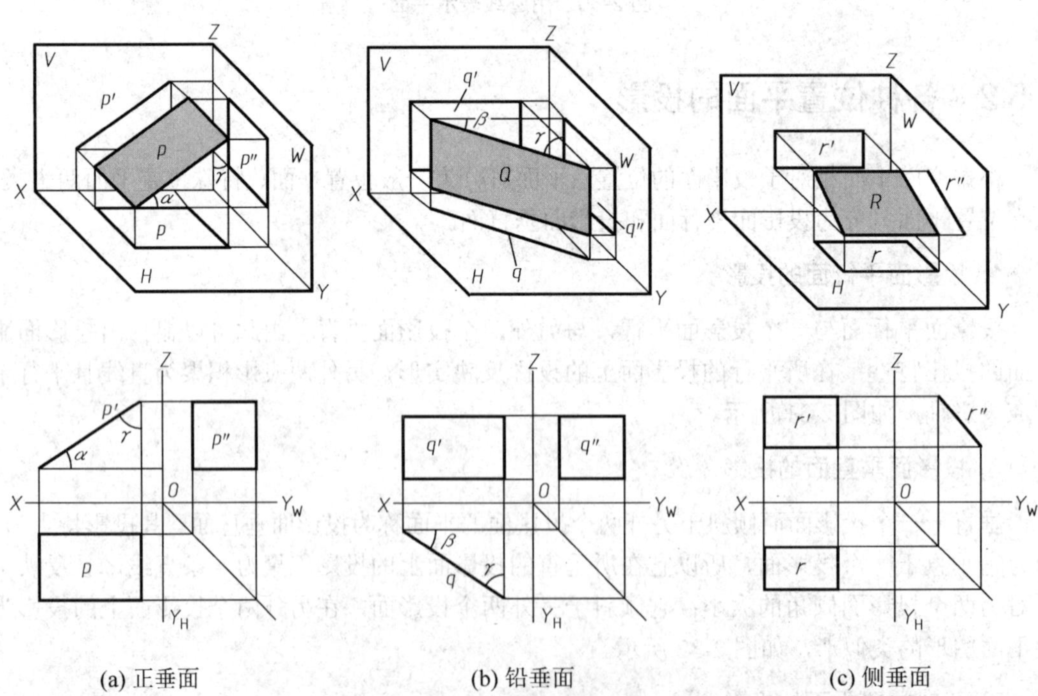

(a) 正垂面　(b) 铅垂面　(c) 侧垂面

图 2-32　投影面垂直面

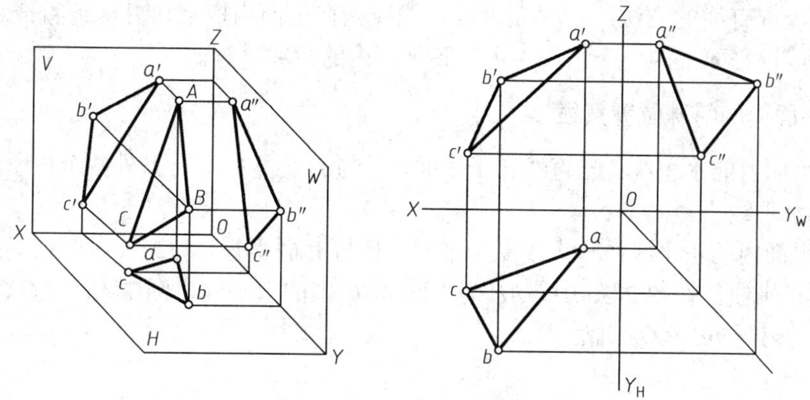

图 2-33　一般位置平面

2.5.3　属于平面的点和直线

1. 平面内的点和直线

1) 平面内的点

点在平面上的几何条件是：点在平面内的某一直线上。若点的投影属于平面内某一直线的各同面投影，且符合点的投影规律，则点属于该平面。

在平面内取点的方法：在平面内取点，首先要在平面内取一直线，然后在该直线上定点，这样才能保证点属于平面。如图 2-34 所示，要想判定 1 点是否在平面 *ABC* 内，首先过 1 点作直线 *ak*，求出 *k* 点的 *V* 面投影 *k′*，连接 *a′k′*，1′ 点在 *a′k′* 上，说明空间点 1 在直线 *AK* 上，而 *AK* 又在平面 *ABC* 内，所以 1 点在平面 *ABC* 内。

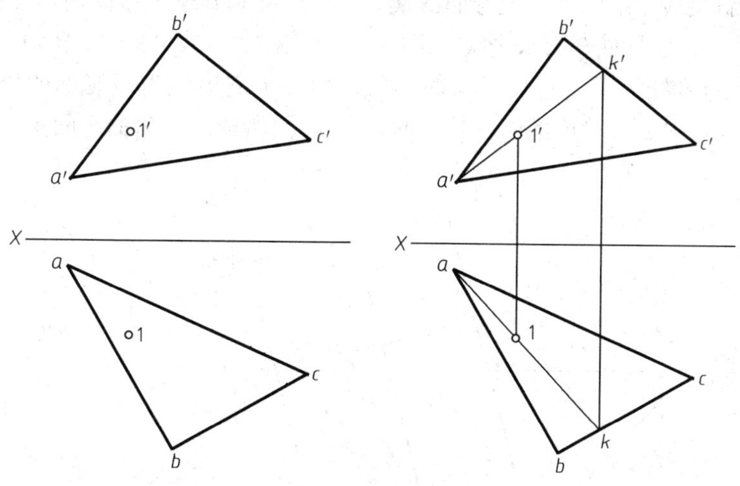

图 2-34　平面内的点

2) 平面内的直线

直线属于平面的几何条件是：直线通过平面上的两点；或直线通过平面上的一点且平行于平面上的另一条直线。如图 2-35 所示，直线 *AB*、*CD* 都满足直线属于平面 *EFH* 的几何条件，*AB* 过平面上的两点 *M* 和 *N*，*CD* 过平面上的一点且平行于 *EH*。

平面内取直线的方法：在平面内取直线应先在平面内取点，并保证直线通过平面上的两个点，或过平面上的一个点且与另一条平面内的直线平行。

2. 平面内的特殊位置直线

(1) 平面内的水平线：一直线属于平面，且与 *H* 面平行，与另外两个投影面倾斜，称为平面内的水平线。

(2) 平面内的正平线：一直线属于平面，且与 *V* 面平行，与另外两个投影面倾斜，称为平面内的正平线。在图 2-36 中，*AE* 为平面 *ABC* 内的水平线，图中 *a′e′* // *OX* 轴；*BD* 为平面内的正平线，*bd* // *OX* 轴。

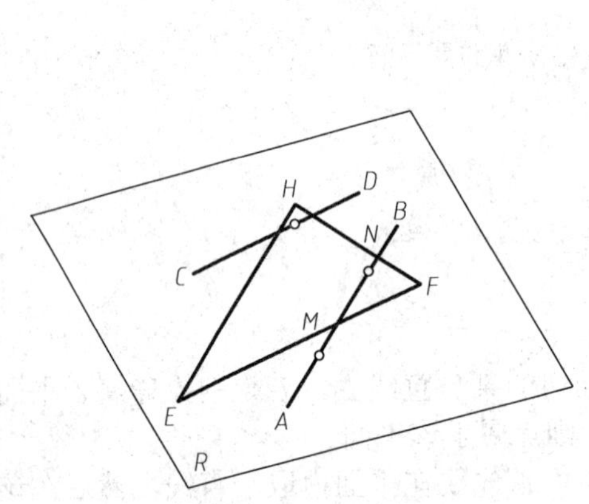

图 2-35　平面内的直线

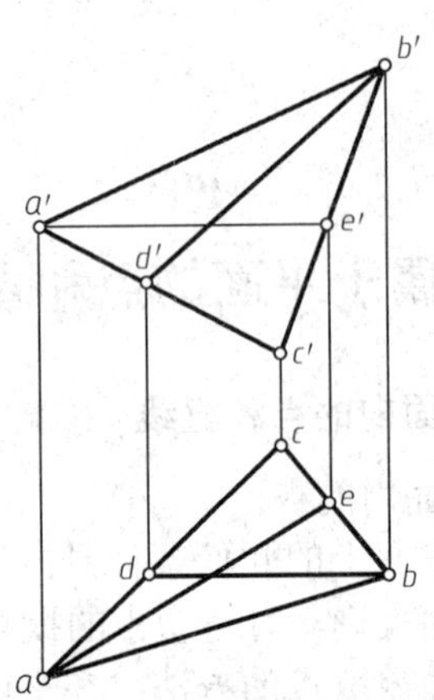

图 2-36　平面内的水平线和正平线

(3) 平面内对投影面的最大斜度线：平面内对投影面倾角最大的直线称为平面上对该投影面的最大斜度线。平面内对投影面的最大斜度线必垂直于该平面内的该投影的平行线。如图 2-37 所示，*L* 是平面 *P* 内水平线，*AB* 属于 *P*，*AB*⊥*L*(或 *AB*⊥*PH*)，*AB* 即是平面 *P* 内对 *H* 面的最大斜度线。平面对投影面的倾角可用最大斜度线对投影面的倾角来定义，如图 2-37 所示，*AB* 对 *H* 面的倾角α就是平面 *P* 与 *H* 面所成二面角的平面角，即平面 *P* 对 *H* 面的倾角α。

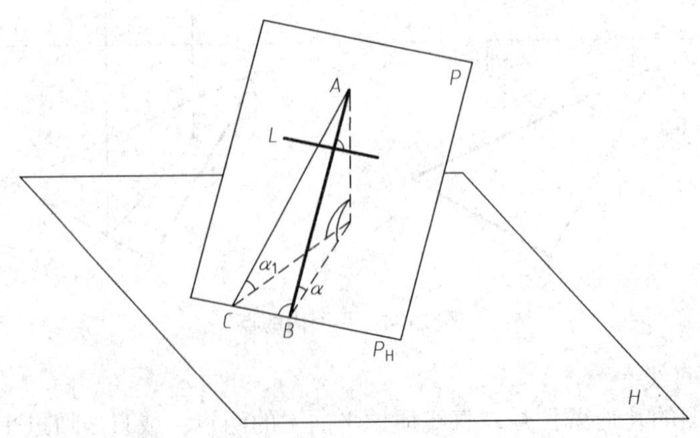

图 2-37　平面内对 *H* 面的最大斜度线

平面内对 V 面的最大斜度线，应垂直于该平面内的正平线或正面迹线。平面对 V 面的倾角 β 等于平面内对 V 面的最大斜度线的 β 角。

【例 2-11】 如图 2-38(a)所示，已知四边形平面 $ABCD$ 的 H 投影 $abcd$ 和 ABC 的 V 投影 $a'b'c'$，试完成其 V 投影。

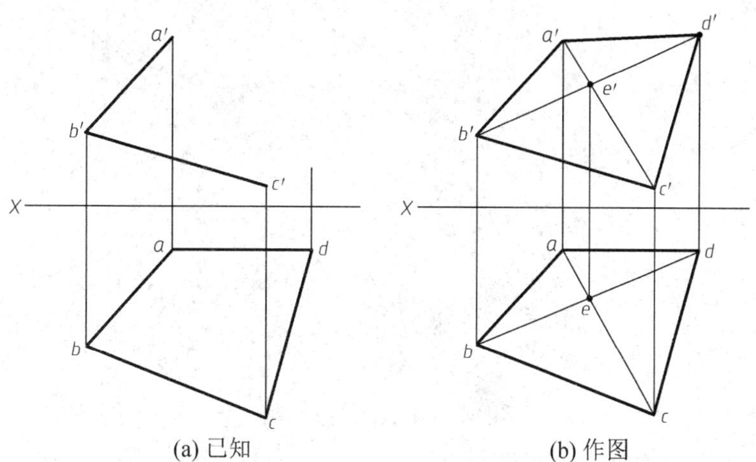

(a) 已知　　(b) 作图

图 2-38　求四边形的 V 面投影

解：(1) 连接 ac 和 $a'c'$，得辅助线 AC 的两投影。

(2) 连接 bd 交 ac 于 e 点。

(3) 由于 e 在 ac 上，根据点的投影规律求出 e'。

(4) 连接 $b'e'$ 并延长，求出 d'。

(5) 连接 $a'd'$、$c'd'$ 即为所求，如图 2-38(b)所示。

【例 2-12】 如图 2-39(a)所示，求三角形 ABC 对 H 面的倾角 α。

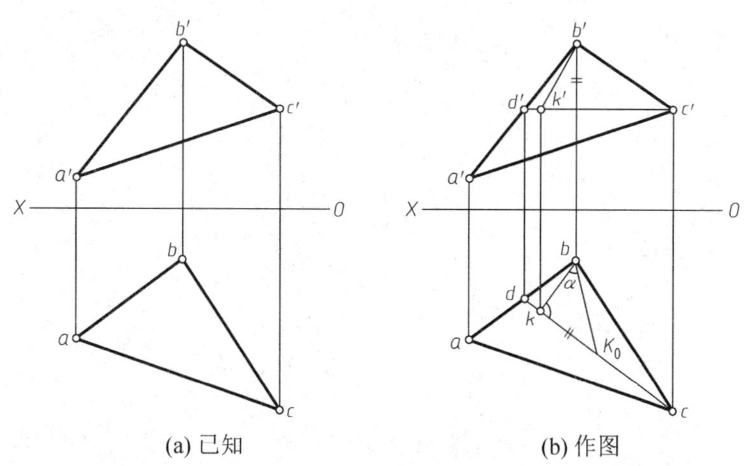

(a) 已知　　(b) 作图

图 2-39　求三角形对 H 面的倾角 α

解：(1) 过 c' 引 $c'd' /\!/ OX$ 交 $a'b'$ 于 d' 点，求出 cd，CD 为三角形 ABC 内的水平线。

(2) 过 b 作 $bk \perp cd$ 交 cd 于 k 点，求出 $b'k'$，BK 即为平面对 H 面的最大斜度线。

(3) 以 bk 为直角边，以 Δz_{BK} 为另一直角边作直角三角形 bkK_0 (图中 $\Delta z_{BK} = kK_0$)，在直角三角形中斜边 bK_0 与 bk 的夹角为 BK 对 H 面的倾角 α，该 α 即为所求，如图 2-39(b)所示。

第 3 章 立体的投影

【本章要点】

- 平面立体棱柱体、棱锥体的投影
- 曲面立体圆柱体、圆锥体、球体的投影
- 平面与立体相交

【本章难点】

圆锥体、球体表面上点和线的投影

在建筑工程中，会接触到各种形状的建筑物(如房屋、水塔)及其构配件(如基础、梁、柱等)的形状虽然复杂多样，但经过仔细分析，不难看出它们一般都是由一些简单的几何体经过叠加、切割或相交等形式组合而成。通常把这些简单的几何体称为基本几何体，有时也称为基本形体，把建筑物及其构配件的形体称为建筑形体。

按照基本几何体表面的组成，可将其分成平面立体和曲面立体两类，如图 3-1 所示。

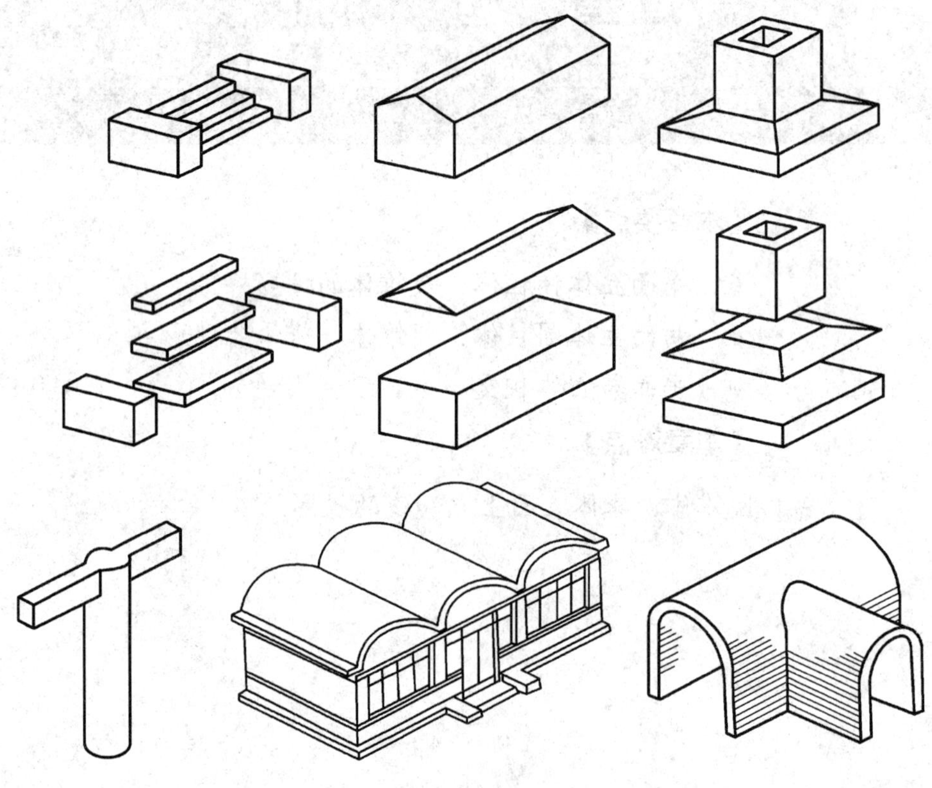

图 3-1　建筑形体

平面立体：表面都是平面的立体，如棱柱和棱锥等。

曲面立体：表面是曲面或曲面和平面的立体，如球、圆柱、圆锥等。

3.1　平面立体的投影

3.1.1　棱柱体的投影

1. 投影

棱柱由两个底面和若干个侧棱面组成，棱柱的特点是各侧棱线相互平行，上、下底面相互平行。棱柱体按侧棱线的数目不同，分为三棱柱、四棱柱、五棱柱、六棱柱等。侧棱线与底面垂直的棱柱称为直棱柱，侧棱线与底面倾斜的棱柱称为斜棱柱，上、下底面均为正多边形的直棱柱称为正棱柱。

如图 3-2(a)所示，一个四棱柱，它的顶面和底面为水平面，前、后两个棱面是正平面，左、右两个棱面为侧平面。

图 3-2(b)是这个四棱柱的三面投影图，*H* 面投影是个矩形，为四棱柱顶面和底面的重合投影，顶面可见，底面不可见，反映了它们的实形。矩形的边线是顶面和底面上各边的投影，反映实长。矩形的 4 个顶点是顶面和底面 4 个顶点分别互相重合的投影，也是 4 条垂直于 *H* 面的侧棱积聚性的投影。同理，也可以分析出该长方体的 *V* 面和 *W* 面投影，也分别是一个矩形。

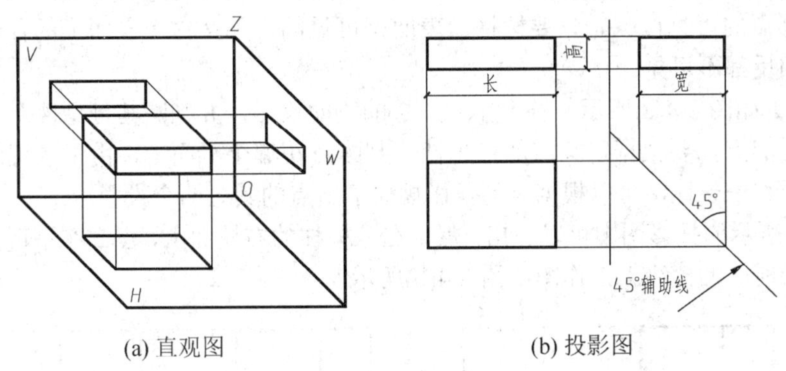

(a) 直观图　　(b) 投影图

图 3-2　长方体的三面投影

图 3-3(a)所示是一个三棱柱，上、下底面是水平面(三角形)，后面是正平面(长方形)，左、右两个面是铅垂面(长方形)。将三棱柱向 3 个投影面进行投影，得到三面投影图如图 3-3(b)所示。

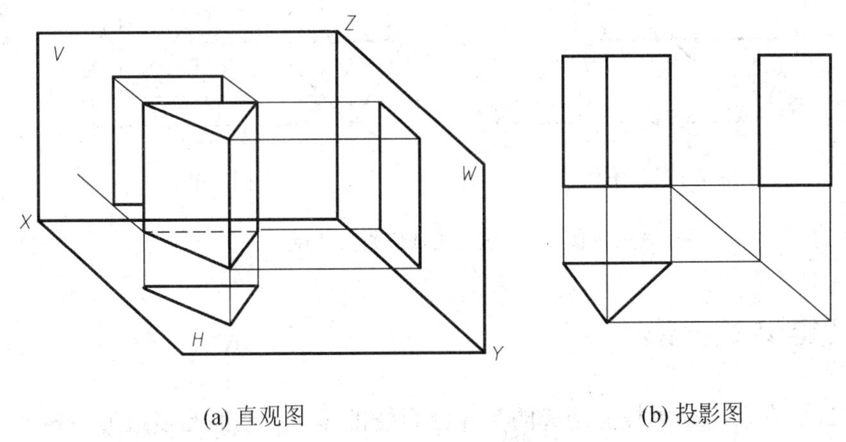

(a) 直观图　　(b) 投影图

图 3-3　三棱柱的三面投影

分析三面投影可知：水平面投影是一个三角形，从形体的平面投影的角度看，它可以看作上、下底面的重合投影(上底面可见，下底面不可见)，并反映实形，也可以看成是 3 个垂直于 *H* 面的 3 个侧面的积聚投影。从形体的棱线投影的角度看，可看作是上底面的 3 条棱线和下底面的 3 条棱线的重合投影，3 条侧棱的投影积聚在三角形的 3 个顶点上。

正面投影是两个长方形，可看做是左、右两个侧面的投影，但均不反映实形。两个长方形的外围构成一个大的长方形，是后侧面的投影(不可见)反映实形。上、下底面的积聚投影是最上和最下的两条横线，3 条竖线是 3 条棱线的投影，都反映实长。

侧面投影是一个长方形，它是左、右两个侧面的重合投影(左面可见，右面不可见)，均不反映实形。上、下底面的积聚投影是最上和最下两条横线，后侧面的投影积聚在长方形的左边上，它同时也是左、右两条侧棱的投影。前面侧棱的投影是长方形的右边。

2. 表面上的点

由于棱柱是由平面围成的，所以棱柱表面上的点投影特性与平面上的点的投影特性是一样的，不同的是棱柱的表面上存在着可见性的问题，规定不可见的点的投影用括号括起来。如何判别点的可见性呢？只要棱柱的表面是可见的，那么这个表面上的任何一个点都是可见的；相反都不可见。

【例 3-1】 如图 3-4(a)所示，补全 1、2、3 的三面投影，并判断其可见性。

在棱柱上的点，要根据已知点的可见性，判断点在哪个平面上，由于放置的关系，一般棱柱的表面有积聚性，可以根据点的投影规律求出点的其余两个投影。

从图 3-4 所示的投影图中可以看出，点 1 在三棱柱的右棱面上，点 2 在不可见的后棱面上，点 3 在最前面的棱线上，作图如图 3-4(b)所示。

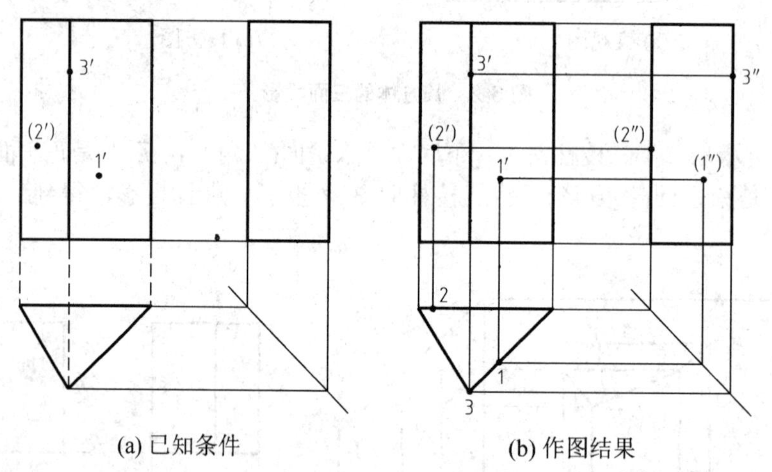

(a) 已知条件　　(b) 作图结果

图 3-4　求三棱柱表面上的点

3.1.2　棱锥体的投影

由一个底面和若干个侧棱面围成的实体称为棱锥体。其底面为多边形，各个侧面为三角形，所有棱线都会交于锥顶。与棱柱相似，棱锥也有正棱锥和斜棱锥之分，下面以正三棱锥为例来说明棱锥体的投影作法。

1. 棱锥体投影

为了方便作棱锥体的投影，常使棱锥体的底面平行于某一投影面。通常使其底面平行

于 *H* 面，如图 3-5(a)所示，求其三面投影。

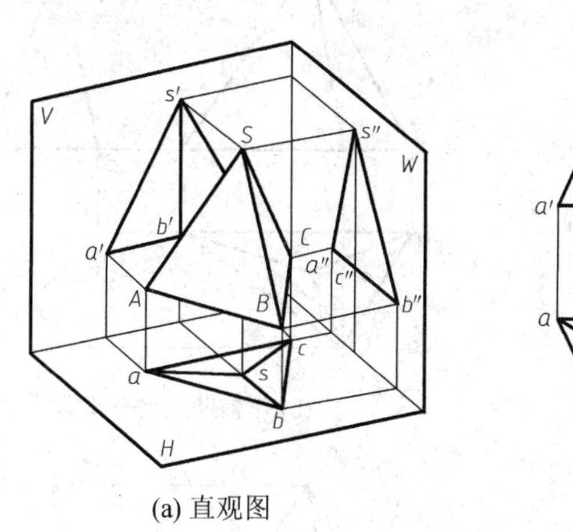

(a) 直观图

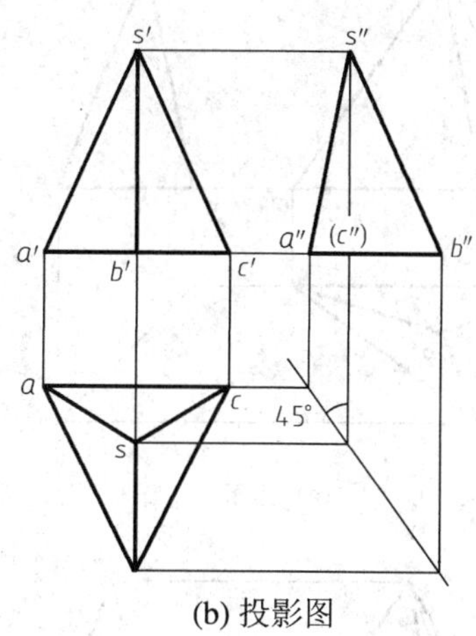

(b) 投影图

图 3-5　三棱锥的三面投影

分析：底面 *ABC* 为水平面，水平投影反映实形(为正三角形)，另外两个投影为水平的积聚性直线。侧棱面 *SAC* 为侧垂面，侧面投影积聚为一直线，另两个棱面为一般位置平面，3 个投影呈类似的三角形。棱线 *SA*、*SC* 为一般位置直线，棱线 *SB* 为侧平线，3 条棱线通过锥顶 *S*。作图时，可以先求出底面和锥顶 *S* 的投影，再补全其他投影，作图结果如图 3-5(b)所示。

2．表面上的点

由于棱锥体的表面一般不是特殊平面，因此在棱锥表面上定点，如果点在一般位置平面上，需要在所处的平面上作辅助线，然后在辅助线上作出点的投影。

【例 3-2】如图 3-6(a)所示，已知三棱锥表面上的点 1 和 2 的水平投影，要求作出它们的正面投影和侧面投影。

解：作图过程：

(1) 过点 1 和 2 作辅助线，其中过 1 点采用过 *S* 点的辅助线，对于 2 点采用过 2 点并平行于 *bc* 的辅助线。其作图过程为连接 *S* 点和 1 点并延长交 *ab* 于一点 *d*，得到辅助线 *sd*，过 2 点作直线平行于 *bc*，交 sc 于 *m* 点，交 *sb* 于 *n* 点，得到辅助线 *mn*。

(2) 由 *d* 点向上引投射线交 *a′b′*于点 *d′*，连接 *s′*和 *d′*，得到辅助线 *s′d′*，由 1 点向上引投射线与 *s′d′*相交得到 1′点。由 *m* 向上引投射线，与 *s′c′*相交于点 *m′*，过点 *m′*作平行于 *b′c′*的直线作为辅助线(与 *s′b′*相交于点 *n′*)，由 2 点向上引投射线与辅助线 *m′n′*相交于点 2′。

(3) 对于侧面投影可以继续用辅助线求出，也可以利用 45° 线求出。

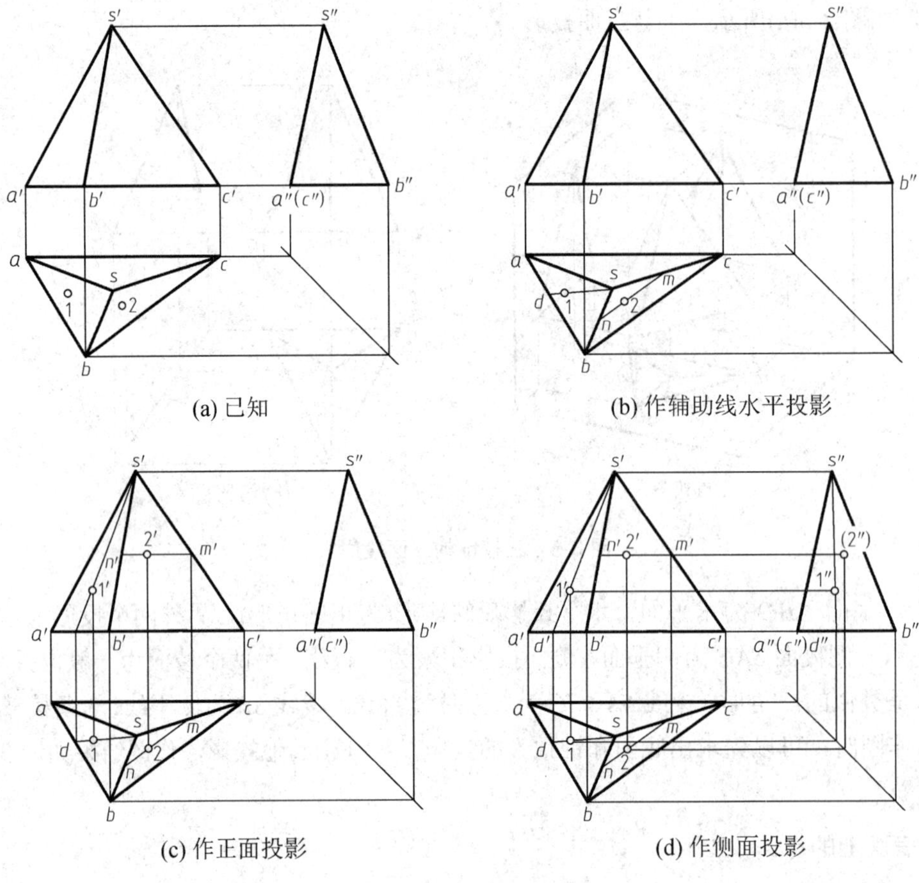

图 3-6　在棱锥表面上定点——辅助线法

3.2　曲面立体的投影

3.2.1　曲线和曲面

1．曲线

曲线可以看成是一个点按一定规律运动而形成的轨迹。 曲线可分为平面曲线和空间曲线两类。平面曲线：曲线上各点都是在同一个平面内(如圆、椭圆、双曲线、抛物线等)。空间曲线：曲线上各点不在同一个平面内(如圆柱螺旋线等)。

2．曲面

建筑中常见的曲面有回转曲面和非回转曲面，回转曲面中常见的有圆柱面、圆锥面和球面。

1) 曲面的形成

曲面可以看成是由直线或曲线在空间按一定规律运动而形成的。由直线运动而形成的曲面称为直线曲面；由曲线运动而形成的曲面称为曲线曲面。这根运动的直线或曲线称为曲面的母线。由直母线运动而成的曲面称为直纹曲面，如图 3-7(a)、(b)所示。由曲母线运动而成的曲面称为曲纹曲面，如图 3-7(c)所示。

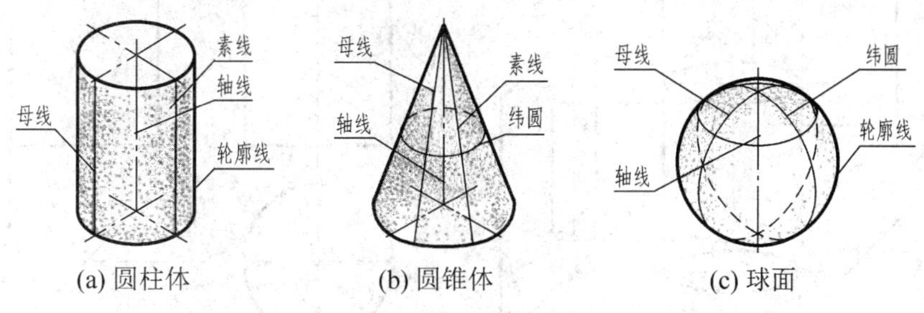

图 3-7　曲面的形成

曲面中常用的术语有素线、纬圆、轮廓线，分别解释如下。

- 素线：母线移动到曲面上的任一位置时，称为曲面的素线。
- 纬圆：圆锥面上一系列与圆锥中心轴线垂直的同心圆称为纬圆。同理，球面上也有一系列的纬圆。
- 轮廓线：曲面的轮廓线是指投影图中确定曲面范围的外形线，包括有界曲面的边界。

2) 曲面的分类

(1) 一般根据母线运动方式的不同，把曲面分为以下两大类。

① 回转曲面。这类曲面由母线绕一轴线旋转而成，由回转曲面形成的曲面体也称为回转体。

② 非回转曲面。这类曲面由母线根据其他约束条件运动而成。

(2) 根据母线的形状把曲面分为以下两类。

① 直纹曲面。由直母线运动而成的曲面称为直纹曲面。

② 曲纹曲面。只能由曲母线运动而成的曲面称为曲纹曲面。

3.2.2　曲面立体的投影

1. 圆柱

1) 圆柱体的投影

图 3-8 所示为一轴线垂直于 H 面的圆柱的三面投影。

圆柱体在 H 面的投影是一个圆，反映了上、下两端面的实形，且两端面的投影重合，同时又是圆柱面在 H 面的积聚投影。

圆柱体在 V 面的投影是一个矩形，上、下两端面在 V 面内积聚成上下两条水平线，水平线的长度为顶圆和底圆的直径。左、右两条边线是圆柱面上最左与最右两条素线的投影，这两条素线称为轮廓素线，即正面投影中圆柱面前半部与后半部的分界线，前半部分圆柱面的 V 面投影可见，后半部分圆柱面的 V 面投影不可见。

圆柱体在 W 面的投影是一个矩形，上、下两条水平线分别是上、下两个端面的积聚投影，且长度与它们的直径相同。左、右两条边线是圆柱面上最前与最后两条轮廓素线的投影，即圆柱面的 *W* 面投影中左半部(可见部分)与右半部(不可见部分)的分界线。

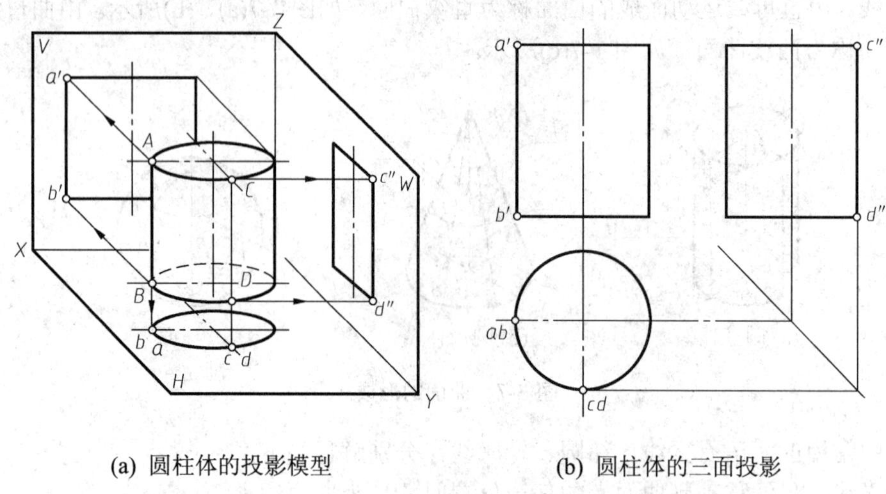

(a) 圆柱体的投影模型　　(b) 圆柱体的三面投影

图 3-8　圆柱体的投影

2) 圆柱面上点的投影

【**例 3-3**】如图 3-9(a)所示，已知 *a*′和 *b*′，求它们在其他两个投影面上的投影。

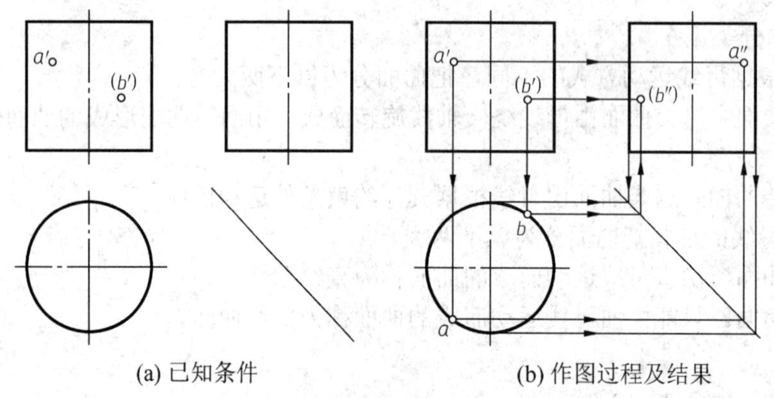

(a) 已知条件　　(b) 作图过程及结果

图 3-9　求圆柱体表面上点的投影

解：由于 *a*′可见，所以 *A* 点在前半圆柱面上，由 *a*′向下引垂线，与前半圆柱面 *H* 面的投影交于 *a* 点，得到 *A* 点的水平投影，然后根据点的投影规律，利用 *a*′和 *a* 求出 *A* 点的 *W* 面投影 *a*″。

由于 *b*′不可见，因此 *B* 点在后半圆柱面上，由 *b*′向下引垂线，与后半圆柱面 *H* 面的投影交于 *b* 点，得到 *B* 点的水平投影；然后根据点的投影规律，利用 *b*′和 *b* 求出 *B* 点的 *W* 面投影 *b*″，由于 *B* 点在右半圆柱面上，由左向右看 *B* 点不可见，所以 *B* 点的 *W* 面投影应加括号。

2．圆锥

1) 圆锥的投影

图 3-10 所示为一轴线垂直于 *H* 面的圆锥的三面投影。

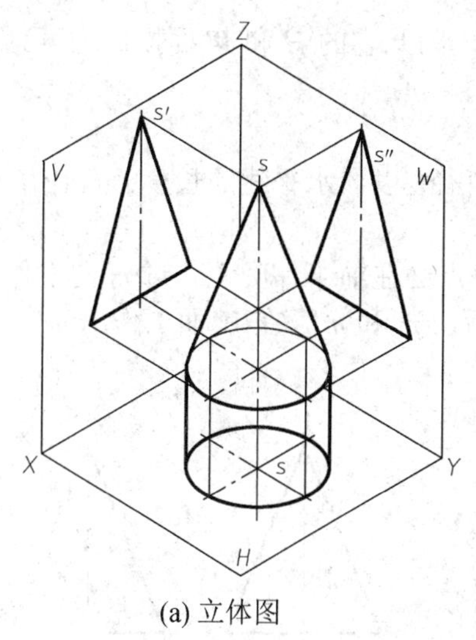

(a) 立体图

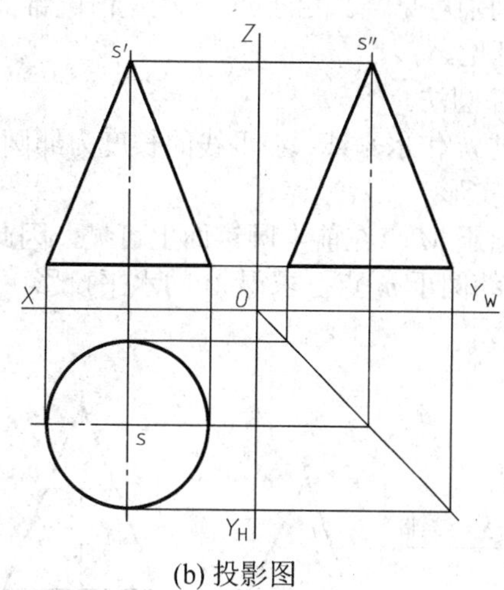

(b) 投影图

图 3-10　圆锥体的投影

圆锥的 *H* 面投影为一个圆，它是圆锥面和底面的重合投影，反映底面的实形，圆心是锥顶的投影，圆锥面上的点可见，底面上的点不可见。

圆锥的 *V* 面投影是一个等腰三角形，底边是底面的积聚投影，其长度是底圆直径的实长；两边为圆锥最左和最右素线的 *V* 面投影，这两条素线称为轮廓素线，它是圆锥面在正面投影中(前半个圆锥面)可见和(后半个圆锥面)不可见部分的分界线。

圆锥的 *W* 面投影也是一个等腰三角形，底边是底面的积聚投影，其长度反映底圆直径的实长；两边为圆锥最前和最后素线的 *W* 面投影，这两条素线称为轮廓素线，它是圆锥面在侧面投影中(左半个圆锥面)可见和(右半个圆锥面)不可见部分的分界线。

2) 圆锥面上点的投影

求作圆锥面上的投影，常用的方法有两种，即素线法和纬圆法。下面通过例题来讲解这两种方法。

【例 3-4】如图 3-11(a)所示，已知圆锥表面上 *M* 点的 *V* 面投影 *m'*，求作圆锥的 *W* 面投影，以及 *M* 点在其他两个投影面的投影。

解：由曲面的形成过程可知，圆锥面上任一点与锥顶的连线均是圆锥面上的素线，作图时可以通过先求素线的投影，再求素线上点的投影来找点，这种利用圆锥面上的素线求点的方法称为素线法。圆柱、圆锥和圆球在形成回转面时，母线上的各点都会随母线一起绕轴线旋转，形成回转面上的纬圆。求圆锥面上点的投影，可先求出点所在纬圆的投影，再利用纬圆求出点的投影，这种方法称为纬圆法。

(1) 素线法。

① 连接 *s'm'*并延长，交底圆的 *V* 面投影于 *a'*点，*s'a'*即是圆锥面上包含 *M* 点的素线 *SA* 的 *V* 面投影。

② 利用点的投影规律求出 *a* 和 *a''*，分别连接 *sa* 和 *s''a''*。

③ 由于 *M* 点在 *SA* 上，所以 *M* 点的三面投影也分别在 *SA* 对应的同面投影上。因此，过 *m'*向下作垂线，交 *sa* 于 *m* 点，求得 *M* 的水平投影；过 *m'*作水平线，交 *s''a''*于 *m'*，求得 *M* 的侧面投影。

④ 判别可见性。由于点 *M* 在左前圆锥面上，因此它的 *H* 和 *W* 面投影均可见，所以 *m* 和 *m″*均可见。

(2) 纬圆法。

① 过 *m′*作水平线，水平线的长度为纬圆的直径。以该水平线的长度为直径在 *H* 面内作出纬圆的实形。

② 由于 *M* 点在前半圆锥面上可见，因此 *m* 点必在前半纬圆上。过 *m′*向下作垂线，交 *H* 面前半纬圆于 *m* 点，求得 *M* 的水平投影；然后由 *m* 和 *m′*，在 *W* 面上作出 *m″*。最后判别其可见性。

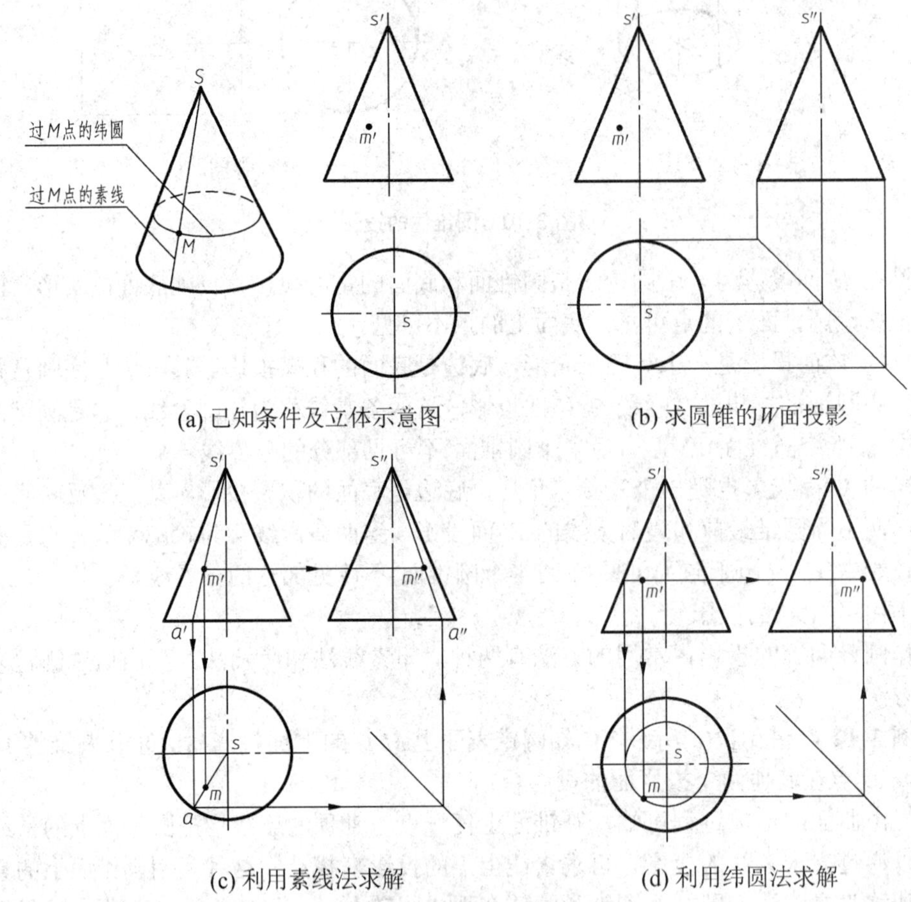

(a) 已知条件及立体示意图　　(b) 求圆锥的W面投影

(c) 利用素线法求解　　(d) 利用纬圆法求解

图 3-11　求圆锥表面点的投影

3．球

1) 球的投影

由图 3-12 可以看出，球的三面投影是 3 个大小相同的圆，其直径即为球的直径，圆心分别是球心的投影。

H 面上的圆是球在 *H* 面投影的轮廓线，也是上半球面和下半球面的分界线，其中上半球面可见，下半球面不可见。

V 面上的圆是球在 *V* 面投影的轮廓线，也是前半球面和后半球面的分界线，其中前半球面可见，后半球面不可见。

W 面上的圆是球在 *W* 面投影的轮廓线，也是左半球面和右半球面的分界线，其中左半球面可见，右半球面不可见。

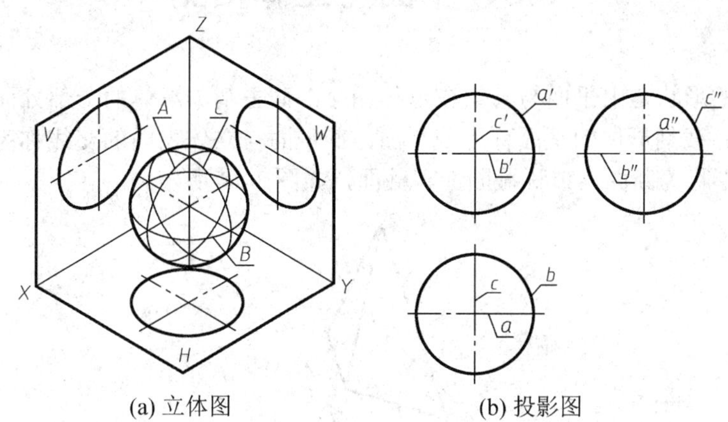

(a) 立体图　　(b) 投影图

图 3-12　球的三面投影

2) 球面上点的投影

球面上点的投影的求解一般采用纬圆法。

【例 3-5】如图 3-13(a)所示，已知球面上点 *A* 的 *V* 面投影，求点 *A* 在其他两个投影面的投影。

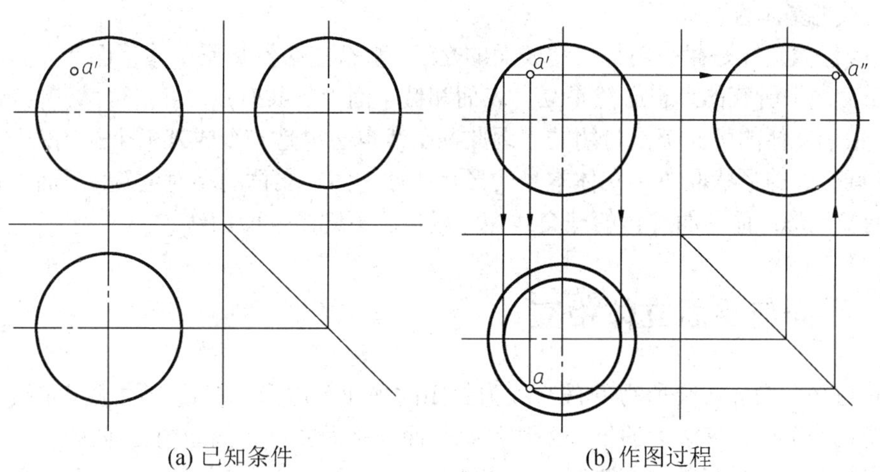

(a) 已知条件　　(b) 作图过程

图 3-13　球的三面投影

解：由 *a*′点得知 *A* 点在左上半球上，可以利用水平纬圆解题。

(1) 过 *a*′点作水平线，水平线的长度即为水平纬圆的直径。

(2) 根据直径作出水平纬圆的 *H* 面投影。由于 *A* 点在纬圆上，因此 *A* 点的水平投影也在水平纬圆上，又由于 *a*′点可见，可知 *A* 点在前半纬圆上，过 *a*′点向下作垂线，交水平纬圆前半圆于点 *a*，求得 *A* 点的水平投影。

(3) 根据 *a*′和 *a* 作出 *a*″。

3.3 平面与立体相交

有些构件的形状是由平面与其组成形体相交，截去基本形体的一部分而形成的。通常把与立体相交、截割形体的平面称为截平面，截平面与立体表面的交线称为截交线，截交线所围成的图形称为断面，或称截断面、截面，如图 3-14 所示。

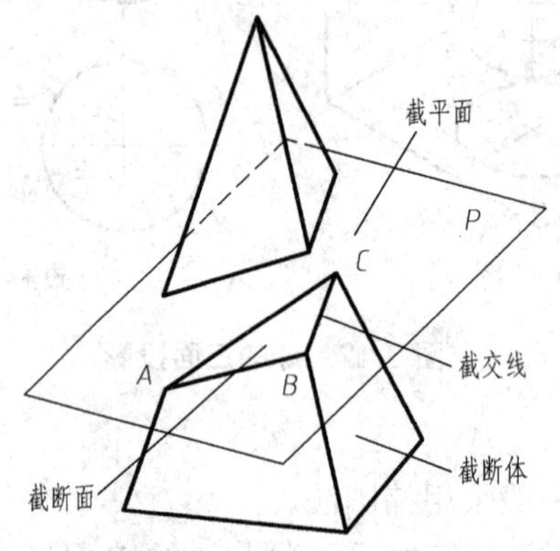

图 3-14 平面截割立体

截交线的基本性质如下。

(1) 既然截交线是截平面与立体表面的交线，那么它必然是属于截平面和立体表面的共有线，截交线上所有的点也必然是立体表面和截平面上的共有点。

(2) 由于立体的表面都是封闭的，因此截交线也必定是一个或若干个封闭的平面图形。

(3) 截交线的形状取决于立体本身的形状和截平面与立体的相对位置。平面立体的截交线是平面多边形；而曲面立体的截交线在一般情况下则是平面曲线。

3.3.1 平面与平面立体相交

平面与平面立体相交所得的截交线为封闭的平面多边形，多边形的顶点是截平面与平面立体棱线的交点，多边形的每一条边是截平面与平面立体各侧面的交线。

求作平面立体截交线的方法有以下两种。

(1) 交点法：即先求出平面立体的棱线、底边与截平面的交点，然后将各点依次连接起来，即得截交线。

(2) 交线法：即求出平面立体的棱面、底面与截平面的交线。

【例 3-6】 完成五棱柱被正垂面截切后截切体的水平投影和侧面投影，如图 3-15(a)所示。

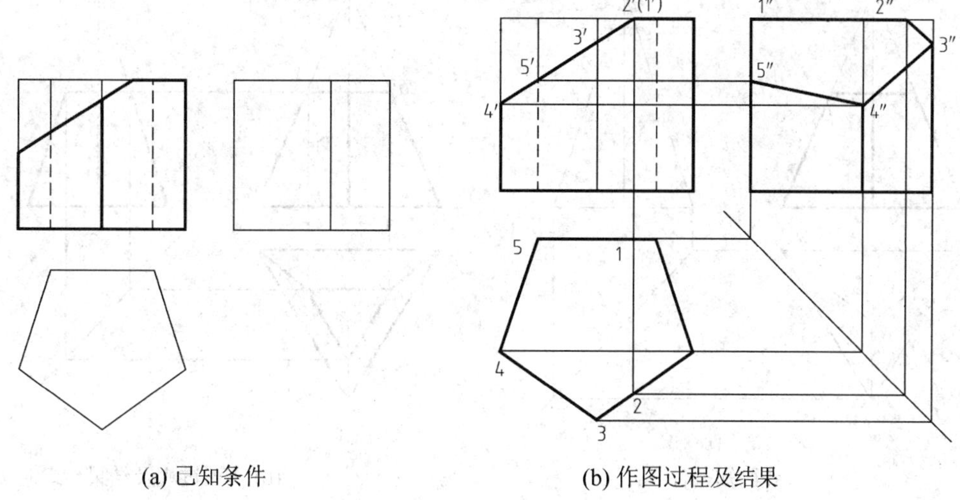

(a) 已知条件　　(b) 作图过程及结果

图 3-15　五棱柱截切体

解：截平面与五棱柱的 4 个侧面和顶面共 5 个面相交，求出 5 条交线即为截交线。用交点法分析，截平面与 3 条棱线和顶面的两条边相交共 5 个交点，求出 5 个交点并连接就得到截交线。两种分析方法是一致的。

(1) 根据棱线的积聚性，标出截平面与 3 条棱线的交点 3、4、5 和3′、4′、5′。

(2) 根据截平面(正垂面)与顶面(水平面)的交线是正垂线，截平面与顶面的右前和后面的两条边相交，标出交点 1、2 和(1′)、2′，如图 3-15(b)所示。

(3) 按照点的投影规律，求出 5 个点的 *W* 面投影 1″、2″、3″、4″、5″。

(4) 将在棱柱同一面上的点用线连接起来，顺次按 1、2、3、4、5 将 3 个投影面上的 5 个点的投影连接起来。

(5) 判别可见性，并将实体部分描深加粗。

【例 3-7】 完成三棱锥被水平面截切后截切体的水平投影和侧面投影，如图 3-16(a)所示。

解：截平面与三棱锥的 3 个面均相交，共有 3 条截交线，只需找出截平面与三棱锥 3 条棱线的交点即可求出截交线。

(1) 过 a'和 c'分别向下作垂线，与三棱锥后面两条棱线的水平投影分别交于 a、c 两点。

(2) 由于截平面是一水平面，所以截交线 AC 为侧垂线，由 a'、c'和 a、c 作出 a''和 c''。由于从左向右投影，C 点不可见，A 点可见，所以 c''应加括号。

(3) 过 b'作水平线，交三棱柱最前棱线的 *W* 面投影于 b''，根据 b''求出 b。

(4) 依次连接 a、b、c 得到三棱锥被水平面所截的截交线。由 abc 围成的三角形反映了截断面的实形。

(5) 将截切体部分描深加粗。

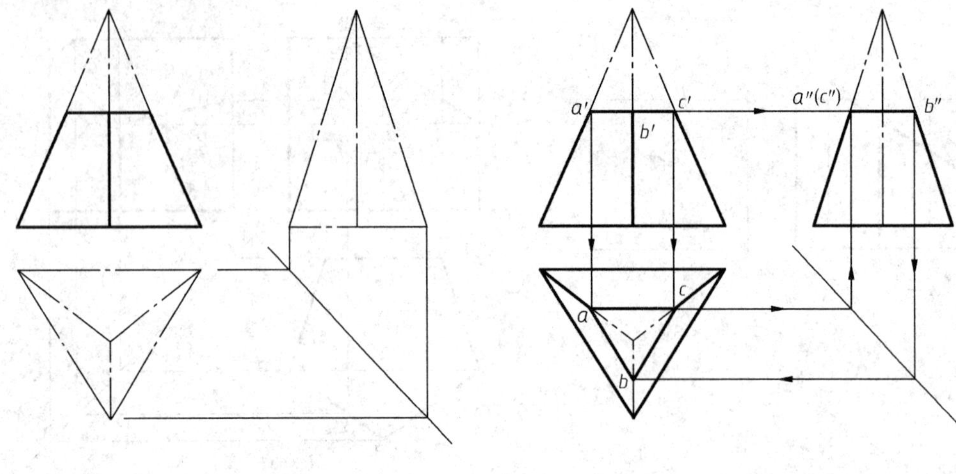

(a) 已知条件 (b) 作图过程及结果

图 3-16 三棱锥截切体

【例 3-8】已知带缺口的三棱柱的 *V* 面投影和 *H* 面投影轮廓，如图 3-17(a)所示，要求补全这个三棱柱的 *H* 面投影和 *W* 面投影。

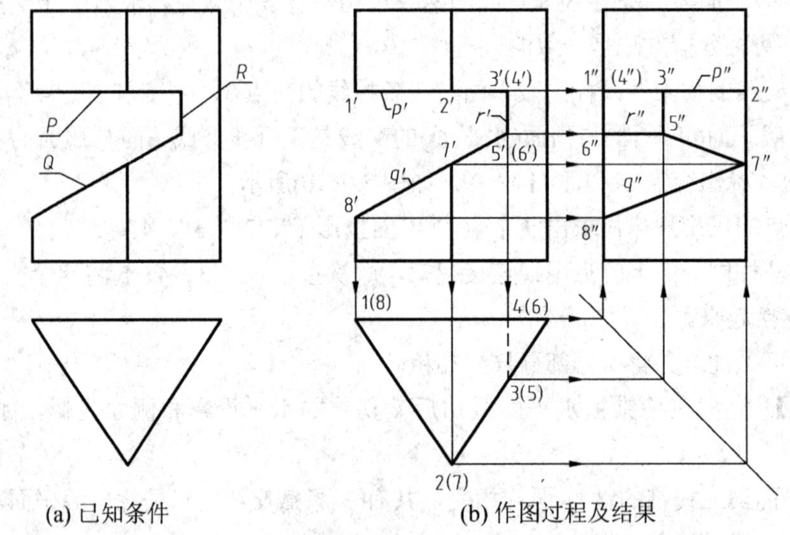

(a) 已知条件 (b) 作图过程及结果

图 3-17 带缺口三棱柱的三面投影

解：从已知条件可以看出，三棱柱被水平面 *P*、正垂面 *Q* 和侧平面 *R* 所截，根据 *V* 面的积聚投影可以补全 *H* 面投影，从而可以得到 *W* 面投影。具体步骤如下。

(1) 在 *V* 面投影上对截平面截割棱柱时在棱线和柱面上形成的交点编号。

(2) 各交点向 *H* 面引投影线，确定各交点的 *H* 面投影。

(3) 连接在同一个棱柱面上相邻的各交点，判断可见性，不可见的截交线用虚线表示，补全 *H* 面投影；在 *H* 投影面上，*R* 面为侧平面，积聚为一条线 *r*，因为它被上部形体遮挡，因此它的 *H* 面投影画为虚线。

(4) 根据三面投影的对应关系，不考虑缺口，补全棱柱的 *W* 面轮廓。

(5) 根据各交点的 *H*、*V* 面投影，求出各交点的 *W* 面投影。

(6) 连接 *W* 面投影上截同一个棱柱面上相邻的各交点，判断可见性，补全 *W* 面投影。

在 W 投影面上，5″6″8″7″是截面 Q 的投影；3″5″6″4″是截面 R 的投影；Q 的投影为一条线 1″2″3″4″。

观察 3 个断面的投影结果，H 投影反映 P 面的实形，W 面投影反映 R 面的实形，Q 面的实形则没能直接在投影图中显现出来。

3.3.2　平面与曲面立体相交

平面与曲面立体相交时，截交线通常是一条封闭的平面曲线，特殊情况也可能是由直线和曲线或完全由直线所围成的平面图形。截交线上的每一点都是截平面和曲面立体表面的共有点。求出足够的共有点，然后依次连接起来，即得截交线。

求曲面立体截交线的问题实际上就是求共有点的问题，也就是在曲面上定点，常用的方法有素线法、纬圆法和辅助平面法。 当为特殊位置平面时，可利用特殊位置平面的积聚性求点，当为一般位置平面时，需要通过素线、纬圆和辅助平面来求点。

1. 平面与圆柱体的截交线

平面与圆柱面相交，根据截平面与圆柱轴线相对位置的不同，所得的截交线有 3 种情况，如表 3-1 所示。

表 3-1　圆柱面上的截交线

截平面位置	截面垂直于圆柱轴线	截面倾斜于圆柱轴线	截面平行于圆柱轴线
截交线形状	圆	椭圆	两条平行直线
立体图	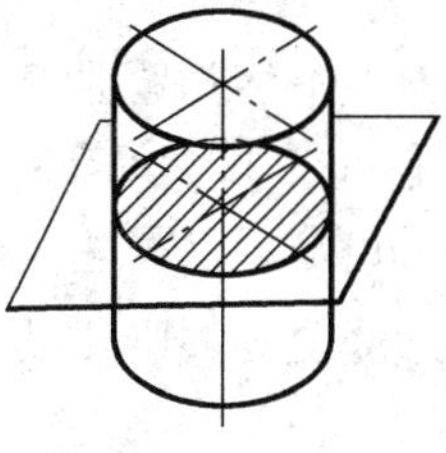	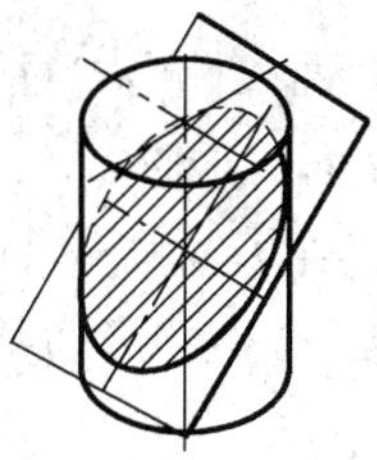	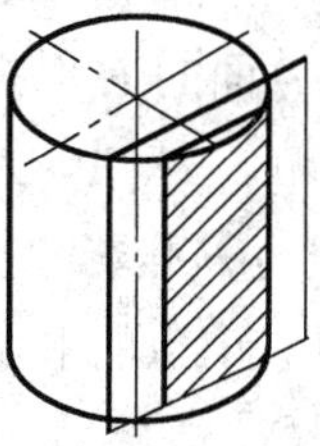
投影图	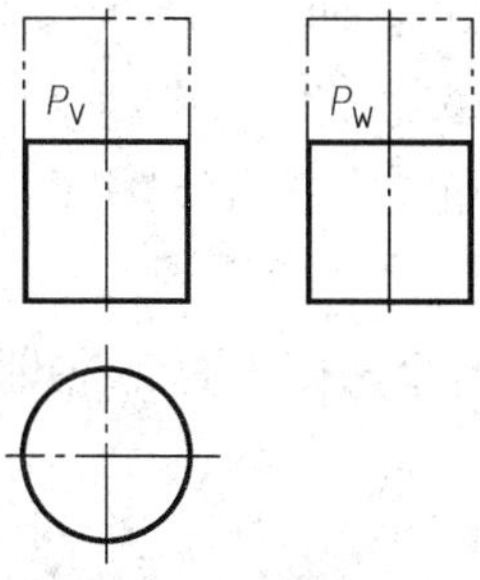 P_V　P_W	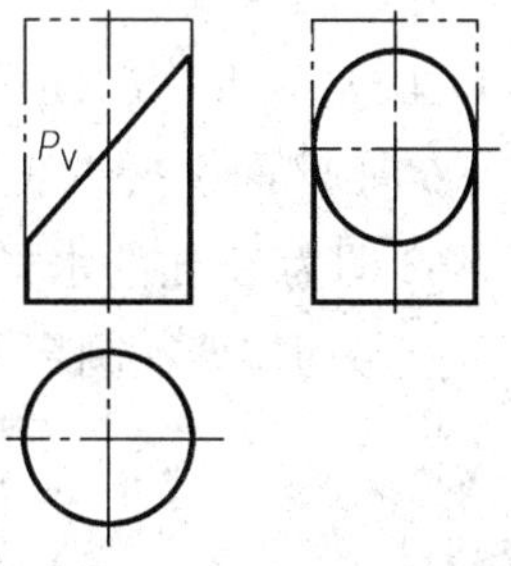 P_V	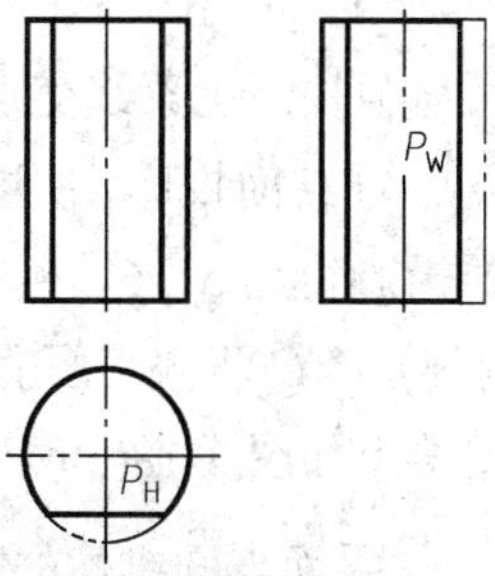 P_W　P_H

【例 3-9】如图 3-18(a)所示，要求补全这个圆柱被截割后的 H 面投影和 W 面投影。

解：圆柱体可看成是被 P、Q 两个平面所截，P 面是正垂面且与轴线夹角为 45°，则圆柱被 P 面截切后断面为半个椭圆，该断面在 H 面上的投影必为圆曲线，圆心在轴线上，半径为圆柱半径。Q 面是一般位置的正垂面，圆柱被 Q 面截切后断面为椭圆的一部分，在

H 面投影为椭圆曲线。具体步骤如下。

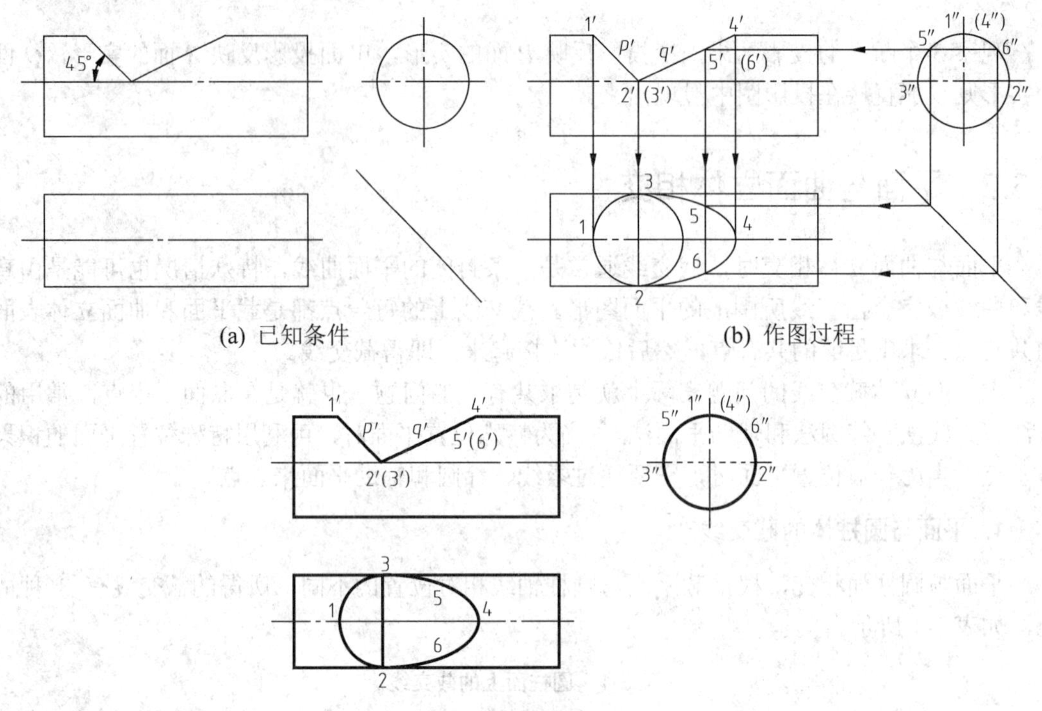

(a) 已知条件　　(b) 作图过程

(c) 作图结果

图 3-18　求圆柱被切割后的投影

(1) 作 *P* 面的 *H* 面投影。在 *V* 面上标出 *P* 面与圆柱最上素线、最前素线和最后素线的交点的投影 1′、2′、3′，2′和 3′是 *H* 面的重影点，2′ 可见，3′ 不可见；过 2′向 *H* 面引投影线，与圆柱轴线的 *H* 投影相交得到 *P* 面在 *H* 面投影的圆曲线的圆心，以圆柱半径长度为半径作圆，得到Ⅱ、Ⅲ点的水平投影 2 和 3；过 1′向 *H* 面引投影线交圆周于 1 点，圆弧 $\overset{\frown}{312}$ 为 *P* 面的水平投影。

(2) 作 *Q* 面的 *H* 面投影。Ⅱ、Ⅲ点既属于 *P* 面又属于 *Q* 面，其水平投影已求出；标出 *Q* 面与圆柱最上素线交点的 *V* 面投影 4′，取一般位置点 5′和 6′；过 4′向 *H* 面引投影线，得到Ⅳ点的 *H* 面投影 4；过 5′和 6′向 *W* 面引投影线与圆柱轮廓线交于 5″和 6″，然后根据 *V*、*W* 面投影得到 5、6，椭圆 35462 即为 *Q* 面的水平投影。

(3) *P*、*Q* 两截平面的 *W* 面投影均积聚在圆周上，且 *P*、*Q* 两截平面交线投影为虚线 3″2″。作图结果如图 3-18(c)所示。

2. 平面与圆锥体的截交线

当平面与圆锥截交时，根据截平面与圆锥轴线相对位置的不同，可产生 5 种不同形状的截交线，如表 3-2 所示。

表 3-2　圆锥面上的截交线

截平面位置	截面垂直于圆锥轴线	截平面倾斜于圆锥轴线，且与所有素线相交	截面平行于圆锥面上的一条素线	截面平行于圆锥面上的两条素线	截面通过锥顶
截交线形状	圆	椭圆	抛物线与直线组成的封闭平面图形	双曲线与直线组成的封闭平面图形	三角形
立体图	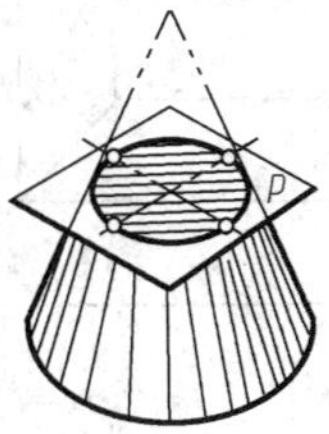 P	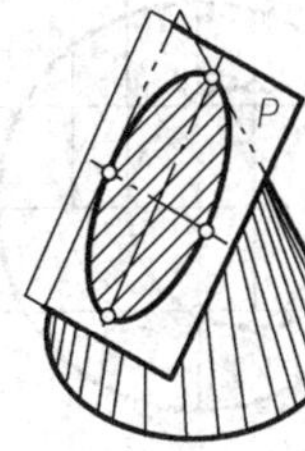 P	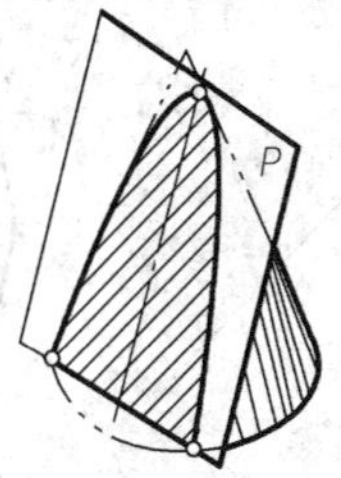 P	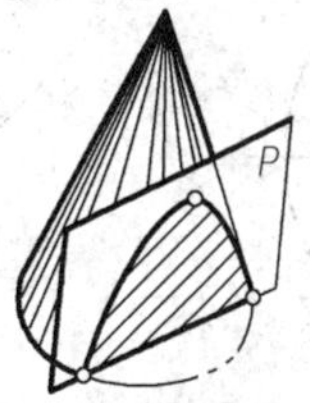 P	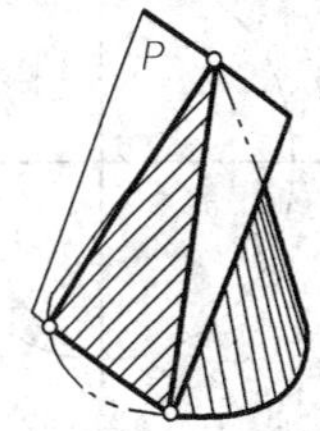 P
投影图	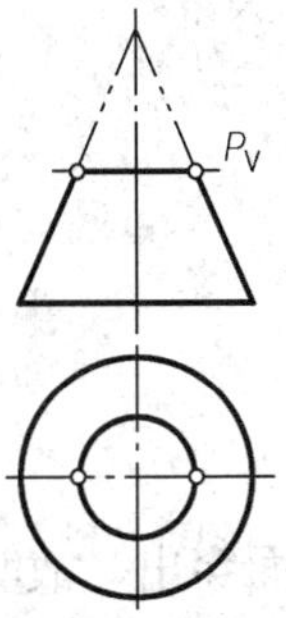 P_V	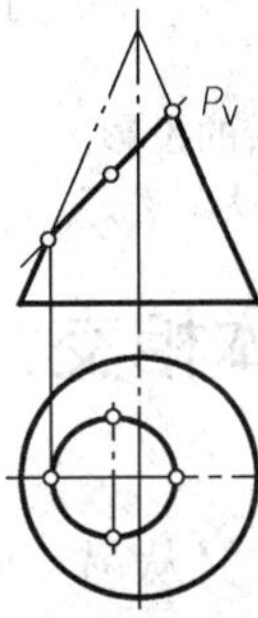 P_V	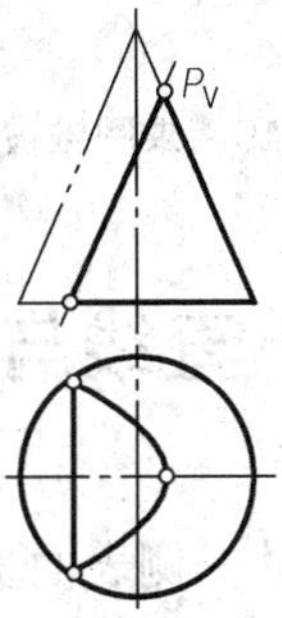 P_V	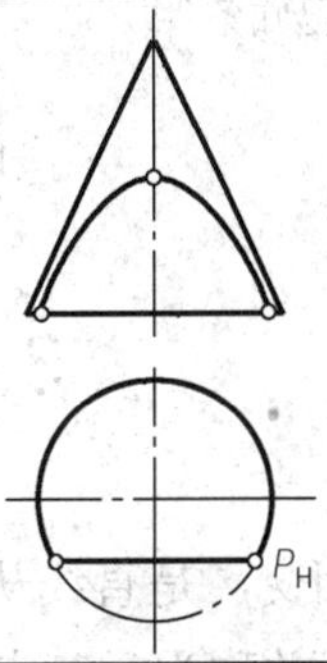 P_H	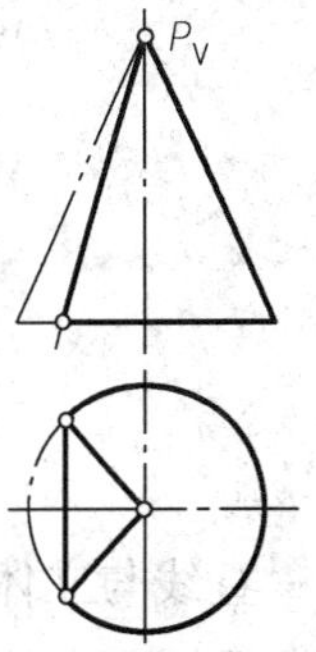 P_V

【例 3-10】如图 3-19(a)所示，要求补全圆锥被正垂面 *P* 截割后的 *H* 面投影和 *W* 面投影。

解：*P* 为正垂面，倾斜于圆锥轴线且与所有素线相交，可判断出截交线是一个椭圆。截交线的 *V* 面投影积聚成一条线，因此根据 *V* 面投影可作出 *H*、*W* 面投影。具体步骤如下：

(1) 在 *V* 面投影上标出截平面与圆锥相交的特殊点 *A*、*B*、*E*、*F* 的投影 *a*′、*b*′、*e*′、*f*′，它们分别是截平面与圆锥最左、最右、最前和最后素线的交点的 *V* 面投影；根据点的投影规律，作出这 4 个点的 *H* 面投影 *a*、*b*、*c*、*d* 和 *W* 面投影 *a*″、*b*″、*e*″、*f*″。

(2) 在 *V* 面图上标出椭圆的短轴端点投影 *c*′、*d*′，利用纬圆求出 *C*、*D* 两点的 *H* 面投影 *c*、*d*，然后根据 *H* 面和 *V* 面投影作出 *W* 面投影 *c*″、*d*″。

(3) 在 *V* 面投影图上标出截交线的两个一般位置点的投影 *l*′和 *n*′，利用纬圆求出 *L*、*N* 的水平投影 *l*、*n*，然后根据 *H*、*V* 面投影求出这两点的 *W* 面投影 *l*″和 *n*″。

(4) 将截交线上相邻各点的同面投影用光滑的曲线连接起来，得到截交线的 *H* 面和 *W* 面投影。

(5) 判断可见性，将截切体的三面投影描深加粗。

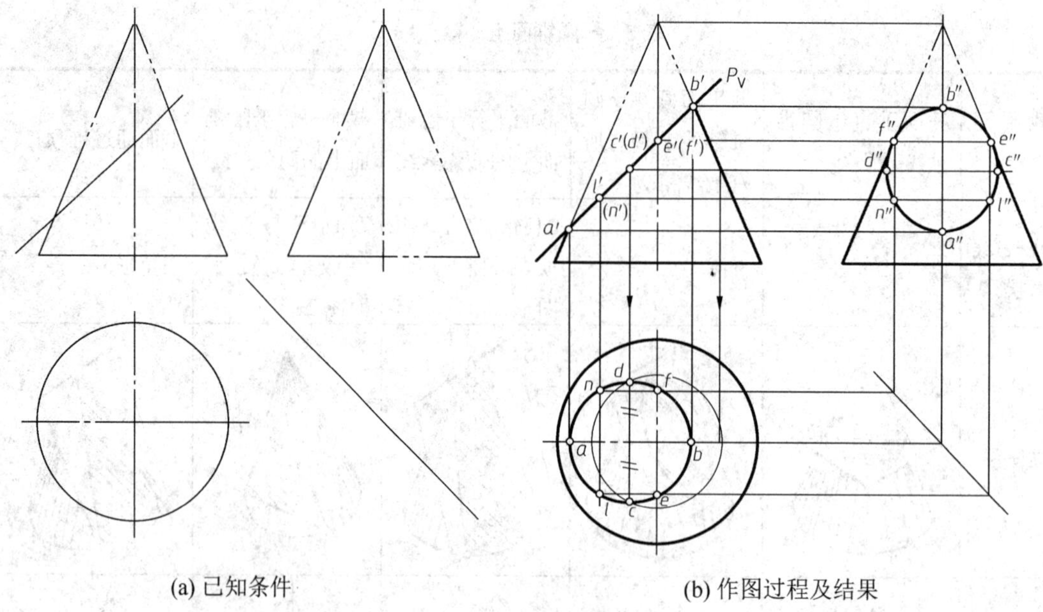

(a) 已知条件　　　　(b) 作图过程及结果

图 3-19　求圆锥被切割后的投影

3.4　直线与立体相交

直线与立体相交，是直线从立体一侧表面贯入，又从另一侧表面穿出，故其交点一般总是成对存在的，并称为贯穿点。

求贯穿点的实质是求直线与平面或直线与曲面的交点问题。求贯穿点常用的方法有两种：利用积聚性求贯穿点和利用辅助平面求贯穿点。

利用辅助平面求贯穿点的步骤如下。

(1) 过直线作适当的辅助平面。

(2) 求出辅助平面与立体表面的交线。

(3) 求出交线与直线的交点即为贯穿点。

3.4.1　直线与平面立体相交

1. 利用积聚性求贯穿点

【例 3-11】如图 3-20 所示，求直线 *AB* 与三棱柱的贯穿点。

解：图示三棱柱各棱面都为铅垂面，利用其水平投影的积聚性，可直接求出直线 *AB* 与平面立体的贯穿点 Ⅰ 和 Ⅱ。关于贯穿点可见性的判别，同样要看贯穿点所在表面的投影可见与否而定，即表面的投影为可见时，则位于该表面上的贯穿点的投影也为可见；反之，为不可见。具体步骤如下。

(1) 由于三棱柱的水平投影具有积聚性，因此可求出贯穿点Ⅰ、Ⅱ的水平投影 1、2。

(2) 过 1、2 向 *V* 面引投影线，交直线 *AB* 的 *V* 面投影 *a′b′* 于 1′和 2′点，求得贯穿点的 *V* 面投影。

(3) 判断可见性。棱面 *DF* 的正面投影 *d′f′* 为不可见，位于该面的贯穿点Ⅱ的正面投影(2′)也为不可见，由此可知(2′)3′为不可见，用虚线画出。

(4) 由于立体为实体，穿入立体内的线段ⅠⅡ就不复存在，所以其投影不应画出。

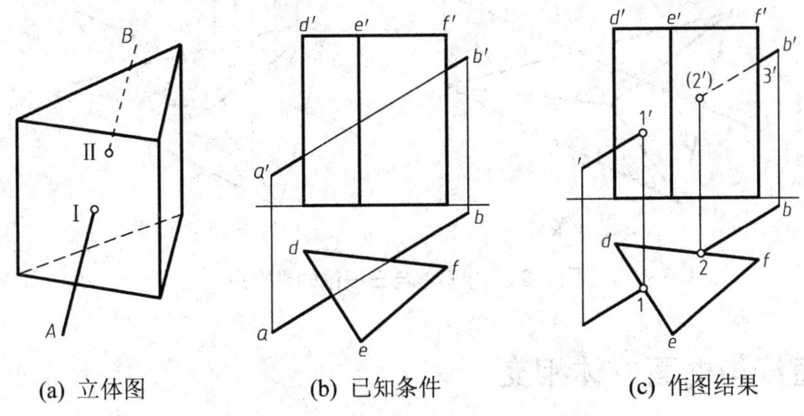

(a) 立体图　(b) 已知条件　(c) 作图结果

图 3-20　求直线与三棱柱的贯穿点

2. 利用辅助平面求贯穿点

【例 3-12】如图 3-21(a)所示，求直线 *AB* 与三棱锥的贯穿点。

解：首先作一个包含直线 *LK* 的正垂面 P_V，这个正垂面与三棱柱相交，得到一个三角形断面。三角形断面的 3 个顶点在 *V* 面上的投影可以直接找到，然后分别由这些顶点向下引投影线，得到截平面与三棱柱 3 个边相交的顶点在 *H* 面上的投影。直线 *LK* 在截平面 P_V 上，因此它的投影也在断面的 *H* 面投影上，从而得到贯穿点的 *H* 面投影，进一步求出 *V* 面投影。具体步骤如下。

(1) 过 *LK* 作包含该直线的正垂面 P_V，P_V 在 *V* 面上的投影积聚成一条线，与 *l′k′*重合，标出截平面 P_V 与三棱锥 3 条棱线交点的 *V* 面投影 1′、2′、3′。

(2) 过 1′、2′、3′向下引投影线，分别交三棱锥的 3 条棱线的 *H* 面投影于 1、2、3 等 3 个点，得到 3 个顶点的 *H* 面投影。

(3) 连接 12、23、31 得到截平面与三棱锥相交后断面的 *H* 面投影。三角形 123 与 *kl* 的交点 *m*、*n* 即为直线 *LK* 与三棱锥相交的贯穿点。

(4) 过 *m*、*n* 分别向上引投影线，得到贯穿点 *M*、*N* 的 *V* 面投影 *m′*和 *n′*。

(5) 判断可见性。由于 *n′*3′不可见，因此 *n′*3′连接成虚线，如图 3-21(b)所示。为了看图方便，*m′n′*用细实线相连，实际作图时一般不必画出。

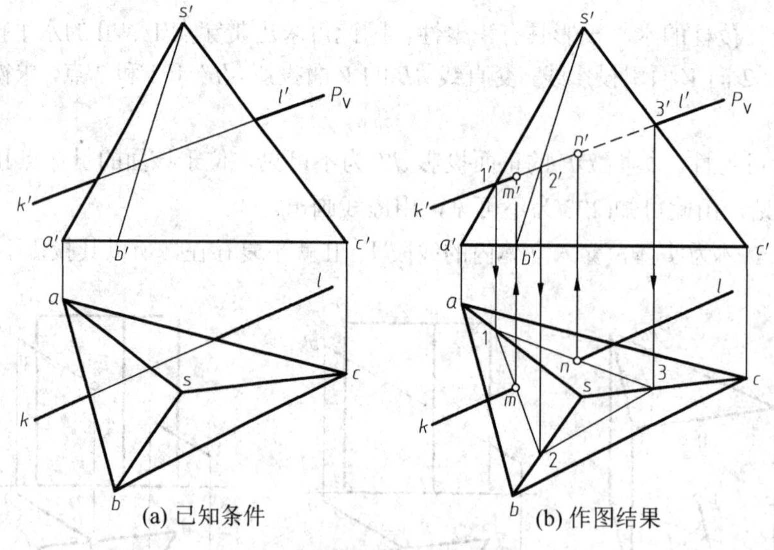

(a) 已知条件　　(b) 作图结果

图 3-21　求直线与三棱锥的贯穿点

3.4.2　直线与曲面立体相交

1. 直线与圆柱相交

【例 3-13】如图 3-22(a)所示，求直线 *AB* 与圆柱贯穿点的投影。

解：观察已知条件，圆柱体在 *H* 面的投影积聚成一个圆周，因此可以直接在 *H* 面投影上找到两个贯穿点的投影 ***m***、***n***，然后由这两个 *H* 面投影向 *V* 面引投影线，分别与直线 *V* 面的投影交于 ***m'***和 ***n'***。由于 1'***m'***处于圆柱的后半面，因此 1'***m'***画成虚线。*M*、*N* 之间的线在圆柱体内可不画出。

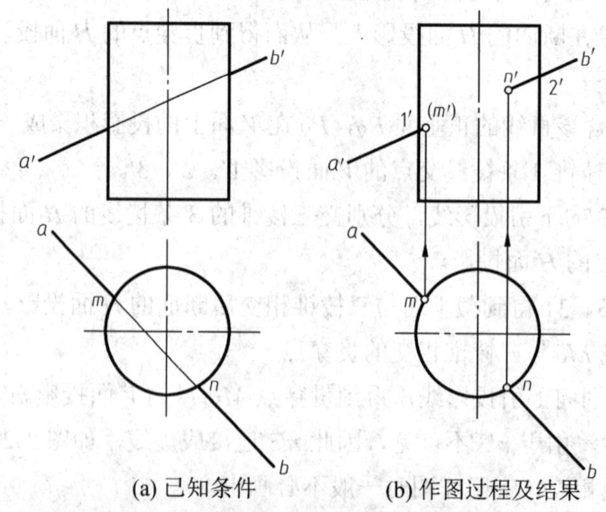

(a) 已知条件　　(b) 作图过程及结果

图 3-22　求直线与圆柱的贯穿点

2. 直线与圆锥相交

【例 3-14】如图 3-23(a)所示，已知直线和圆锥的两面投影位置，求直线与圆锥贯穿点的投影。

解：由已知条件可知，直线是水平线，可以在 *V* 面作辅助平面 P_V 切割圆锥，圆锥被正垂面切割后截交线是一个纬圆，在 *H* 面内反映实形，纬圆的直径在 *V* 面投影中圆锥被截割处得到。在 *H* 面上作出纬圆，纬圆与直线的交点即为所求的贯穿点的 *H* 面投影 1、2，然后由 1、2 向 *V* 面引投影线得到 1′、2′，最后判别可见性，完成作业。

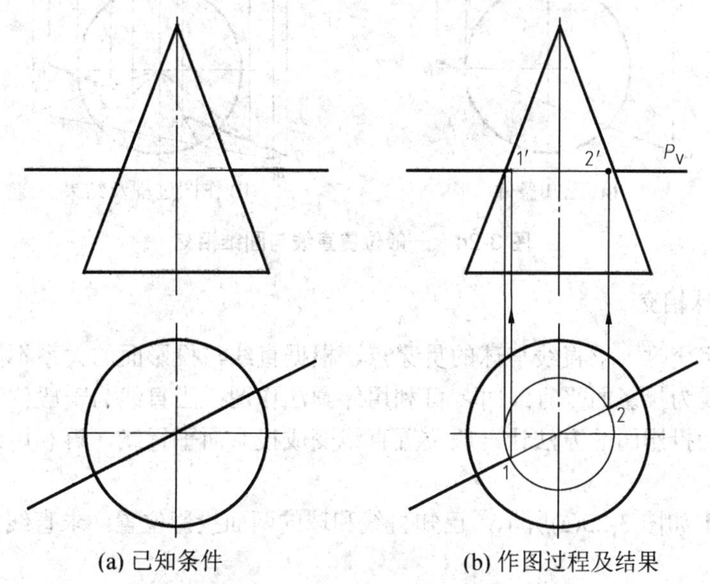

(a) 已知条件　　(b) 作图过程及结果

图 3-23　直线与圆锥相交

当直线处于一般位置时，就得考虑设置辅助平面或辅助投影面的方法来求贯穿点。下面通过例题和说明来理解这个问题。

【例 3-15】如图 3-24(a)所示，已知一般位置直线和圆锥的两面投影位置，求直线与圆锥贯穿点的投影。

解：当直线位于一般位置时，若过直线作正垂辅助平面或铅垂辅助平面，得到的截交线通常是抛物线、椭圆或双曲线，作图比较繁琐。可以过直线和圆锥顶点作一辅助平面，它与圆锥的截交线为两条直线，断面为三角形，截交线与直线的交点即是所求的直线与圆锥的贯穿点。具体步骤如下：

(1) 作过锥顶和直线 *AB* 的平面。在直线 *AB* 上取两点Ⅰ、Ⅱ，作出这两点的 *H* 面投影 1、2 和 *V* 面投影 1′、2′；连接 *s*′1′和 *s*′2′，分别交水平投影面于 *m*′和 *l*′；求出迹点 *M* 和 *N* 的 *H* 面投影 *m*、*n*。平面 *SML* 即为所求平面，连接 *sm*、*ml*、*sl*，三角形 *sml* 即为该平面的 *H* 面投影。

(2) 三角形 *sml* 交圆锥的 *H* 面投影于 3、4 两点，则三角形 *s*34 为截平面与圆锥相交的截交线所围成的断面。该断面在 *H* 面与直线 *AB* 的 *H* 面 *ab* 的交点 *k*、*n* 即为所求贯穿点的 *H* 面投影。过 *k*、*n* 两点向 *V* 面引投影线，得到 *k*′、*n*′。

(3) 判断可见性。由于贯穿点在前半圆锥面上，因此除了 *KN* 之间不用画出外，其他的都可见。

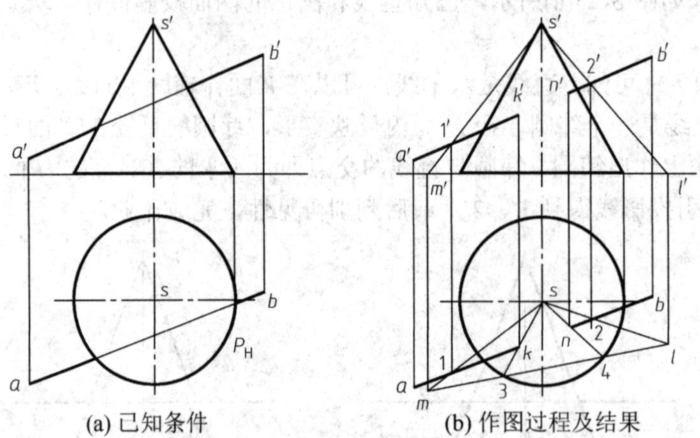

(a) 已知条件　　(b) 作图过程及结果

图 3-24　一般位置直线与圆锥相交

3. 直线与球相交

直线与球相交时，求直线与球的贯穿点，根据直线与投影面的关系不同，可采用不同的方法。当直线为投影面平行线时，可利用纬圆法作图；当直线为一般位置直线时，可考虑采用增设辅助投影面的方法让一般位置直线变成投影面平行线，再利用纬圆法求贯穿点的投影。

【例 3-16】如图 3-25(a)所示，已知直线和球的两面投影位置，求直线与球相交后的两面投影。

解：由已知条件可知，该直线为一条正平线，它所在的纬圆为正平圆，可利用纬圆法求解。如图 3-25(b)所示，在 *V* 面内作出纬圆的实形，该纬圆与直线 *V* 面投影的交点即为直线与球面的贯穿点的 *V* 面投影 1′、2′，过这两点向 *H* 面引投影线，得到贯穿点的 *H* 面投影 1、2。最后判别可见性，得到图 3-25(c)所示的作图结果。

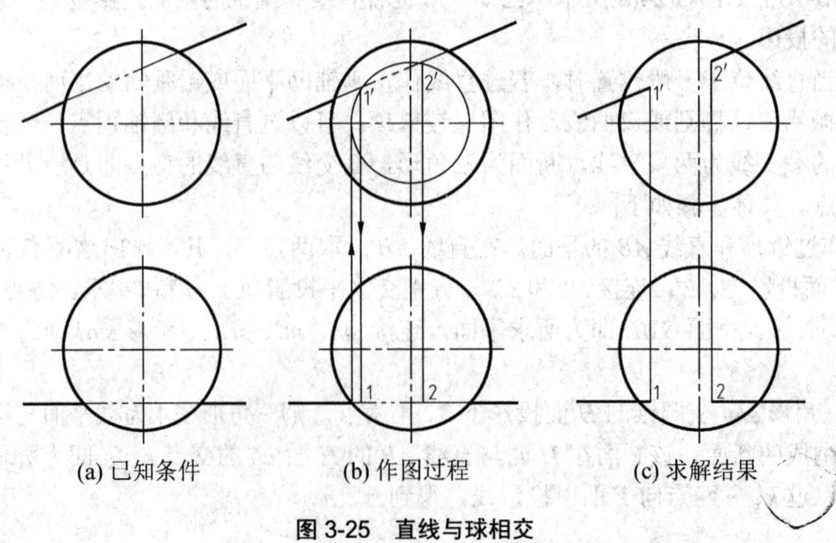

(a) 已知条件　　(b) 作图过程　　(c) 求解结果

图 3-25　直线与球相交

3.5　两立体相交

有些建筑形体是由两个或两个以上的基本形体相交组成的。两相交的形体称为相贯体，它们的表面交线称为相贯线。相贯线的形状取决于两相交立体的形状、大小及其相对位置。当一立体全部棱线或素线都穿过另一立体时称为全贯；当两立体都只有一部分参与相交时称为互贯。全贯时一般有两条相贯线，互贯时只有一条相贯线。

相贯线的性质如下：

(1) 共有性。相贯线是两立体表面的公有线；相贯线上的点是两立体表面的公有点。

(2) 封闭性。由于立体的表面是封闭的，因此相贯线在一般情况下是封闭的空间曲线或折线。

3.5.1　两平面立体相交

两平面立体的相贯线是一条闭合的空间折线(互贯)或两个相离的平面多边形(全贯)。各段折线可看做是两立体相应棱面的交线；相邻两折线的交点是某一立体的棱线与另一立体的贯穿点。因此，求两平面立体相贯线的方法，实质上就是求两个相应的棱面的交线，或求一立体的棱线与另一立体的贯穿点。

求两平面立体的相贯线常用的方法有两种：

(1) 交点法。先作出各个平面体的有关棱线与另一立体的交点，再将所有交点顺次连成折线，即组成相贯线。连接交点的规则是：只有当两个交点对每个立体来说，都位于同一个棱面上时才能相连，否则不能相连。

(2) 交线法。将两平面立体上参与相交的棱面与另一平面立体各棱面求交线，交线即围成所求两平面立体相贯线。

【例 3-17】如图 3-26(a)所示，已知烟囱和屋面的三面投影轮廓，求它们的 *V* 面投影。

解：

方法一：利用第三面投影作图。烟囱与屋面相交时与烟囱的 4 条棱线的交点分别为Ⅰ、Ⅱ、Ⅲ、Ⅳ，它们的 *H* 面投影积聚，*V* 面投影在 *W* 面投影中可直接找到，因此过这 4 个点的 *W* 面投影分别向 *V* 面引投影线，得到这 4 个点的 *V* 面投影 1′、2′、3′、4′。连接 4 个点 *V* 面投影中在一个棱面上的两点，得到烟囱与屋面相贯线的 *V* 面投影。最后判断可见性，由于 3′4′在烟囱的后棱面上，所以画成虚线。由于屋顶被烟囱遮挡，因此遮挡部分也画成虚线，如图 3-26(b)所示。

方法二：在 *H* 面投影中过侧棱与屋顶坡面的贯穿点Ⅱ在屋顶坡面上作一条辅助线 *AB*，它与檐口线和屋脊线的 *H* 面投影分别交于 *a*、*b* 两点。过 *a*、*b* 两点向 *V* 面引投影线，与檐口线和屋脊线的 *H* 面投影分别交于 *a′*和 *b′*两点。连接 *a′*、*b′* 交烟囱相应的侧棱于 2′。由于烟囱和屋顶两立体均处于特殊位置，在 *H* 面投影上 12 与檐口线的 *H* 面投影平行，则 *V* 面投影上 1′2′也与檐口线的 *V* 面投影平行，由 2′向烟囱的另一条侧棱引平行线得到 1′。

同理，可得到Ⅲ、Ⅳ两点的两面投影 3、4 和 3′、4′，如图 3-26(c)所示。

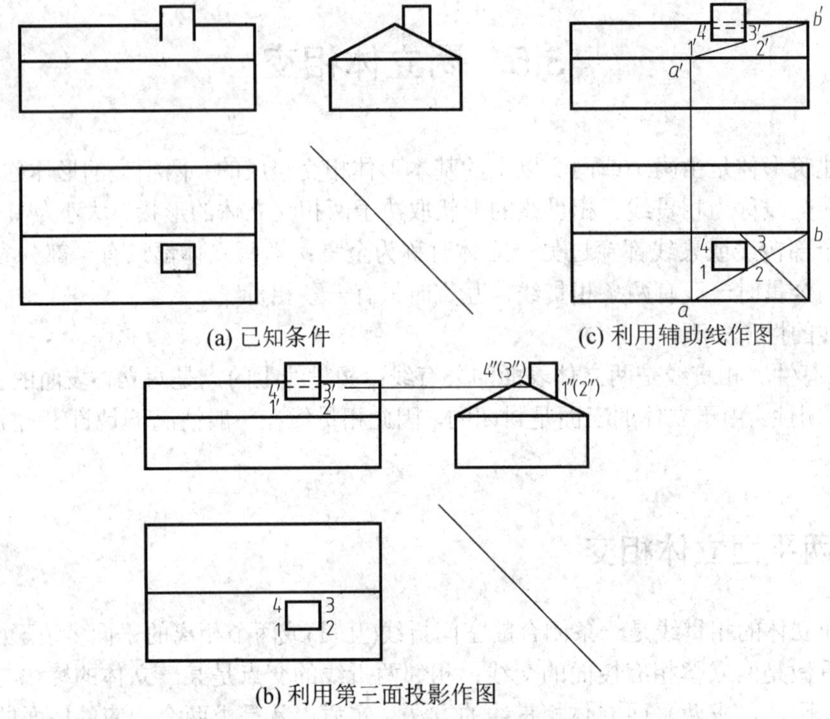

图 3-26　求烟囱与屋面的相贯线

【例 3-18】如图 3-27(a)所示，求水平三棱柱与直立三棱柱的相贯线。

解：由直观图和投影图可看出两三棱柱互贯，相贯线应该是一组空间折线，而且都在棱柱的侧面上。

直立三棱柱的 H 面投影积聚，同时相贯线也在该棱柱的侧面上，因此，相贯线的水平投影积聚在直立三棱柱的水平投影轮廓线上，也在两三棱柱的公共部分上；同理，水平三棱柱的侧面投影积聚，相贯线的侧面投影积聚在水平三棱柱侧面投影的轮廓线上，且在两三棱柱的公共部分上。因此只需求出相贯线的 V 面投影即可。

从投影图可看出，水平三棱柱有两条棱线参与相贯，直立三棱柱有一条棱线参与相贯，3 条参与相贯的棱线都穿过形体，因此每条棱线上有两个贯穿点，因而该相贯线共有 6 个折点，求出这 6 个折点并连接起来便可求出相贯线。具体步骤如下。

(1) 在 H 面投影图上标出直立三棱柱的两个贯穿点 1 和 2，标出水平三棱柱上、下棱线的贯穿点 3、5 和 4、6；同时在 W 面投影上标出这些贯穿点相应的 W 面投影。

(2) 利用 6 个贯穿点的 H、W 面投影，作出它们的 V 面投影。

(3) 根据各点在形体的位置，连接同一棱面上相邻两点的同面投影；判断可见性，不可见的部分用虚线表示。

(4) 擦去棱线穿过形体的部分，形体因遮挡造成某些棱线的部分不可见以虚线表示。

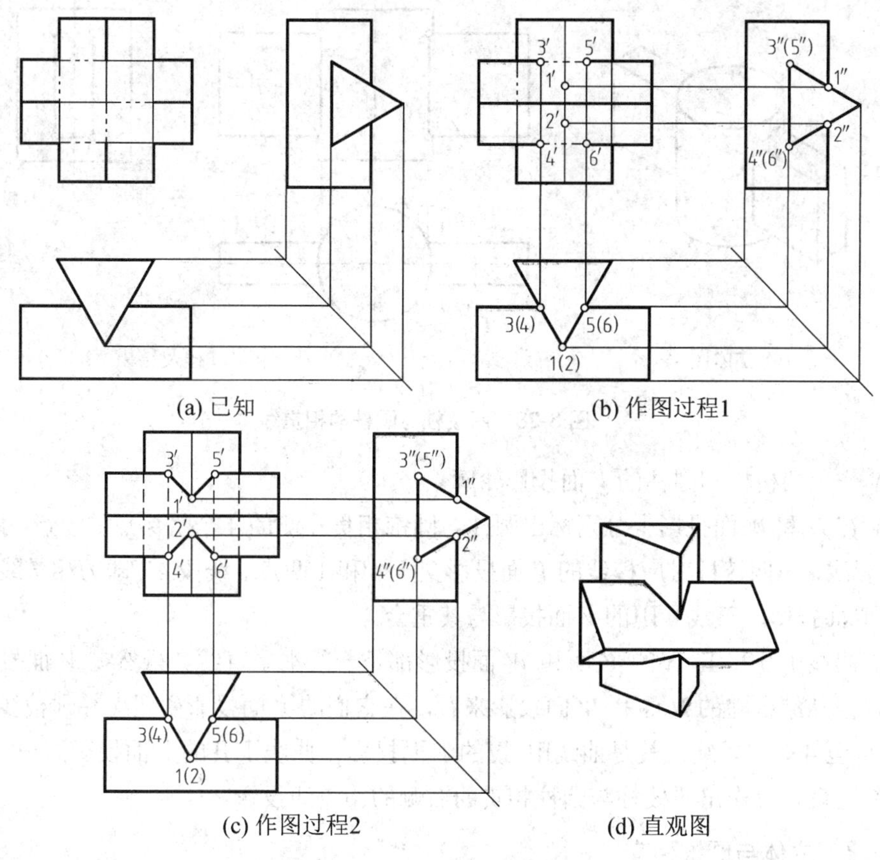

(a) 已知　(b) 作图过程1

(c) 作图过程2　(d) 直观图

图 3-27　两三棱柱相贯

3.5.2　平面立体与曲面立体相交

平面立体与曲面立体相贯，其相贯线是由若干段平面曲线或由若干段平面曲线与直线组合而成。每一部分平面曲线，可看做是曲面立体表面被平面立体上某一表面所截的交线。两部分曲线的交点，称为结合点，它是平面立体的棱线对曲面立体表面的贯穿点。因此，求平面立体和曲面立体的相贯线，也可以归结为求截交线和贯穿点的问题。

相贯线位于平面立体可见棱面上，且同时又位于曲面立体可见曲面上，则相贯线可见，用实线绘制；而其他情况下相贯线均为不可见，用虚线绘制。

1. 平面立体与圆柱相交

【例 3-19】如图 3-28 所示，已知四棱柱和圆柱的 H 和 W 面投影，求它们相贯线的 V 面投影。

解：由已知条件可知，圆柱的轴线垂直于 H 面，圆柱的投影在 H 面内积聚，因此圆柱与四棱柱相贯线的 H 面投影积聚在圆柱 H 面投影的轮廓线上，也在两立体的公共部分上。四棱柱的 W 面投影积聚，因此圆柱与四棱柱相贯线的 W 面投影积聚在四棱柱 W 面投影的轮廓线上，也在两立体的公共部分上。由此思路可求出四棱柱与圆柱的相贯线，具体步骤如下。

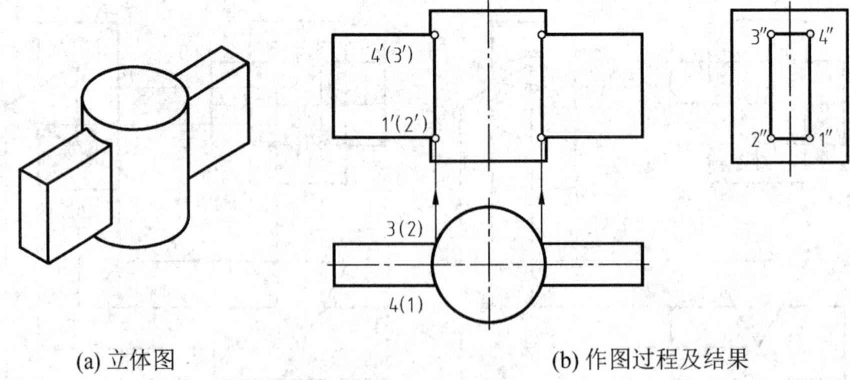

(a) 立体图　　(b) 作图过程及结果

图 3-28　四棱柱与圆柱的相贯线

(1) 作出四棱柱和圆柱的 *V* 面投影轮廓。

(2) 在 *H* 和 *W* 面投影上分别标出圆柱与圆锥相贯左侧的 4 个贯穿点的投影，由 4(1)向 *V* 面引投影线，与四棱柱对应棱线的 *V* 面投影交于 4′和 1′两点。线段 4′1′即为相贯线上的直线ⅣⅠ的 *V* 面投影，直线ⅡⅢ的 *V* 面投影与其重合。

(3) 曲线ⅠⅡ和Ⅲ Ⅳ的 *V* 面和 *W* 面投影都是一段水平直线。虽然在 *V* 面投影上 4′和 3′重合，但从结合它的 *H* 面和 *W* 面投影来看，在它们的 *V* 面投影中四棱柱顶棱线与圆柱轮廓的交点至 4′的那段线，就是曲线Ⅲ Ⅳ的 *V* 面投影。曲线ⅠⅡ的 *V* 面投影同理。

(4) 同理，可作出四棱柱与圆柱相贯的右侧的相贯线投影。

2. 平面立体与圆锥相交

【例 3-20】如图 3-29 所示，已知四棱柱和圆锥的投影轮廓，求它们的三面投影。

解：由于四棱柱的 4 个棱面平行于圆锥的轴线，所以相贯线是由 4 段双曲线组成的封闭空间曲线。四棱柱的水平投影有积聚性，故相贯线的水平投影已知，只需求出相贯线的正面投影和侧面投影。由于四棱柱的左、右棱面垂直于 *V* 面，其正面投影有积聚性；前、后棱面垂直于 *W* 面。其侧面投影有积聚性。另外，4 个棱面对圆锥轴线垂直于对称位置。因此，前、后棱面交线的正面投影重合，左、右棱面交线的侧面投影重合。

(1) 求特殊点。如图 3-29(a)所示，先用素线法求出结合点 *A*、*B*、*M*、*G* 的 *V* 面投影和 *W* 面投影。再求 *D*、*C* 的正面投影和侧面投影。

(2) 求一般点。用素线法(可用纬圆法)可求出两对称的一般点 *F*、*E* 的正面投影和侧面投影，如图 3-29(b)所示。

(3) 连点。用光滑曲线将正面投影 *a′-f′-c′-e′-b′*相连，将侧面投影 *g″-d″-a″*相连。

(4) 判别可见性。因为是对称重合图形，故相贯线的正面投影和侧面投影都可见。

(5) 整理完成图形。在正面投影中，将左、右棱线延长至贯穿点 *a′*、*b′*；在侧面投影中，将前、后棱线延长至 *a″*、*g″*，如图 3-29(b)所示。

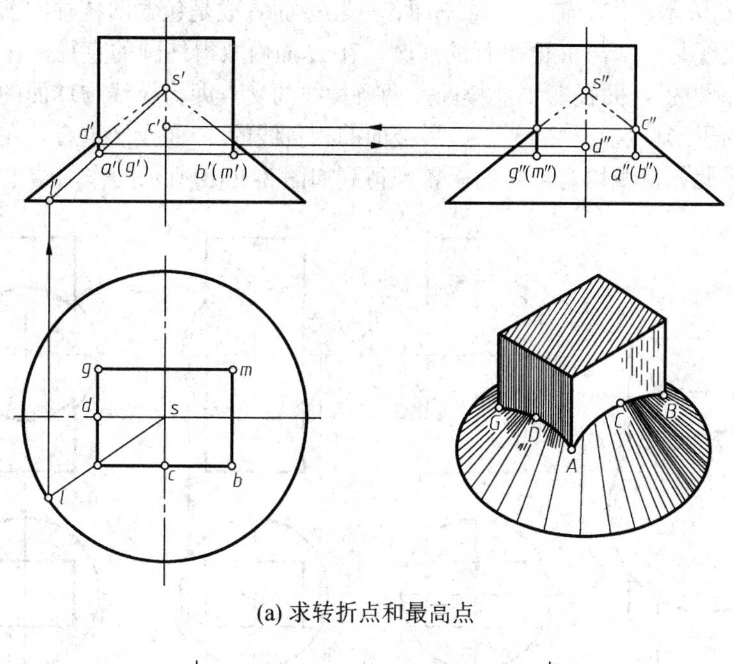

(a) 求转折点和最高点

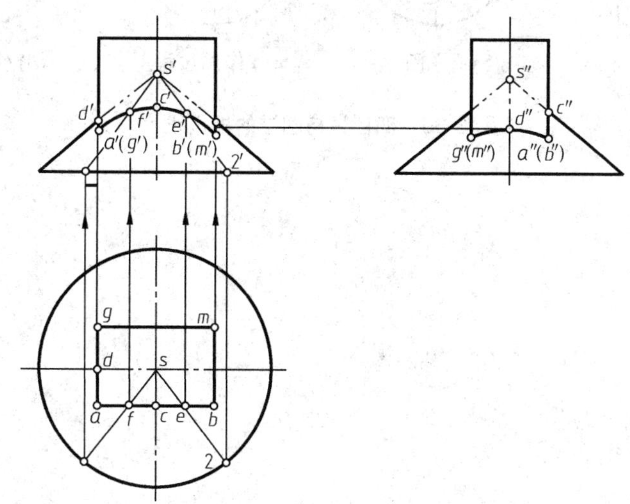

(b) 求一般点并连点

图 3-29　四棱柱与圆锥的相贯线

3. 平面立体与球相交

【例 3-21】如图 3-30 所示，已知四棱柱和球的两面投影轮廓，求它们相贯后的两面投影。

解：由已知条件可知，四棱柱与球的相贯线是四棱柱各棱面与球的截交线，每段截交线均为一段圆弧。由于四棱柱的棱线与 H 面垂直，四棱柱在 H 面的投影积聚成一个矩形，因此这些截交线在 H 面上的投影与四棱柱的 H 面投影重合。所以相贯线的 H 面投影可直接得到。

如图 3-30(c)所示，作一辅助平面 P_H 面，把 P_H 面看成是包含四棱柱的前棱面的平面去切割球体，截交线是一个与 V 面平行的纬圆，在 H 面内取得纬圆的直径，在 V 面内作出该纬圆的投影。纬圆的 V 面投影于前棱面，两条棱线的交点即为棱线与球面的贯穿点。最后判别可见性，由于形体是对称的，前、后棱面的相贯线的 V 面投影重合，左、右棱面的 V 面投影积聚，因此相贯线均为可见的，整理得到如图 3-30(d)所示的作图结果。

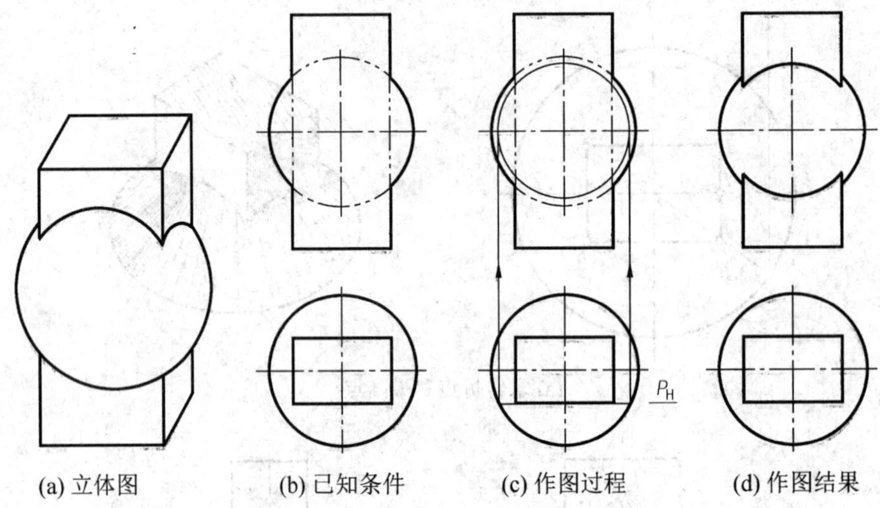

图 3-30　四棱柱与圆锥的相贯线

第4章 轴 测 图

【本章要点】

- 轴测投影图的形成
- 正等轴测图的画法
- 斜二等轴测图的画法

【本章难点】

截割体和组合体轴测图的画法

4.1　轴测图的基本知识

图 4-1 所示为一物体的轴测图和三面正投影图。多面正投影图能完整地确定工程形体的形状及各部分的大小，作图简便，是工程上广泛采用的图示方法。但这种图立体感较差，不易看懂。而轴测图能同时反映物体正面、顶面和侧面的形状，因此立体感强、比较直观。但是其度量性差，大多数平面都不能反映实形，而且被遮住的部分不容易表达清晰完整。因此，在工程图样中，轴测图通常作为辅助图样。

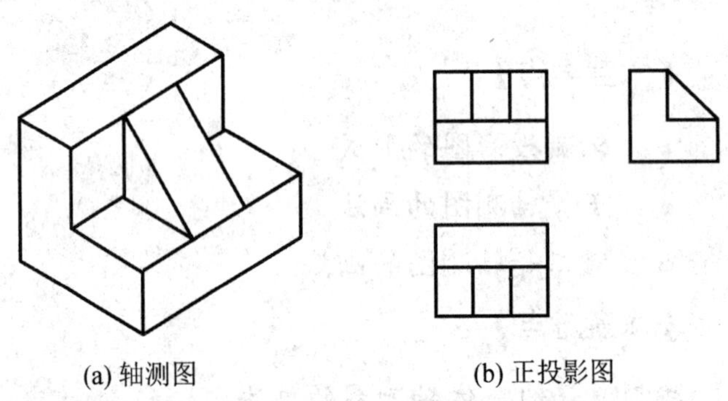

图 4-1　物体的轴测图和三面正投影图

4.1.1　轴测图的形成

图 4-2 表明了物体轴测图的形成方法。取 3 条反映长、宽、高 3 个方向的坐标轴 OX、OY、OZ 与物体上 3 条相互垂直的棱线重合。将物体连同其参考直角坐标系沿不平行于任一坐标面的方向 S，用平行投影法将其投射在单一投影面 P 上所得到的具有立体感的三维图形，称为轴测投影图，简称轴测图，俗称立体图。该投影面 P 称为轴测投影面，坐标轴 OX、OY、OZ 在轴测图中的投影 O_1X_1、O_1Y_1、O_1Z_1 称为轴测轴。两轴之间的夹角 $\angle X_1O_1Y_1$、$\angle Y_1O_1Z_1$、$\angle X_1O_1Z_1$ 称为轴间角。

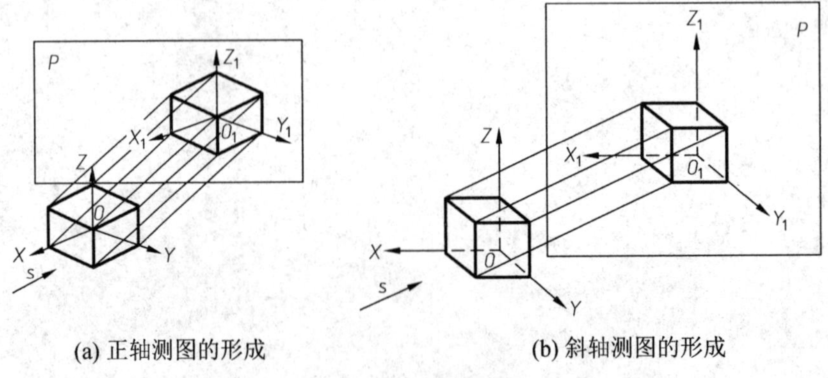

图 4-2　轴测图的形成

物体上线段的轴测投影长度与其实长之比，称为轴向伸缩系数(或称轴向变形系数)。

OX 轴向伸缩系数 $p_1 = O_1X_1 / OX$

OY 轴向伸缩系数 $q_1 = O_1Y_1 / OY$

OZ 轴向伸缩系数 $r_1 = O_1Z_1 / OZ$

4.1.2　轴测投影的特性

轴测投影是在单一投影面上获得的平行投影，所以它具有平行投影的一切性质。包括以下内容。

(1) 平行两直线，其轴测投影仍相互平行。因此，形体上平行于某坐标轴的直线，其轴测投影平行于相应的轴测轴。

(2) 两平行线段或同一直线上的两线段的长度之比值，在轴测图上保持不变。

(3) 形体上平行于坐标轴的线段，其轴测投影与其实长之比，等于相应的轴向变形系数。因此在画轴测投影图时，应根据轴向伸缩系数度量平行于轴向的线段长度。

轴测投影的特性和轴间角及轴向伸缩系数是画轴测图的主要依据。

4.1.3　轴测图的种类

1. 按投射方向分类

按投射方向与轴测投影面之间的关系，轴测图可分为正轴测图和斜轴测图两类。

(1) 正轴测图。投射方向垂直于轴测投影面，如图 4-2(a)所示，3 个坐标面都不平行于轴测投影面。

(2) 斜轴测图。投射方向倾斜于轴测投影面，如图 4-2(b)所示。通常有一个坐标面平行于轴测投影面，当 XOZ 面平行于轴测投影面(垂直面)时，形成正面斜轴测图，当 XOY 面平行于轴测投影面(水平面)时，形成水平斜轴测图。

2. 按轴向变形系数分类

在上述两类轴测投影图中，按照轴向变形系数的不同又有以下分类。

1) 正轴测图

正等轴测图：$p = q = r$ 时，简称正等测。

正二轴测图：$p = q \neq r$ 时，或 $p = r \neq q$ 或 $q = r \neq p$ 时，简称正二测。

正三轴测图：$p \neq q \neq r$ 时，简称正三测。

2) 斜轴测图

斜等轴测图：$p = q = r$ 时，简称斜等测。

斜二轴测图：$p = q \neq r$ 时，或 $p = r \neq q$ 或 $q = r \neq p$ 时，简称斜二测。

斜三轴测图：$p \neq q \neq r$ 时，简称斜三测。

其中，正等轴测图和斜二轴测图在工程上经常使用，本章主要介绍这两种轴测图。

4.2 正等轴测图

4.2.1 轴间角和轴向伸缩系数

正等测的轴间角$\angle X_1O_1Y_1$、$\angle Y_1O_1Z_1$、$\angle X_1O_1Z_1$均为 120°，3 个轴向伸缩系数$p=q=r=0.82$。为了作图简便，采用轴向简化伸缩系数，即$p=q=r=1$，于是所有平行于轴向的线段都按原长量取，这样画出来的轴测图就沿着轴向放大了 1/0.82≈1.22 倍，但形状不变。作图时，O_1Z_1轴一般画成铅垂线，O_1X_1、O_1Y_1与水平成 30°角，如图 4-3 所示。

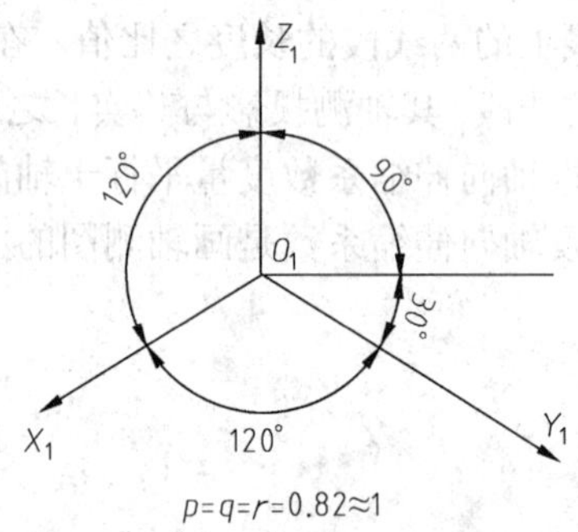

图 4-3 正等测的轴间角

4.2.2 正等轴测图的画法

画轴测图的基本方法是坐标法，即按坐标关系画出物体上各点、线的轴测投影，然后连成物体的轴测图。实际作图中，根据物体的形状和特点可灵活地采用切割法和叠加法。

在画轴测图中为了使图形清晰，一般不画不可见的轮廓线。因此画图时为了减少不必要的作图线，在方便的情况下一般先从可见部分开始作图，如先画物体的前面、顶面或左面等。

画轴测图时还应注意，只有平行于轴向的线段才能直接量取尺寸作图，不平行于轴向的线段可由该线段的两个端点的位置来确定。

1. 平面立体的正等轴测图画法

【例 4-1】根据六棱柱的两面投影图(见图 4-4(a))，画出它的正等轴测图。

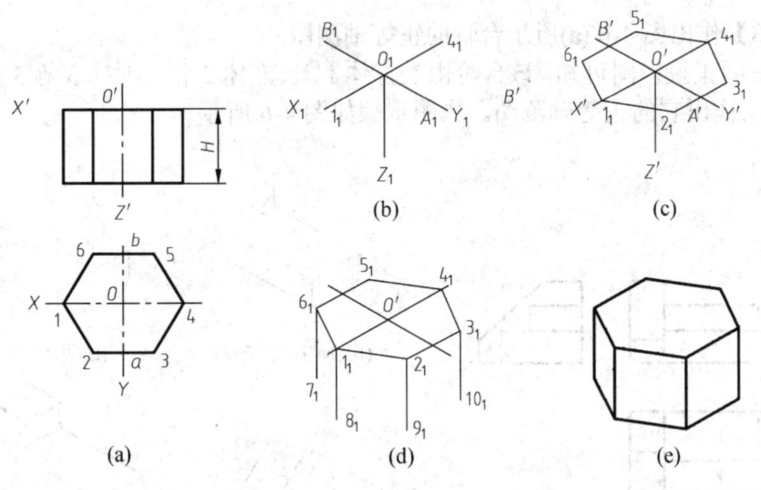

(a) (b) (c) (d) (e)

图 4-4　用坐标法作六棱柱的正等轴测图

解：

分析：如图 4-4 所示，正六棱柱的顶面和底面都是处于水平位置的正六边形，因此取顶面的中心 O 为原点。

作图：(1) 在正六棱柱的两视图中选定原点和坐标轴，如图 4-4(a)所示。

(2) 画轴测轴，分别在 X_1、Y_1 上量取 $O_11_1=O1$、$O_14_1=O4$ 和 $O_1A_1=Oa$、$O_1B_1=Ob$，得 1_1、4_1、A_1、$B_1$4 点，如图 4-4(b)所示。

(3) 过 A_1、B_1 作 X_1 轴的平行线，量取 2_1、3_1、5_1、6_1，连线得顶面轴测投影，如图 4-4(c)所示。

(4) 由点 6_1、1_1、2_1、3_1 沿 Z_1 轴量取 H，得 7_1、8_1、9_1、10_1，如图 4-4(d)所示。

(5) 连接 7_1、8_1、9_1、10_1，擦去作图线并加深，完成全图，如图 4-4(e)所示。

【例 4-2】作图 4-5 (a)所示物体的正等轴测图。

解：该物体可看做是长方体切去两部分而形成的，其中被正垂面切去左上角，被铅垂面切去左前角。可采用切割法作出它的正等轴测图。作图步骤如图 4-5 所示。

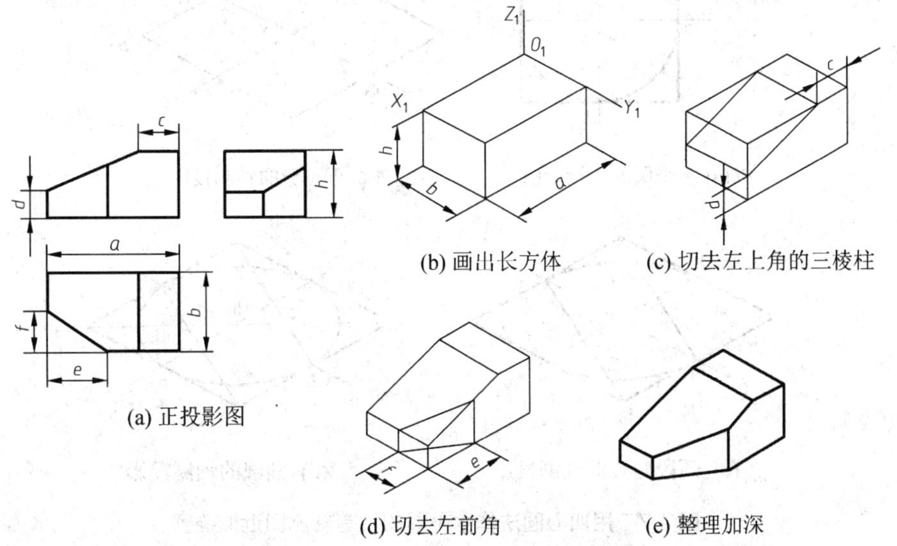

(a) 正投影图　(b) 画出长方体　(c) 切去左上角的三棱柱　(d) 切去左前角　(e) 整理加深

图 4-5　用切割法作物体的正等轴测图

【**例 4-3**】作出图 4-6 (a)所示台阶的正等轴测图。

解：由三面正投影图可知，该台阶由长方体 1、长方体 2 和斜面体 3 等 3 部分叠加而成。可采用叠加法作出它的正等轴测图。作图步骤如图 4-6 所示。

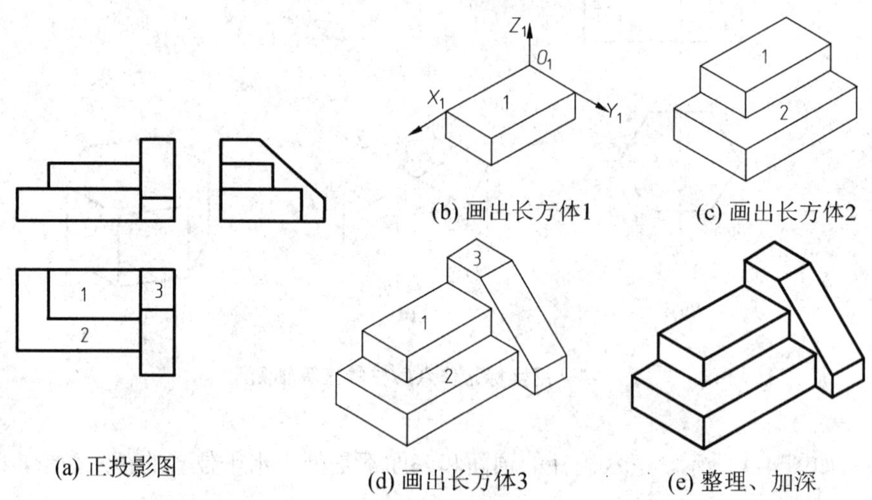

(a) 正投影图　(b) 画出长方体1　(c) 画出长方体2　(d) 画出长方体3　(e) 整理、加深

图 4-6　用叠加法作出台阶的正等轴测图

2. 平行于坐标面的圆的正等轴测图画法

在正等轴测投影中，平行于各坐标面的圆的正等轴测图都是椭圆。圆的正等轴测图可采用近似画法——四心圆法画出，即为了简化作图，用 4 段圆弧连成近似椭圆。

现以平行于 *XOY* 坐标面的圆(即水平圆，半径为 *R*，如图 4-7(a)所示)为例，其正等轴测图的画法如下。

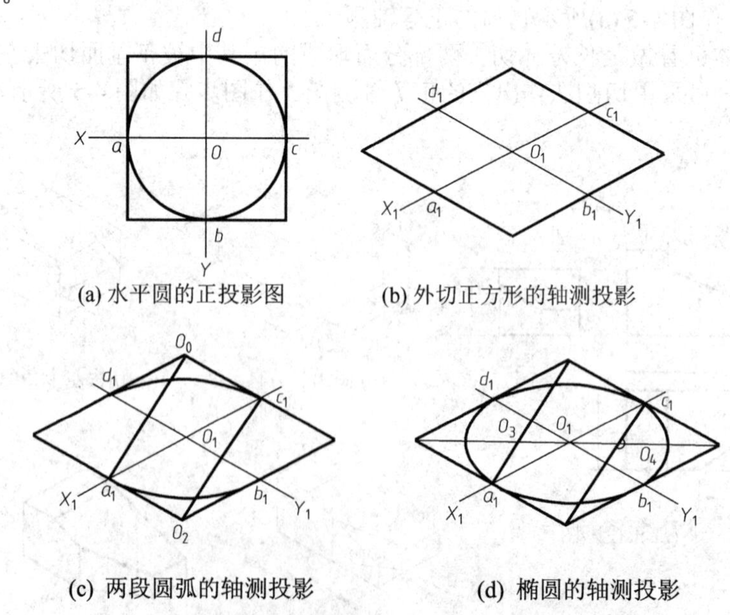

(a) 水平圆的正投影图　(b) 外切正方形的轴测投影

(c) 两段圆弧的轴测投影　(d) 椭圆的轴测投影

图 4-7　用四心圆法作水平圆的正等轴测图近似椭圆

(1) 在已知正投影上选定坐标原点和坐标轴，作出圆的外切正方形，定出外切正方形与

圆的 4 个切点 a、b、c、d，如图 4-7(a)所示。

(2) 画出正等轴测轴和圆外切正方形的轴测投影，如图 4-7(b)所示。

(3) 以 O_0 为圆心，O_0a_1 为半径作圆弧 $\overset{\frown}{a_1b_1}$；以 O_2 为圆心，O_2c_1 为半径作圆弧 $\overset{\frown}{c_1d_1}$；如图 4-7(c)所示。

(4) 连接菱形长对角线，与 O_0a_1 交于 O_3，与 O_2c_1 交于 O_4。以 O_3 为圆心，O_3a_1 为半径作圆弧 $\overset{\frown}{a_1d_1}$；以 O_4 为圆心，以 O_4c_1 为半径作圆弧 $\overset{\frown}{c_1b_1}$，如图 4-7(d)所示。以 4 段圆弧组成的近似椭圆，即为所求圆的正等轴测投影。

正平圆和侧平圆的正等轴测图的作法与水平圆的正等轴测图作法相同，只是 3 个方向椭圆的长短轴方向不同，如图 4-8 所示。

图 4-9 是 3 个方向的圆柱的正等轴测，它们顶圆的正等轴测图椭圆形状大小相同，但长短轴方向不同。

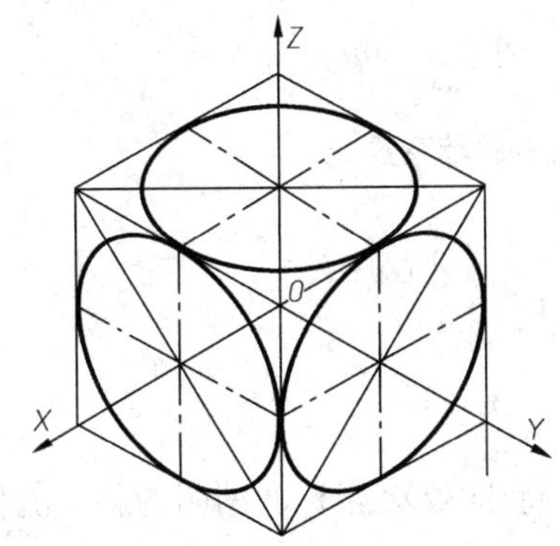

图 4-8　平行于 3 个坐标面的圆的正等轴测图

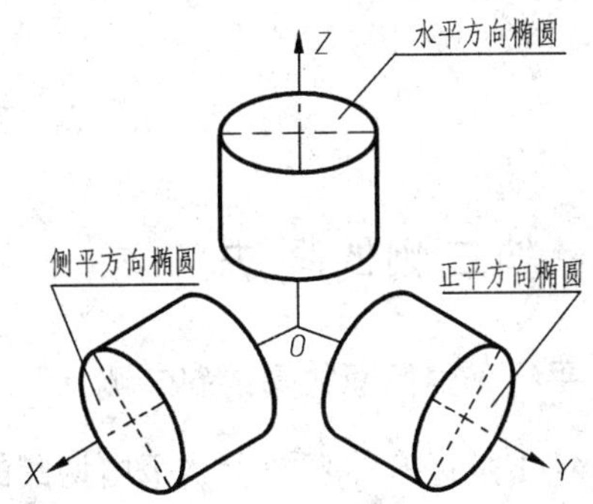

图 4-9　3 个方向的圆柱的正等轴测图

4.3　斜二等轴测图

4.3.1　轴间角和轴向伸缩系数

如图 4-2(b)所示，当 Z 轴铅垂放置，坐标面 XOZ 平行于轴测投影面，投射方向 S 倾斜于轴测投影面时，所得到的轴测图即为斜轴测图。这时，轴测轴 O_1X_1 和 O_1Z_1 仍分别为水平方向和铅垂方向；轴向伸缩系数 $p_1=r_1=1$，轴间角 $\angle XOZ=90°$；而 O_1Y_1 轴的方向和轴向伸缩系数 q_1 可随投射方向的改变而变化。一般情况下，取 O_1Y_1 轴与水平线的夹角为 45°，取 $q_1=0.5$ 或 1，当 $q_1=0.5$ 时，形成斜二等轴测图，简称斜二测；当 $q_1=1$ 时，形成斜等轴测图，简称斜等测。

O_1Y_1 轴的方向可根据需要选择如图 4-10(a)或图 4-10(b)所示的形式。

由于 *XOZ* 坐标面平行于轴测投影面，所以物体中平行于 *XOZ* 坐标面的平面，在斜轴测图中反映实形。因此，作轴测图时，当物体上有较多圆或曲线与 *XOZ* 坐标面平行时，选择斜轴测图作图比较方便。

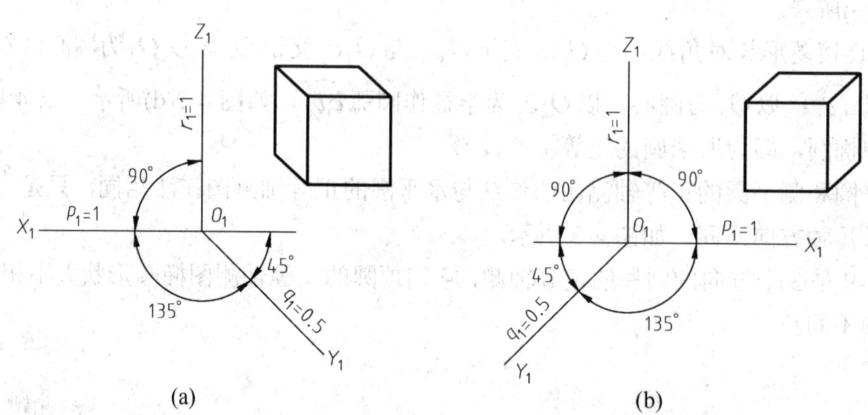

图 4-10　斜二测的轴间角和轴向伸缩系数

4.3.2　斜二测的画法

1. 平行于坐标面的圆的斜二测

图 4-11 是正方体表面上 3 个内切圆的斜二测，平行于 *XOZ* 坐标面的圆的斜二测仍是大小相同的圆，平行于 *YOZ* 和 *XOY* 坐标面的圆的斜二测是椭圆。

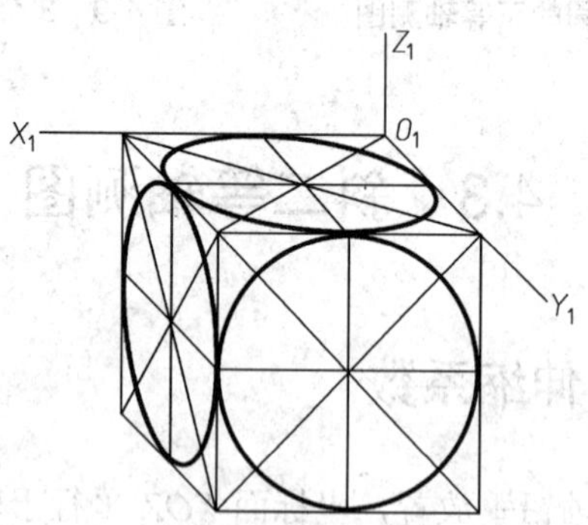

图 4-11　平行于坐标面的圆的斜二测

画斜二测椭圆时，四心法不再适用，可用坐标法，如图 4-12 所示。具体做法是：在圆上作一系列平行于 *OX* 轴的平行线，在轴测图中对应地画出这些平行线(注意 Y_1 轴的轴向伸缩系数为 0.5)平行于 O_1X_1 轴，在这些平行线上对应地量取圆周上各点的 *X* 坐标，得 A_1、B_1…各点，再由 *Y* 坐标定出 2_1、4_1 点，光滑连接各点即得该圆的斜二测椭圆。

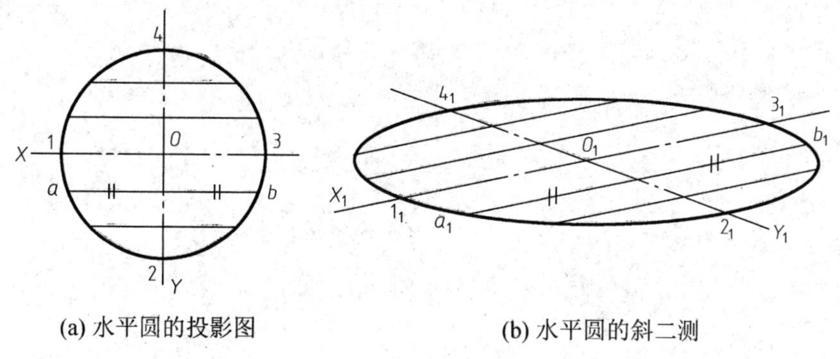

(a) 水平圆的投影图　　　　(b) 水平圆的斜二测

图 4-12　用坐标法作水平圆的斜二测

2. 画法举例

【例 4-4】作出如图 4-13 (a)所示台阶的斜二测。

解：台阶的正面前面平行于 XOZ 坐标面，在斜二测中反映实形，可直接画，然后沿 Y_1 方向向后加宽(q_1=0.5)，画出中间和后面的可见轮廓线。

作图步骤如图 4-13(b)、(c)、(d)、(e)所示。

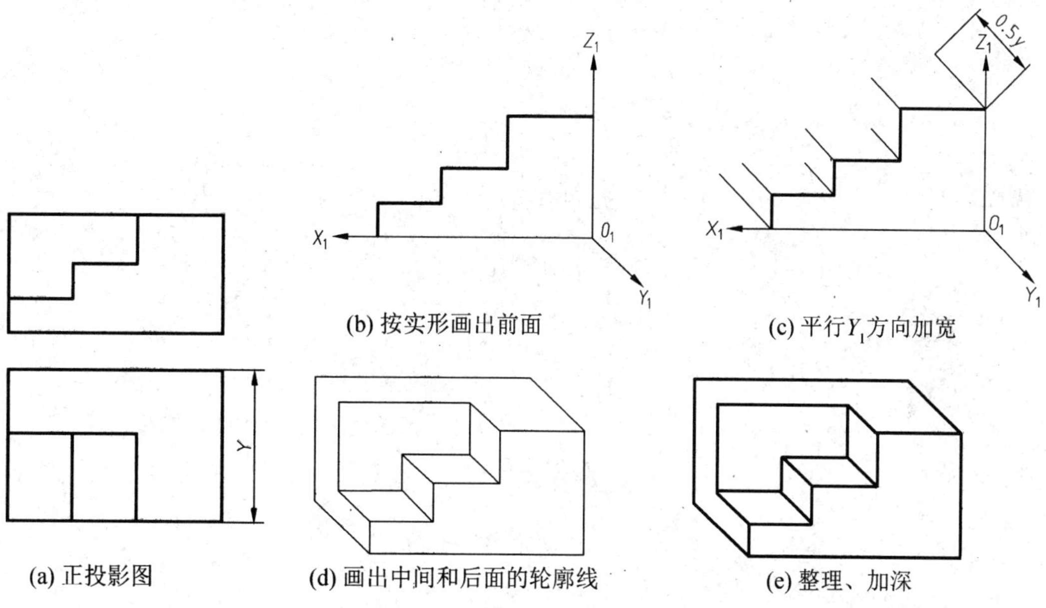

(a) 正投影图　(b) 按实形画出前面　(c) 平行 Y_1 方向加宽　(d) 画出中间和后面的轮廓线　(e) 整理、加深

图 4-13　用直接画法画出台阶的斜二测

第 5 章　组合体投影图

【本章要点】

- 组合体投影图的绘制
- 组合体投影图的阅读
- 组合体投影图的标注

【本章难点】

组合体投影图的绘制及阅读

5.1 组合体投影图的绘制

由两个以上的基本几何体组成的较复杂的物体，称为组合体。任何组合体总可以分解成若干个基本几何形体，因此，只要掌握分解组合体的方法，作组合体投影图也就迎刃而解了。

看起来很复杂的建筑，其实也可以看做是由很多基本体组合而成的复杂的组合体，因此学习组合体投影是为学习建筑物的投影图做最后的准备。

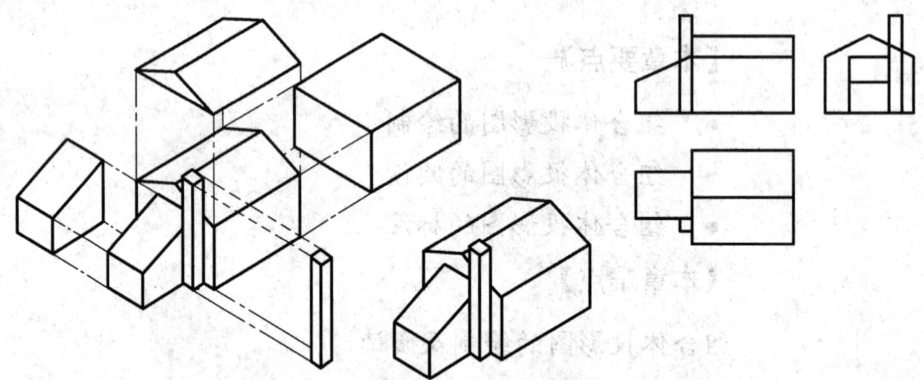

组合体按其组成形状不同可分为叠加型、切割型和综合型。

1. 叠加型

当组合体由两个或两个以上的基本几何体叠加而成时，先将组合体分解为若干个基本体，然后按各基本体的相对位置逐个画出各个基本体的轴测图，经过组合后完成整个组合体的轴测图。

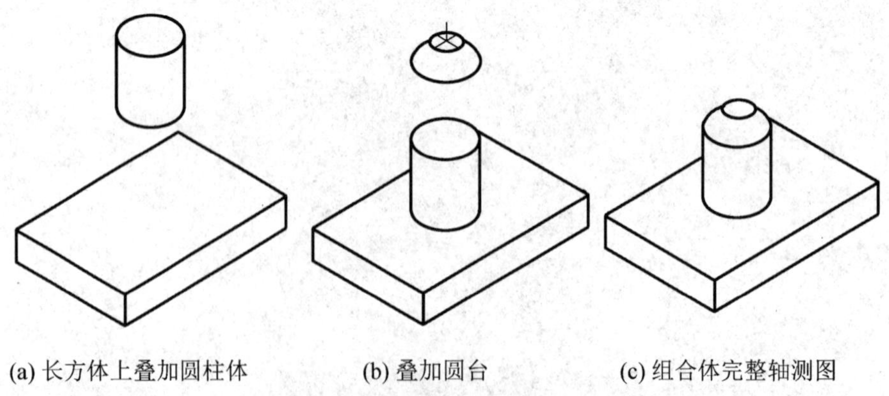

(a) 长方体上叠加圆柱体　　(b) 叠加圆台　　(c) 组合体完整轴测图

图 5-1　叠加型生成组合体示意图

2. 切割型

当组合体是由基本体切割而成时，先画出完整的原始基本体的轴测图，然后按其截平面的位置，逐个切去多余部分，从而完成组合体的轴测图，这种绘制组合体轴测图的方法叫切割型。

如图 5-2 所示，先绘制长方体，然后切割左侧的三棱柱体，生成第二个图形，再切割中间的楔体，最终形成如图 5-2 所示的图形。

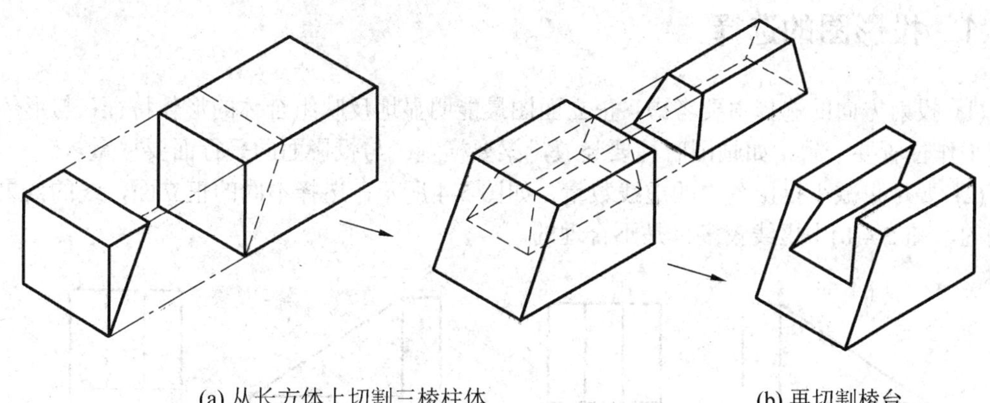

(a) 从长方体上切割三棱柱体　　(b) 再切割棱台

图 5-2　由切割型生成组合体示意图

3. 综合型

还有很多组合体是由基本体组合而成的，又有在基本体上切割的部分，所以在生成这种组合体的时候，以上两种方法同时使用，即综合型，如图 5-3 所示。

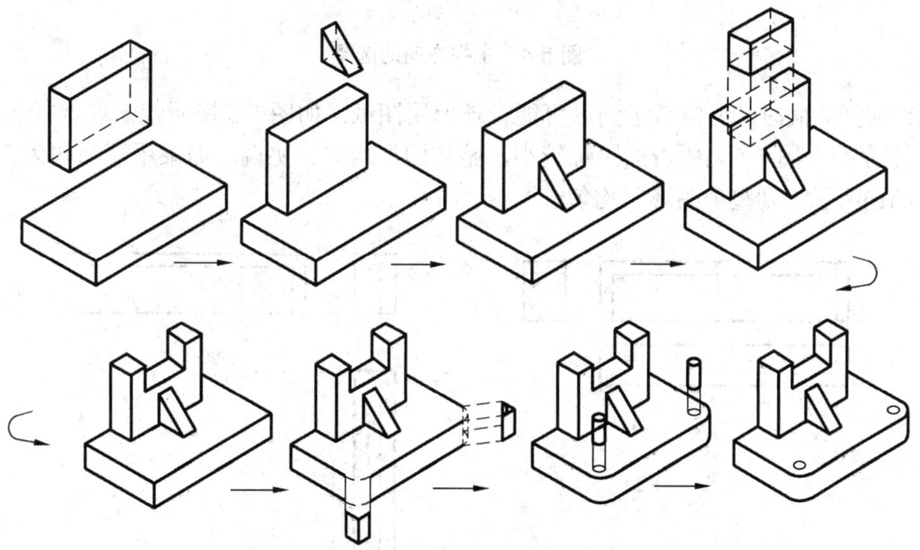

图 5-3　由综合型生成组合体示意图

(1) 先由两个长方体和一个三棱柱体生成如第 3 个图形所示的组合体。

(2) 然后在上面的长方体上切割掉一个小长方体，生成第 4 个图形。

(3) 在下面的长方体上切割掉两个角，生成第 5 个图形。

(4) 最后在下面的长方体上切割掉两个圆柱体，生成最后的图形。

5.2 组合体的正投影图

5.2.1 投影图的选择

(1) 投射方向的选择主要考虑：正立面图最能明显地反映组合体的形体特征；与形体的正常工作位置要一致，如画图时柱要竖放，梁要横置；与投影面的平行面要尽量多。

(2) 要尽量减少投影图中的虚线数量，如图 5-4 所示，选择不同的正立面，线的效果是不同的，图 5-4(b)中虚线较多，是不合理的。

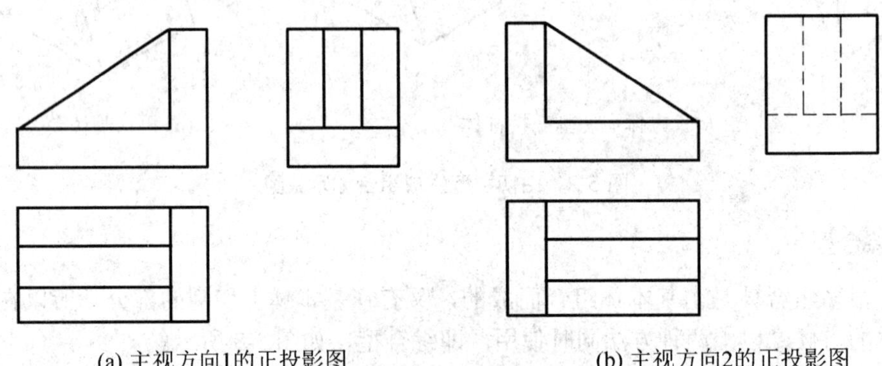

(a) 主视方向1的正投影图　　(b) 主视方向2的正投影图

图 5-4 主视方向的选择

(3) 选择立面时，还应考虑到尽可能合理使用图纸。如图 5-5 所示，一般选择较长的一面作为正立面，图 5-5(a)所占的图幅较小，整体图形均匀、协调。如果用端部作为正立面，如图 5-5(b)所示，则整个图形不均匀。

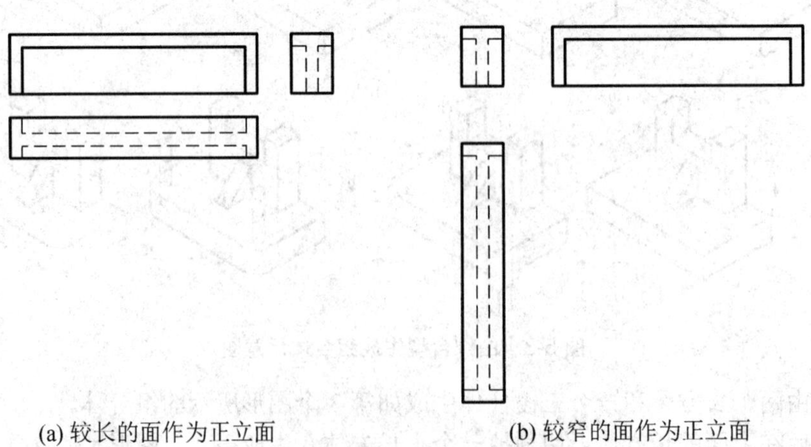

(a) 较长的面作为正立面　　(b) 较窄的面作为正立面

图 5-5 图面布置

5.2.2　画组合体投影图的步骤

1. 叠加法

根据组合体中基本体的叠加顺序，自下而上或自上而下地画出各基本体的三面投影，进而画出整体投影图的方法。

【例 5-1】 画出图 5-6 所示的挡土墙的三面投影图。

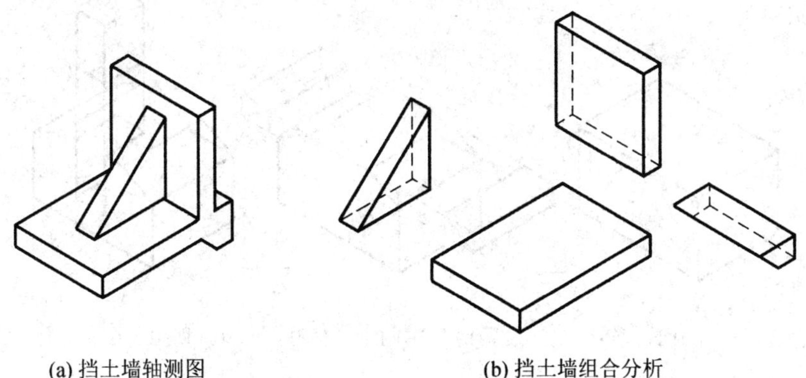

(a) 挡土墙轴测图　　(b) 挡土墙组合分析

图 5-6　挡土墙的立体图

作图：

(1) 画出底面长方体的三面投影，如图 5-7(a)所示。

(2) 画出最底下四棱柱的投影图，如图 5-7(b)所示。

(3) 画出上面长方体的投影图，如图 5-7(c)所示。

(4) 画三棱柱的投影图，如图 5-7(d)所示。

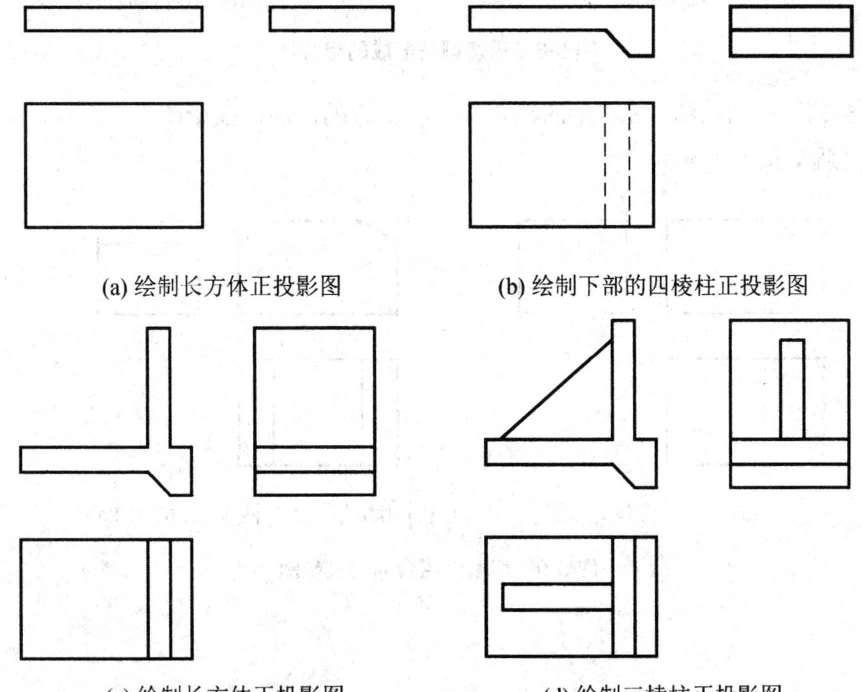

(a) 绘制长方体正投影图　　(b) 绘制下部的四棱柱正投影图

(c) 绘制长方体正投影图　　(d) 绘制三棱柱正投影图

图 5-7　用叠加法画挡土墙投影图的步骤

2. 切割法

当形体可以由基本体切割而形成组合体时，可以先画出基本形体，然后按切割的顺序画出切去的部分，最后画出组合体整体投影，如图 5-8 所示。

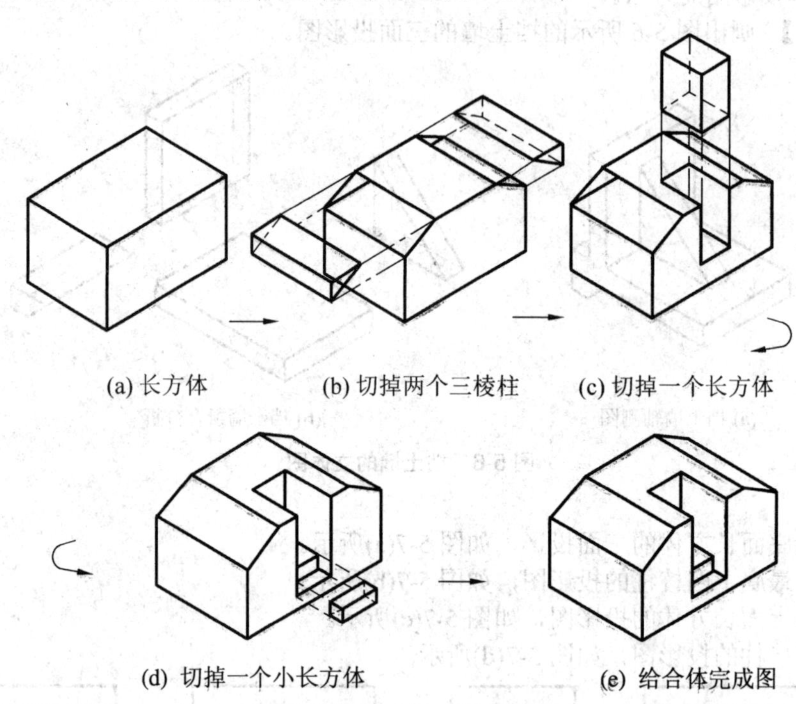

(a) 长方体　(b) 切掉两个三棱柱　(c) 切掉一个长方体

(d) 切掉一个小长方体　(e) 给合体完成图

图 5-8　用切割法形成的组合体

【例 5-2】 已知如图 5-8 所示的组合体，画出它的三面正投影图。

作图过程如图 5-9 所示。

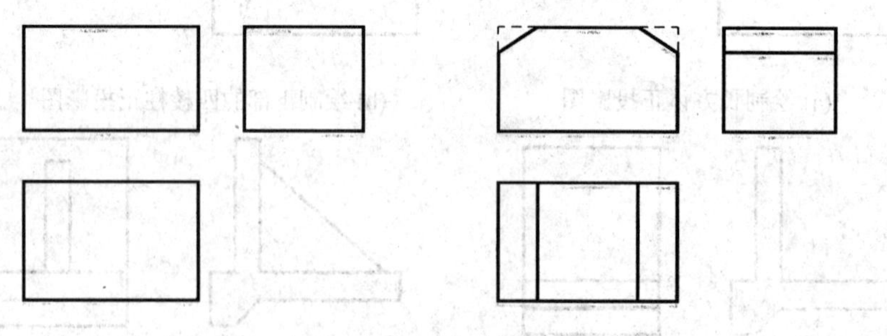

(a) 绘制长方体正投影　(b) 用切割法去掉两个三棱柱体投影

图 5-9　切割法组合体的投影图

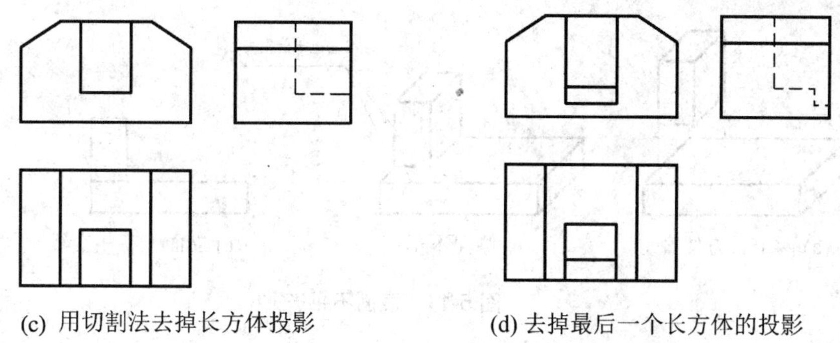

(c) 用切割法去掉长方体投影　　(d) 去掉最后一个长方体的投影

图 5-9　(续)

3. 综合法

组合体是由基本体经过叠加和切割共同组成的，在绘制投影图时，可以综合以上两种绘制投影图的方法。

5.3　组合体投影的阅读

5.3.1　组合体的表面连接关系

由基本几何形体组成组合体时，常见有下列几种表面之间的结合关系：

1. 平齐

两基本几何体上的两个平面互相平齐地连接成一个平面，则它们在连接处(是共面关系)不再存在分界线。因此，在画出它的主视图时不应该画出它们的分界线，如图 5-10 所示。

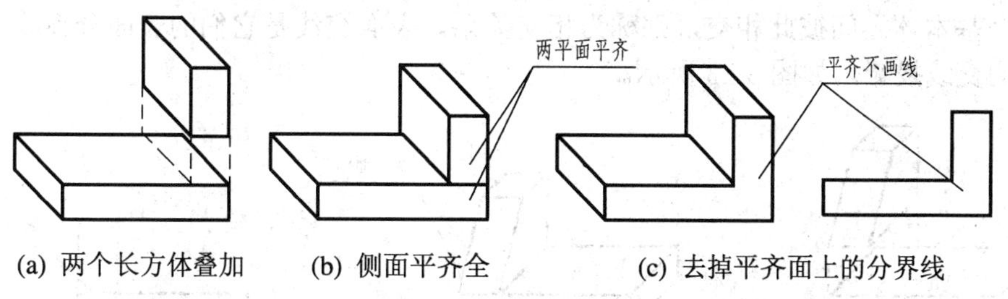

(a) 两个长方体叠加　(b) 侧面平齐全　(c) 去掉平齐面上的分界线

图 5-10　表面平齐

2. 不平齐

如果两基本几何体的表面彼此相交，则称其为相交关系。表面交线是它们的表面分界线，图上必须画出它们交线的投影，如图 5-11 所示。

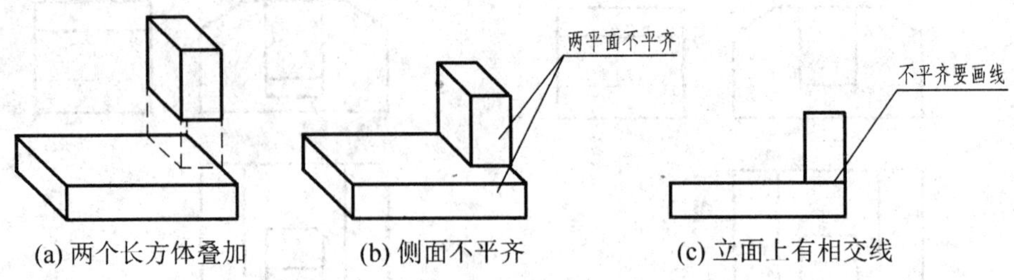

图 5-11　表面不平齐

3．相切

如果两基本几何体的表面相切时，则称其为相切关系。图 5-12 中，在相切处两表面是光滑过渡的，故该处的投影不应该画出分界线。

注意：

(1) 只有平面与曲线相切的平面之间才会出现相切情况。

(2) 画图时，当曲面相切的平面，或两曲面的公切面垂直于投影面时，在该投影面上投影要画出相切处的转向投影轮廓线；否则不应该画出公切面的投影。

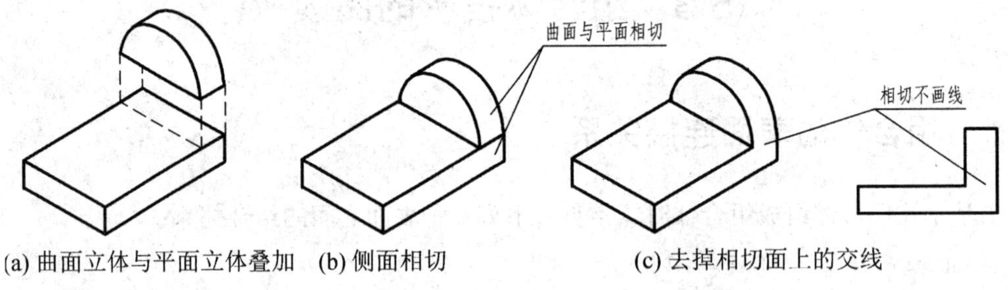

图 5-12　表面相切

4．相交

两个基本体之间彼此相交，则称为相交关系。表面交线是它们的表面分界线，必须画出它们的交线投影，如图 5-13 所示。

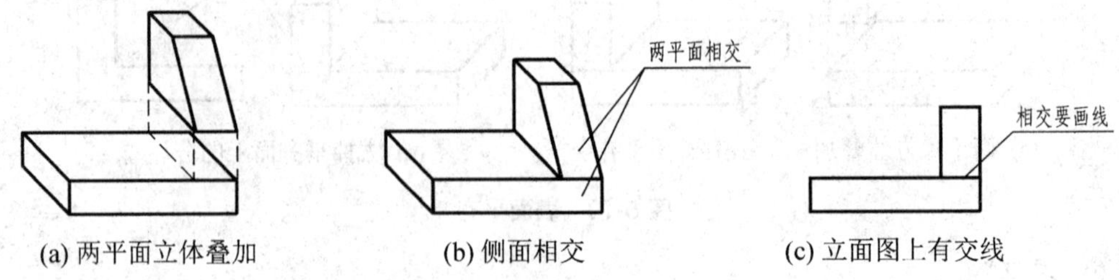

图 5-13　表面相交

5.3.2　读图的基本方法

1．形体分析法

根据组合体的视图，假想把它分成若干个基本形体的视图，然后按照各视图的投影关系，想象出这些基本形体的几何形状和相对位置，最后确定该组合体的完整形状。具体读图步骤如下。

1) 看大致、分形体

先大致看一下各个视图，找出其中一个视图，该视图宜分成若干个简单的线框，大体上判断组合体是由什么方式组合而成的(即前面讲过的叠加型、切割型、综合型)。一般情况下，总是从主视图入手，从较大的线框开始。

2) 对投影、想形状

根据投影关系(长对正、高平齐、宽相等)，逐个找到与各基本形体的三面投影图，根据各基本形体的三视图想出其形状。想形状时应是：先看主要部分，后看次要部分；先看容易确定的部分，后看难确定的部分；先看某一组成部分的整体，后看细节部分的形状。

3) 合起来、想整体

在看清每个基本体的基础上，再根据整体的三视图，找出它们之间的相对应的位置关系(即上下、左右、前后位置)，逐渐想出整体的形状。

【例 5-3】 分析下面组合体投影图，如图 5-14 所示。

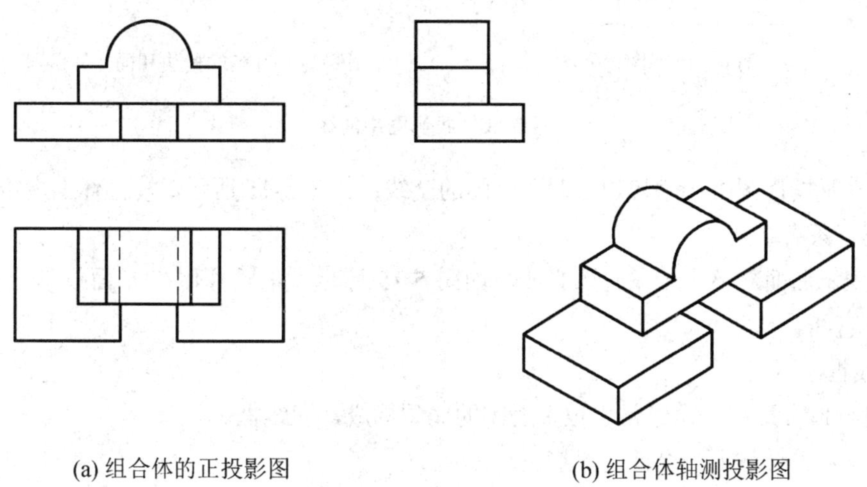

(a) 组合体的正投影图　　(b) 组合体轴测投影图

图 5-14　形体分析法

分析：

(1) 首先根据正立面投影图，大体上看出该组合体是由 4 个基本体组成的，即 3 个长方体、1 个圆柱体。

(2) 逐个找到每个长方体的投影图和圆柱体的投影图。

(3) 分析这 4 个投影图的位置关系，下面有两个长方体，中间有 1 个长方体，最上面是圆柱体。

2. 线面分析法

上面讲的形体分析法主要用于叠加方式形成的组合体，或切割比较明显的组合体。对于一些切割后形体不完整、形体特征不明显的，难以用形体分析法分析读图。这时需要对图形局部进行细化分析，具体到对某一条线或某个线框逐个分析，从而想象出局部的空间形状，直到联想出组合体的整体形状，这种方法称为线面分析法。

1) 投影图中直线的意义

直线在组合体投影图中一般有 3 种意义。

(1) 表示形体上一个面的投影，如图 5-15 所示，六棱柱体上表面在 V 面上表示为一条直线。

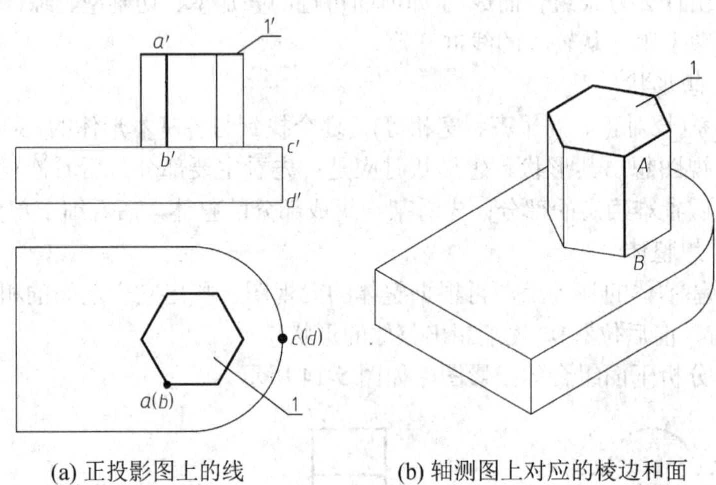

(a) 正投影图上的线　　(b) 轴测图上对应的棱边和面

图 5-15　投影图中的线

(2) 表示投影图中一个棱边，即两个面的交线；如图 5-15 所示，棱柱体上棱边 AB 在 V 面投影是一条直线。

(3) 表示曲面立体上一条轮廓素线。如图 5-15 所示，半圆柱体在 V 面投影上右侧的轮廓为一条直线。

2) 线框的意义

在组合体投影图中，经常由很多封闭的线型构成，即线框。

(1) 表示组合体上一个面的投影。

(2) 如果是相邻的两个线框，表示物体上位置不同的两个面的投影。

(3) 在一个大的线框内包含的小线框，表示在大的平面体上凸出或凹下的基本体投影。

【例 5-4】 分析组合体中的线框。

(1) 如图 5-16(a)所示，分析在平面图中线框 1 和线框 2，在 V 面上对应的是直线 1′和直线 2′，在 W 面上是直线两线框投影重叠成一条直线 1″(2″)。表面平面 1 和 2，是水平面，高度相同。

(2) 分析线框 3，如图 5-16(b)在 V 投影面上是一条直线 3′，在 W 投影面上是一条虚线。表面平面 3 是一个水平面，在组合体的中间部分，如图 5-16(b)所示。

(3) 分析线框 4，如图 5-17(a)所示，在 V 投影面上是一个相似图形的投影，在 W 面上是一条直线。可以分析出平面 4 是一个类似于凹形的侧垂面。

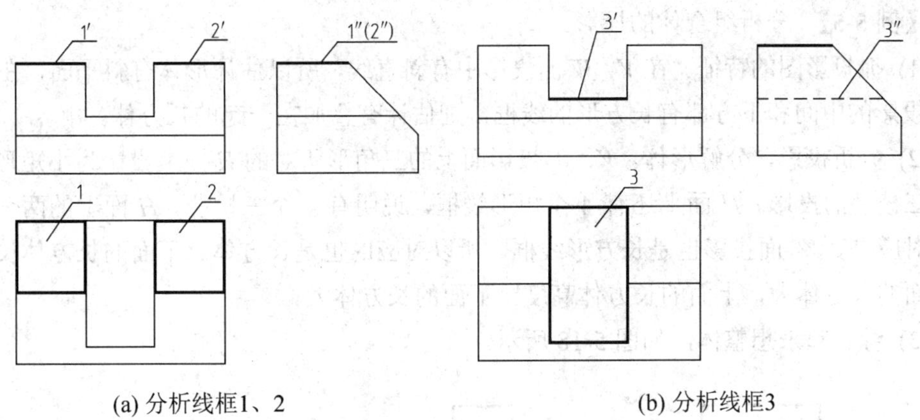

(a) 分析线框1、2　　(b) 分析线框3

图 5-16　投影图分析 1

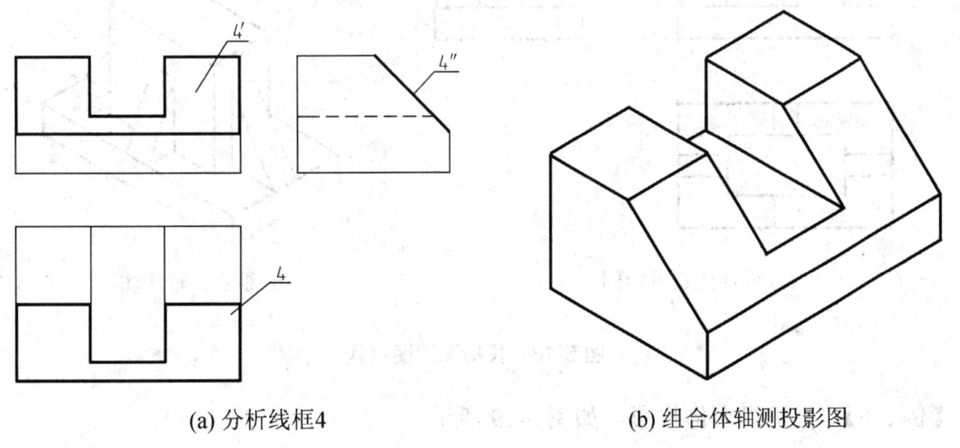

(a) 分析线框4　　(b) 组合体轴测投影图

图 5-17　投影图分析 2

5.3.3　投影图读图步骤

一般地，正投影图读图以形体分析法为主，线面分析法为辅，根据不同的组合体，灵活运用。对于叠加式组合体多采用形体分析法，对于切割式组合体多采用线面分析法，但两种方法一般要结合使用。一般步骤如下。

(1) 抓住投影的主要特征；首先要搞清楚投影的对应关系，快速了解物体的大致形状。

(2) 分析投影分解形体，主要是要将组合体分解成基本体的投影，并使之一一对应。

(3) 综合起来想整体。将上述两个方面分析综合起来。

(4) 线面分析攻难点。用线面分析原理对组合体中较难理解的直线和线框进行分析，想象细部构造结构。

【例 5-5】 分析组合体的投影。

(1) 抓投影图的特征。在 *V*、*W* 面投影中有斜直线，所以估计形体有斜平面，在 *V* 面和 *W* 面投影的中间和下方都有长方形的线框，则估计有叠加在一起的长方体。

(2) 分析投影，分解形体。*V*、*W* 投影面上的三角形所对的 *H* 面上投影为小矩形，实际上是三棱柱的投影。*H* 面上还有 4 个矩形线框，说明有 4 个三棱柱。*H* 面上的两个矩形线框，对应 *V*、*W* 面投影也是长方形线框，所以对应的也是长方体。下面的长方体长和宽都比上面的长方体大，上面的长方体高度比下面的长方体大。

(3) 综合起来想整体，如图 5-18 所示。

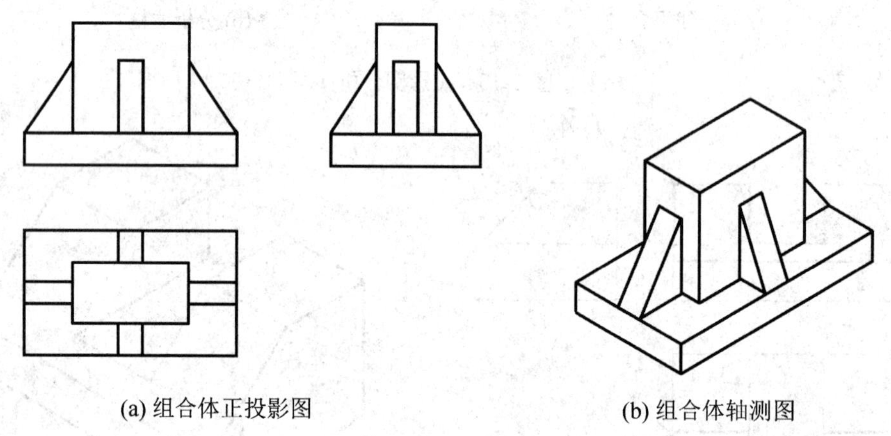

(a) 组合体正投影图　　　　(b) 组合体轴测图

图 5-18　投影图读图过程

【例 5-6】 分析组合体投影，如图 5-19 所示。

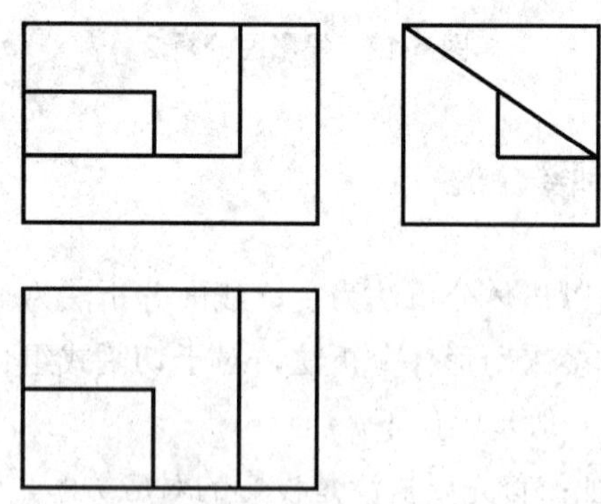

图 5-19　投影图分析原图

(1) 抓住投影图特征。从三面投影来看，整体上都没有明显的特征投影，三面投影外轮廓都是矩形。因此推测整体是一长方体，内部进行了切割。

(2) 分析投影分解形体。从总体外线框来看是一个长方体，且没有突出的线框或凹进去的线框，所以判断该组合体是由一个长方体切割而成。

(3) 线面分析攻难点。

① 如图 5-20 所示，先分析 *W* 投影面上的斜直线。如果一条斜直线表示一个平面，那么可以想象长方体被切割掉的部分，如图 5-20(b)所示。

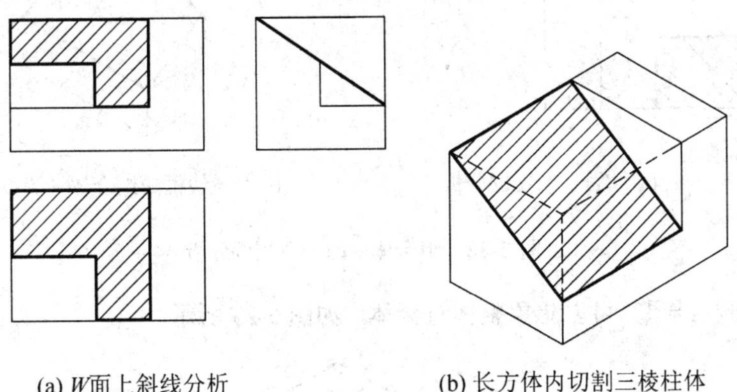

(a) *W*面上斜线分析　　(b) 长方体内切割三棱柱体

图 5-20　组合体中的一个线段的分析

再按照该直线的高度和宽度可以在 *V* 面和 *H* 面上找到阴影部分表示的平面，综合这 3 个投影图，比较刚想象的轴测图，可以看出还有一定的细部差别。

② 接着再分析图 5-21(a)中，在 *W* 面上的内部竖向直线，在 *V* 面和 *H* 面上可以对应找到相应的投影；可以看出该平面是一个正平面。

③ 再分析 *W* 面上一条水平线段，如图 5-21(b)所示，在 *V* 面和 *H* 面上找到它相应的投影。可以看出该平面是一个水平面。

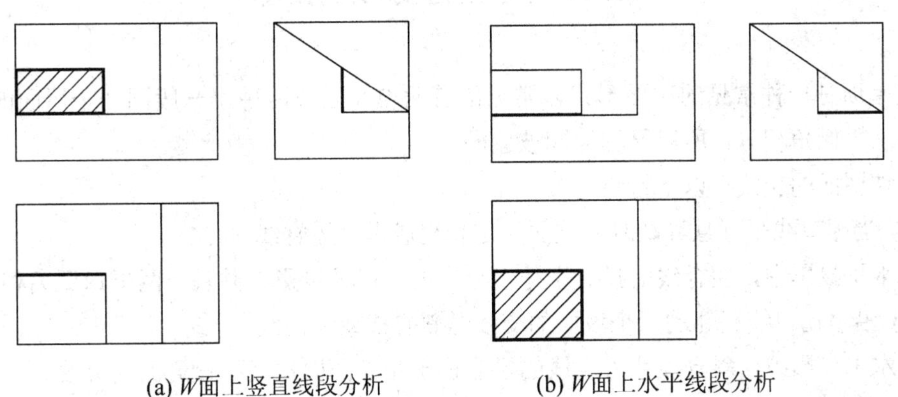

(a) *W*面上竖直线段分析　　(b) *W*面上水平线段分析

图 5-21　组合体中的一个线段的分析

④ 综合②、③两步骤的分析，两个平面在 *W* 面上合起来构成的线框，可以构成一个三棱柱体，如图 5-22 所示。

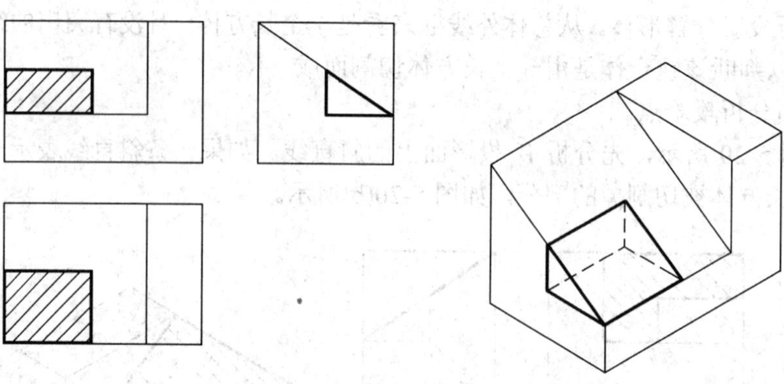

(a) *W*面上的线框分析　　(b) 对应线框的组合体轴测投影

图 5-22　组合体中的一个线框分析

⑤ 综上分析结果，可以想象整体组合体，如图 5-23 所示。

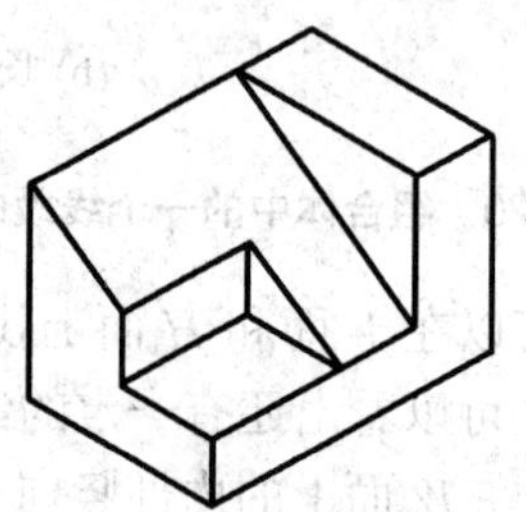

图 5-23　组合体轴测投影图

5.4　同坡屋顶的投影

坡屋顶是一种常见的屋面形式，常见的有两坡和四坡两种。一般同一个屋面的各个坡面作出水平倾角相等，所以又称为同坡屋面。

同坡屋面的交线有以下特点。

(1) 当檐口线平行且等高时，坡面一定相交成水平屋脊线。

在水平投影中，屋脊线的投影平行于相应的檐口线投影，并且与两檐口距离相等。

(2) 沿着檐口线相邻的两个坡面的交线是斜脊线或天沟线。

在水平投影中，斜脊线或天沟线的投影位于相邻两檐口线的投影的角分线上。

(3) 在屋面上如果有两斜脊、两天沟或斜脊与天沟相交于一点，则必有第三条屋脊线通过该点。

图 5-24 所示为 L 型四坡屋面示意图。

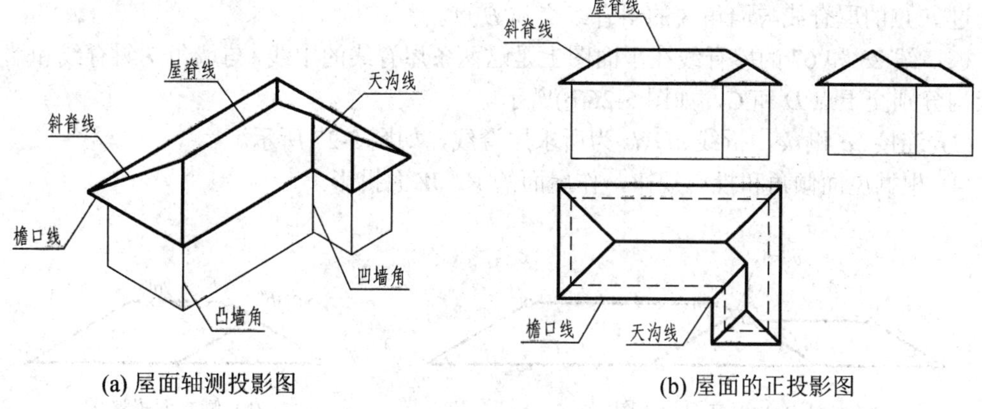

(a) 屋面轴测投影图　　(b) 屋面的正投影图

图 5-24　L 型四坡屋面示意图

【例 5-7】 已知屋面的倾角都是 30° 和房屋的平面形状，求屋面的交线，如图 5-25 所示。

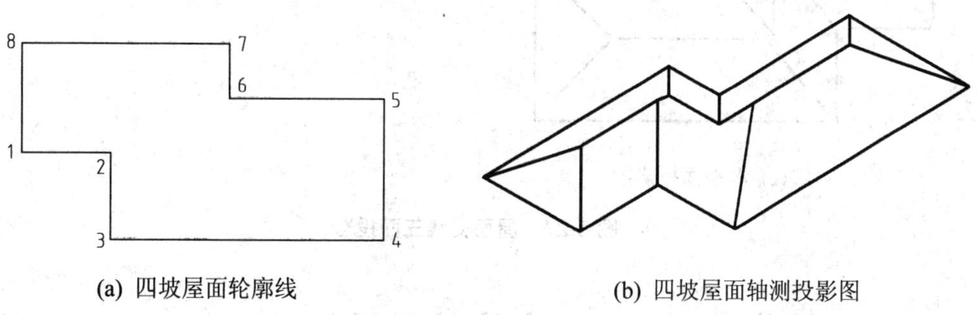

(a) 四坡屋面轮廓线　　(b) 四坡屋面轴测投影图

图 5-25　求屋面交线已知图

作图步骤如下。

(1) 在屋面平面图上经每一屋角作 45° 分角线。在凸墙角上作的是斜脊，在凹墙角上作的是天沟，其中两对斜脊分别交于 *A* 点和 *F* 点，如图 5-26 所示。

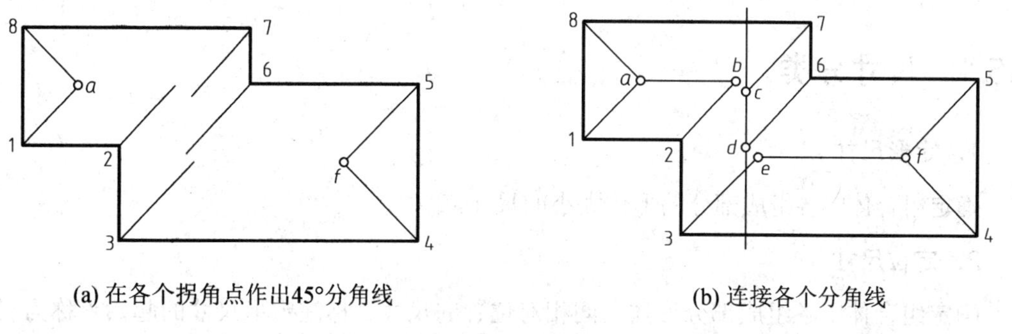

(a) 在各个拐角点作出45°分角线　　(b) 连接各个分角线

图 5-26　屋面交线制作过程

(2) 作每一对檐口线的中线，即屋脊线。

通过 *A* 点的屋脊线与墙角 2 的天沟线交于 *B* 点。

过 *F* 点的屋脊线与墙角 3 的斜脊线交与 *E* 点。

檐口线 23 和 67 的屋脊线在平面图上是这两条屋脊线的中线，与墙角 7 斜脊线和墙角 6 的天沟分别交于点 *D* 和 *C*，如图 5-26(b)所示。

(3) 连接 *bc* 和 *de*，折线 *abcde* 为所求屋脊线，如图 5-27 所示。

(4) 根据屋面倾角和投影规律，作屋面的 *V*、*W* 面投影。

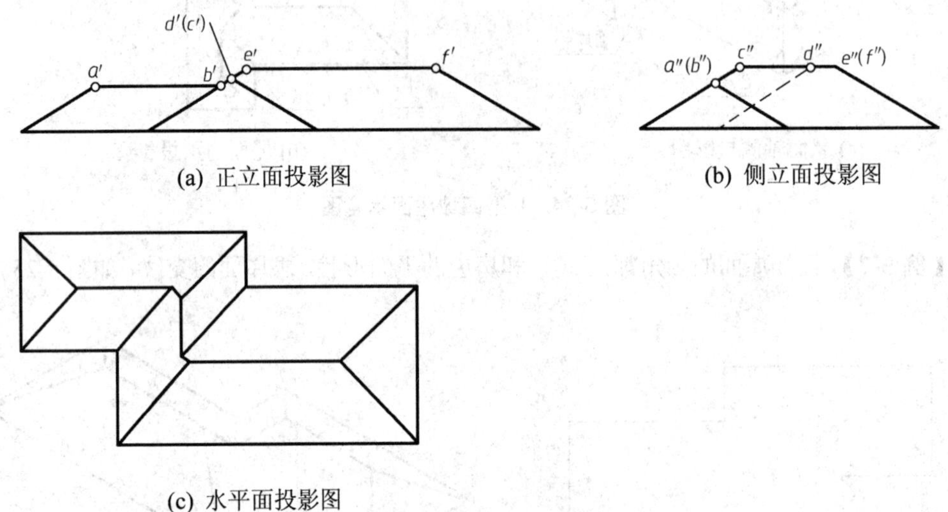

(a) 正立面投影图　　(b) 侧立面投影图

(c) 水平面投影图

图 5-27　屋面交线三面投影

5.5　组合体的尺寸标注

组合体的视图只能表示其形状，要想表示其大小，还应标注出尺寸。在图样上标注尺寸是表达物体的重要手段。真正掌握好组合体三视图上所标注尺寸的方法，可为今后在施工图上标注尺寸打下良好的基础。

5.5.1　尺寸分类

1. 定形尺寸

确定组合体中各组成部分的形体大小的尺寸。

2. 定位尺寸

确定组合体中各组成部分形体之间相对位置的尺寸。标注定形尺寸的起始点称为尺寸的基准。在组合体的长、宽、高 3 个方向上标注的定形尺寸都要有基准。通常把组合体的底面、侧面、对称线、轴线、中心线等作为定形尺寸的基准。

在图 5-28(a)中，标注 400 是以后面为基准，标注 644 是以左面为基准。

在图 5-28(b)中，形体是由两长方体上下叠加组合而成的，高度方向不用定位，前后、左右方向分别用后面和右面为基准。

在图 5-28(c)中，两长方体上下叠加，高度方向不用定位，前后方向的轴线重合，所以前后方向不用定位标注，但左右方向需要标注，这里用右面为基准进行定位标注。

在图 5-28(d)中，上下两基本体重叠而成，前后、左右的轴线都重合，所以不需要标注定位尺寸。

在图 5-28(e)中，在长方体上切割两个圆柱，两个圆柱体在一条对称轴上，所以标注时先用左面作为基准标注左面第一个圆柱体，再用左面圆柱体中线作为基准标注第二个圆柱体。

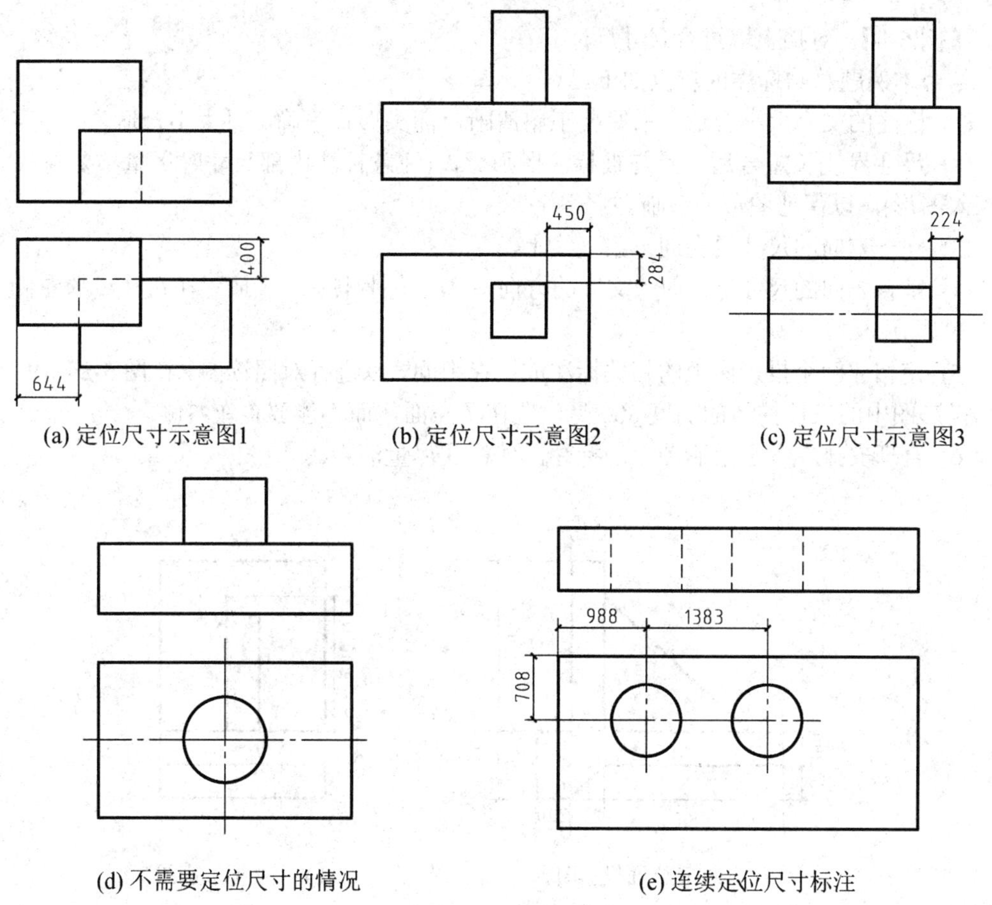

(a) 定位尺寸示意图1　(b) 定位尺寸示意图2　(c) 定位尺寸示意图3

(d) 不需要定位尺寸的情况　(e) 连续定位尺寸标注

图 5-28　组合体的定位尺寸

3. 总体尺寸

在组合体中除以上两类尺寸外，还常需要标注出组合体的总体尺寸，即总长、总高、总宽尺寸。

5.5.2　标注尺寸应注意的问题

对组合体进行尺寸标注时，尺寸布置应该整齐、清晰，便于阅读。需注意以下几点。

(1) 尺寸尽量在图形外标注，且使尺寸界线与图形分离，以保证图形的清晰。

(2) 尺寸应按“大尺寸在外，小尺寸在内”的规律排列，以避免尺寸线与尺寸界线交叉。

(3) 同一形体的定形尺寸和定位尺寸应尽可能标注在同一视图上。

(4) 内形尺寸和外形尺寸应分别标注在视图的两侧，避免混合标注在视图的同一侧。

(5) 两图形的相关尺寸应放置在两图之间，以便进行对照读图。

(6) 一般不在虚线上标注尺寸。

5.5.3 尺寸标注举例

【例 5-8】 对挡土墙进行尺寸标注。

结合本例题总结标注的特点如下。

(1) 标注的文字大小合适、书写要工整清晰，箭头形式正确，且大小合适。

(2) 尺寸界线长短合适，且与被标注图形分离(注意标注内部尺寸时尽量不要将尺寸界线深入图形)，以保证图形的清晰。

(3) 同一方向的尺寸要在同一条直线上。

(4) 垂直方向的尺寸标注时，文字的方向应统一向上书写，且放置在尺寸线的左侧，如图 5-29 所示。

(5) 使相邻两个投影图上的相关标注放置在中间，以进行对照读图。在图 5-29(b)中，侧立面投影图中的三棱柱体的高度 800 是放置在了左面，而不能放置在右侧。

(6) 合理安排在各个投影图上的标注，使标注尽量清晰。

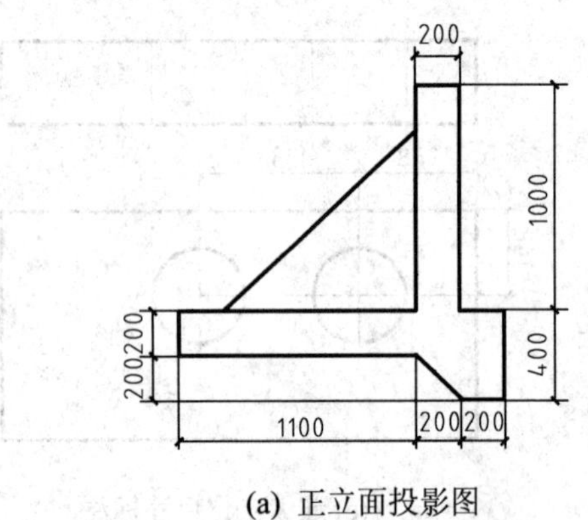

(a) 正立面投影图

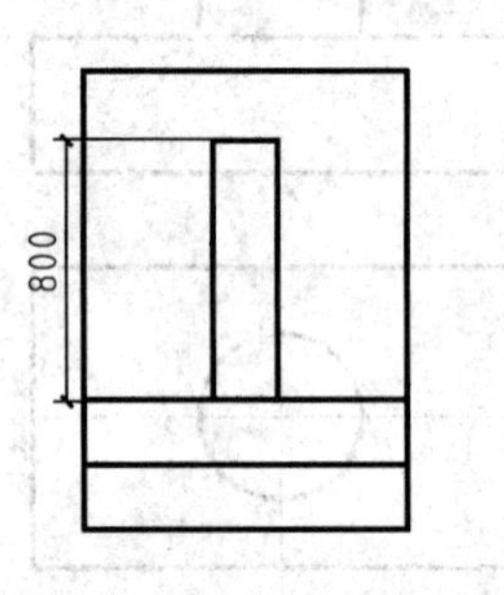

(b) 侧立面投影图

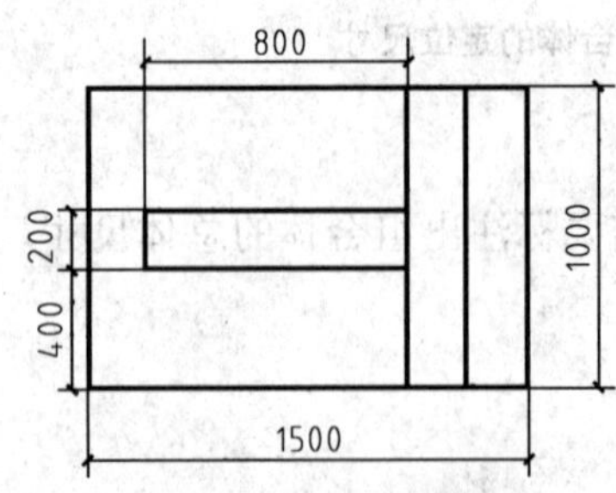

(c) 水平面投影图

图 5-29 挡土墙尺寸标注

【例 5-9】 标注肋式杯形基础尺寸标注，如图 5-30 所示。

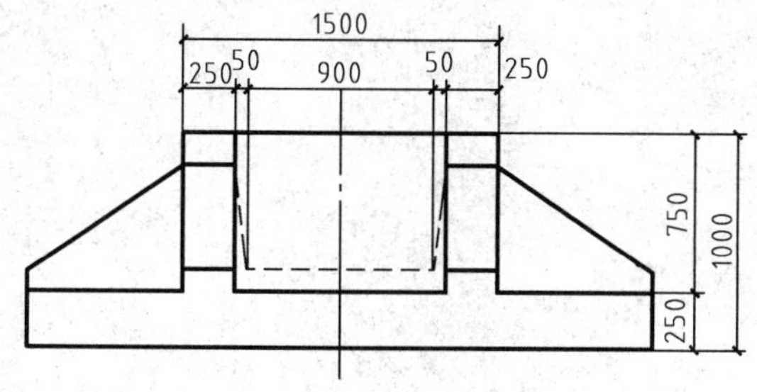

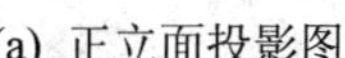

(a) 正立面投影图

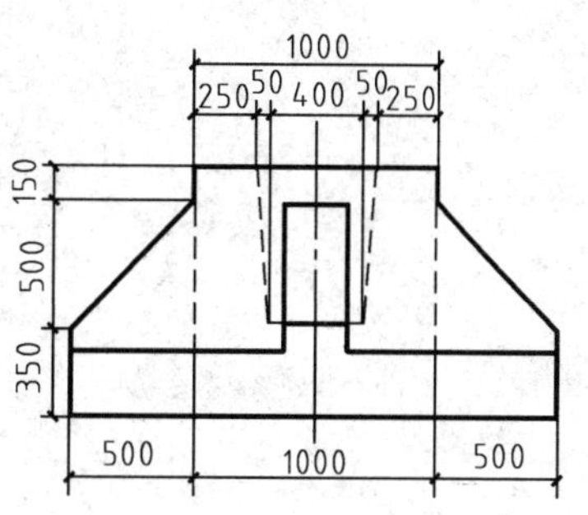

(b) 侧立面投影图

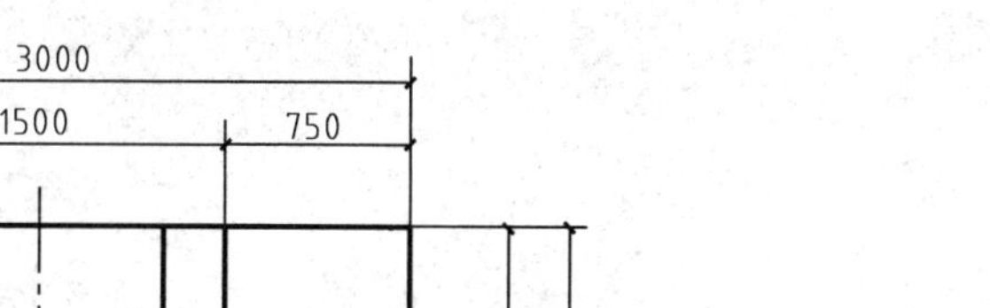

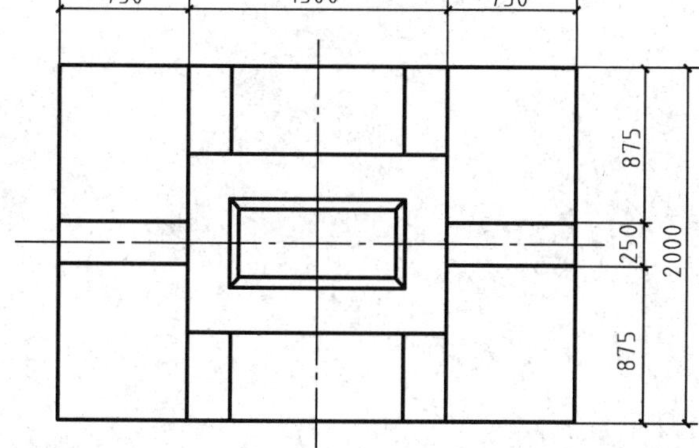

(c) 水平面投影图

图 5-30　肋式杯形基础尺寸标注

第 6 章　剖面图与断面图

【本章要点】

- 剖面图的概念和画法
- 断面图的概念和画法

【本章难点】

剖面图的画法

6.1 剖 面 图

6.1.1 剖面图的概念

假想一个平面将物体剖开，然后移去观察者和剖切面之间的部分，把原来形体内部不可见部分变为可见，用正投影的方法把留下的部分进行投影所得的投影图，称为剖面图。

如图 6-1 所示，独立基础内槽的投影不可见，为虚线，这样图形不够清晰，给读图带来困难，为了看清图中的内槽，用一剖切面将基础剖开，然后用正投影的方式生产新的投影图，如图 6-2 所示。

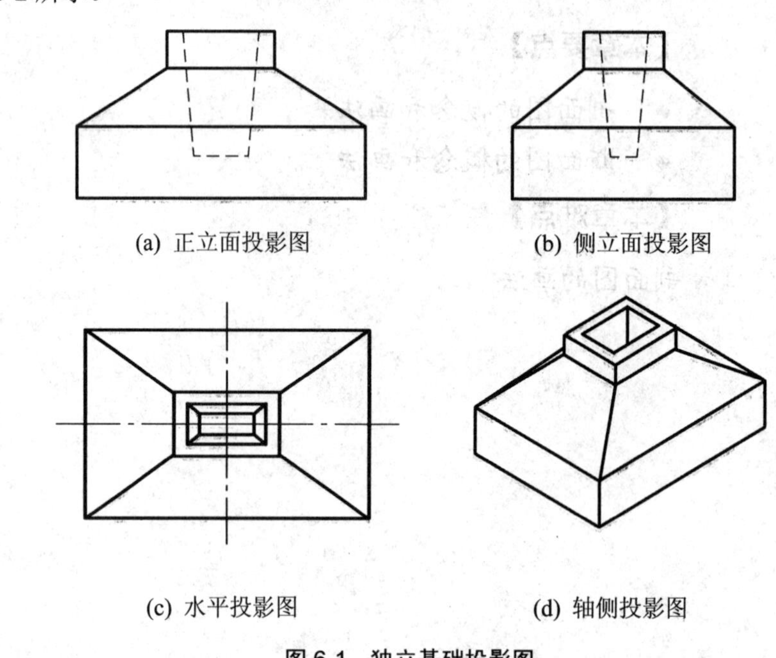

(a) 正立面投影图　(b) 侧立面投影图

(c) 水平投影图　(d) 轴侧投影图

图 6-1　独立基础投影图

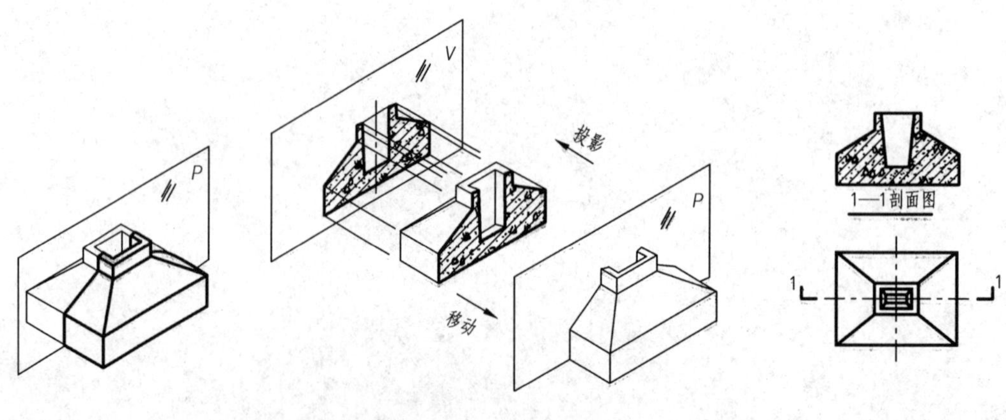

(a) 剖面图形成过程分析　(b) 1—1剖面图

图 6-2　独立基础剖面的形成

6.1.2　剖面图的画图步骤

1. 确定剖切面的位置和数量

剖切面的位置要使物体被剖切后，能清晰、准确、完整地反映出形体的真实形状。

(1) 剖切面应平行于投影面，使断面在图中反映真实形状。

(2) 剖切面应过形体的对称面，或过孔、洞、槽的对称线或中心线，或过有代表性的位置。

有时，一个剖切面不能很完整地反映形体，这时就需要有几个剖切面。

2. 确定投影方向

3. 在断面内画材料的图例

形体被剖切后，形体的断面反映了其所采用的材料，因此，在剖面图中，应在断面上画出材料图例。表 6-1 中是《房屋建筑制图统一标准》CGB/T 50001—2001 规定的部分建筑材料图例，画图时应按照国家标准执行。

表 6-1　建筑材料图例

序号	名　称	图　例	备　注
1	自然土壤		包括各种自然土壤
2	夯实土壤		
3	砂、灰土		靠近轮廓线要密一些
4	砂砾石、碎砖三合土		石子要有棱角，徒手绘制
5	石材		
6	毛石		
7	普通砖		包括实心砖、多孔砖、砌块等
8	耐火砖		包括耐酸砖等砌体
9	空心砖		指非承重砖砌体
10	饰面砖		包括铺地砖、马赛克、陶瓷锦砖、人造大理石
11	焦渣、矿渣		
12	混凝土		
13	钢筋混凝土		
14	多孔材料		包括水泥珍珠岩、沥青珍珠岩、泡沫混凝土、非承重加气混凝土、软木、蛭石制品等
15	纤维材料		包括矿棉、岩棉、玻璃棉、麻丝、木丝板、纤维丝
16	泡沫塑料		包括聚苯乙烯、聚乙烯、聚氨酯等多孔聚合物
17	木材		
18	胶合板		应注明为x层胶合板
19	石膏板		包括圆孔、防孔石膏板、防水石膏板等
20	金属		
21	液体		应注明液体名称
22	橡胶		
23	塑料		包括各种软、硬塑料及有机玻璃等

4. 画剖切符号

因为在剖切图上，反映不出剖切平面的位置，也反映不出剖切后投影的方向。所以必须在其他投影图上标出剖切平面的位置和投影方向，需要用剖切符号表示。剖切符号的组成如下。

1) 剖切位置线

表示剖切平面的位置，用两段长度为 6～10mm 的粗实线表示。

2) 剖视方向线

用长度为 4～6mm 的粗实线表示，剖切方向线与剖切位置线垂直相交，剖切方向线表示了投影方向，如画在剖切位置线的右边表示向右进行投影。

3) 编号

剖切符号的编号采用阿拉伯数字，从小到大连续编号，按从左到右、由上到下的顺序在图上进行编写，并写在剖视方向线的端部。

注意：绘制剖面图时，剖切位置线不应与图面上的其他图像接触。

当剖切位置线需要转折时，应在转角的外侧加注与该符号相同的编号，剖切符号具体画法如图 6-3 所示。

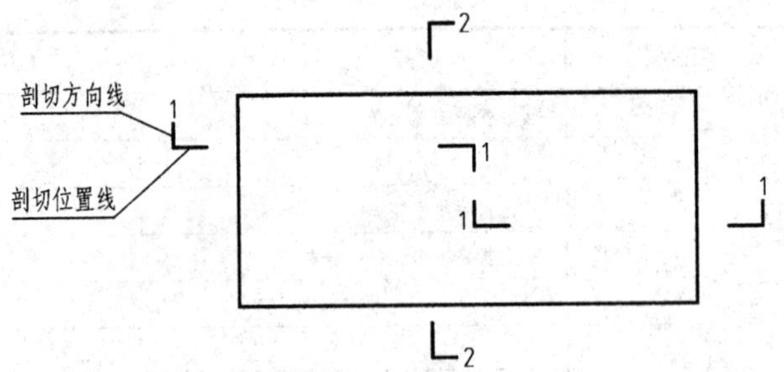

图 6-3　剖切符号

5. 剖面图的名称标注

在剖面图的下方应标注剖面图的名称，如“×—×剖面图”，并在图名的正下方画一条粗实线，长度以图名所占长度为准。

6.1.3　剖面图的分类

1. 全剖面图

假想用一个单一平面将形体全部剖开后所得到的投影图，称为全剖面图，如图 6-4 所示。它多用于在某个方向视图形状不对称或外形虽对称，但形状却较简单的物体。

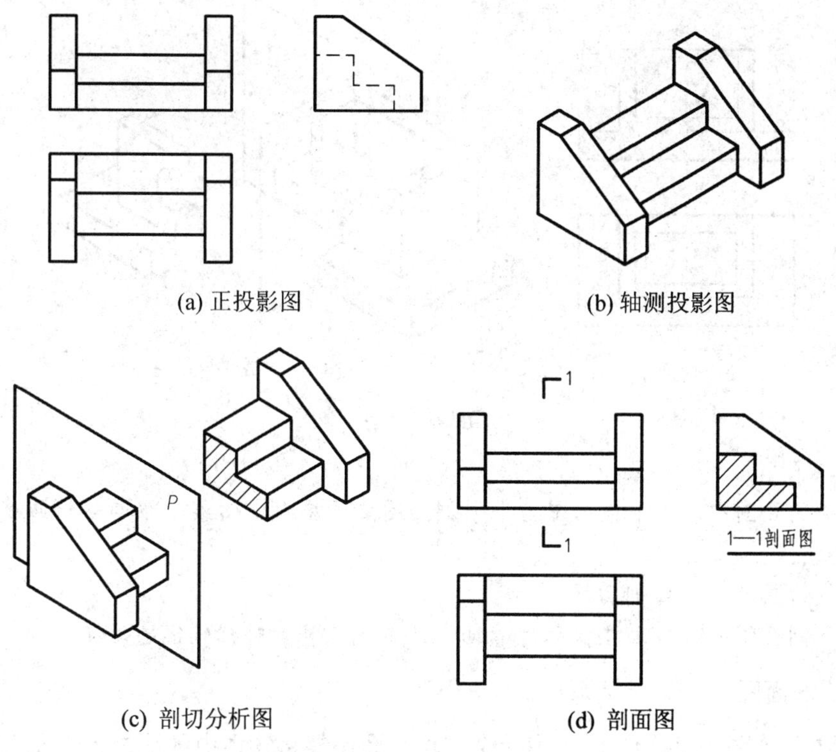

(a) 正投影图　(b) 轴测投影图

(c) 剖切分析图　(d) 剖面图

图 6-4　全剖面图生成

2. 半剖面图

当形体左右对称或前后对称，而外形比较复杂时，常把投影图一半画成正投影图，另一半画成剖面图，这样组合的投影图叫做半剖面图，如图 6-5 所示。这样作图不但可以同时表达形体的外形和内部结构，并且可以节省投影图的数量。

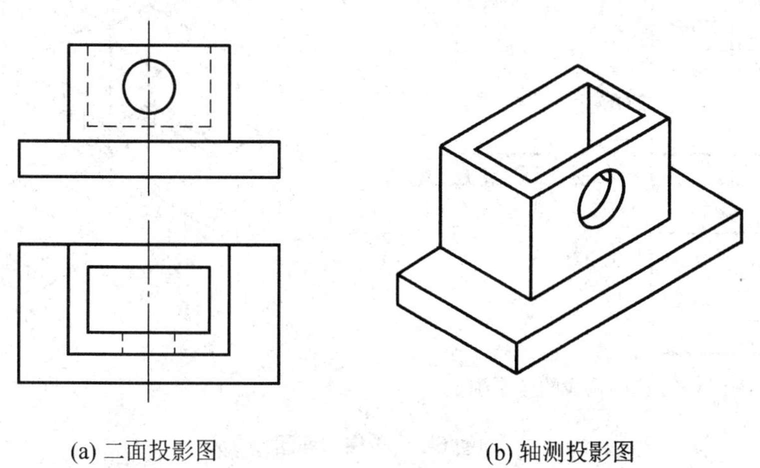

(a) 二面投影图　(b) 轴测投影图

图 6-5　半剖面图

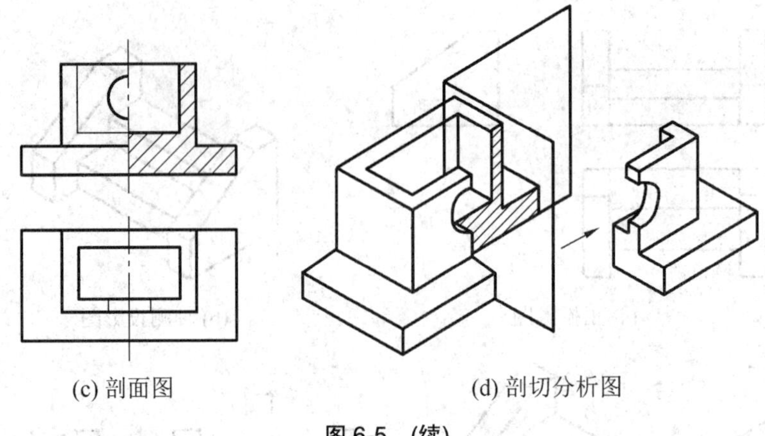

(c) 剖面图　　　　(d) 剖切分析图

图 6-5 (续)

注意：

① 在半剖面图中，半个投影图与半个剖面图之间应以中心线，即单点长画线为界，不应画成粗实线。

② 半剖面图可以不画剖切符号。

③ 半个剖面图一般应画在水平对称轴线的下侧或竖直对称轴线的右侧。

3. 阶梯剖面图

当物体内部结构层次较多时，用一个剖切平面不能将物体内部结构全部表达出来，这时可以用几个相互平行的平面剖切物体，这几个相互平行的平面可以是一个剖切面转折成几个相互平行的平面，这样得到的剖面图称为阶梯剖面图，如图 6-6 所示。

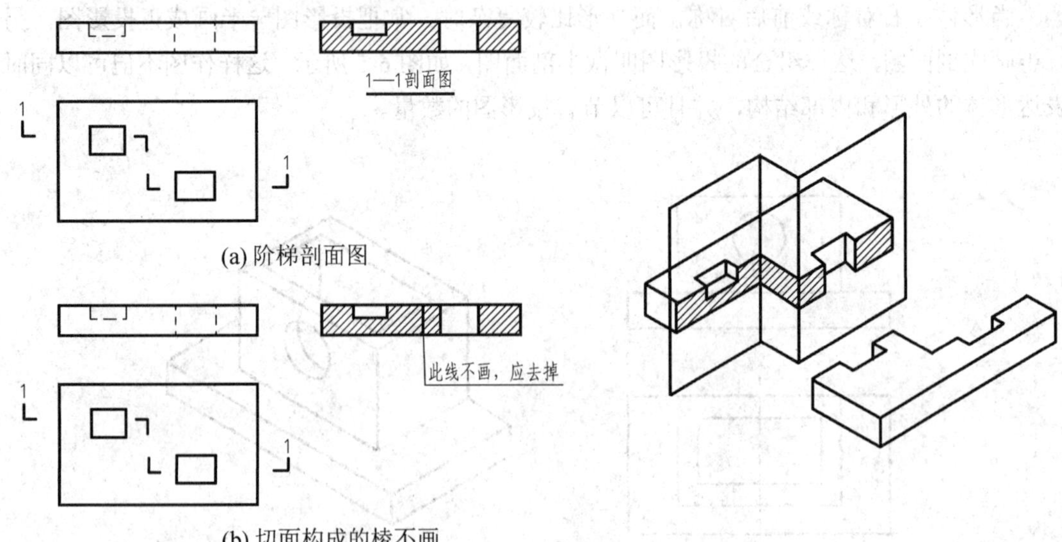

(a) 阶梯剖面图

(b) 切面构成的棱不画

图 6-6 阶梯剖面图

注意：因为剖面图是假想的，所以剖切平面的转折处所产生的分界线如图 6-6(b)所示。阶梯剖面图的剖切位置，除了在两端标注外，还应在两平面的转折处画出剖切符号。阶梯剖面图的几个剖切平面应平行于某个投影面。

4. 局部剖面图

当只需要表达形体的某局部的内部构造时，用剖切平面局部地剖切物体，只作该部分的剖面图，称为局部剖面图，如图 6-7 所示。

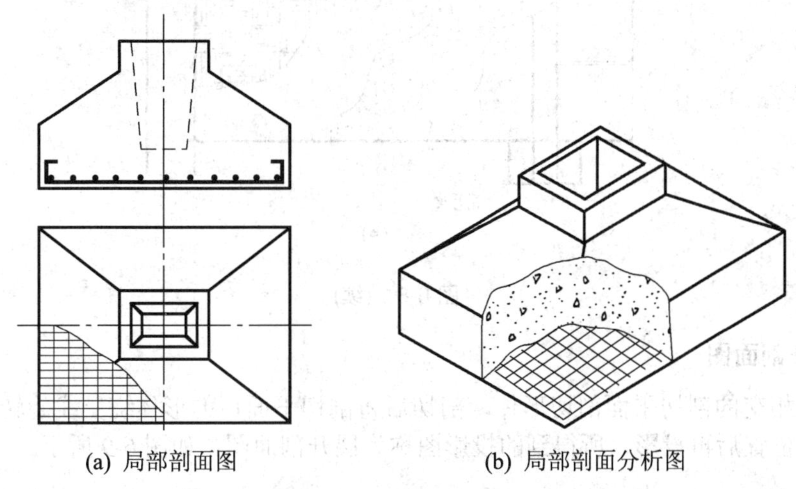

(a) 局部剖面图　　(b) 局部剖面分析图

图 6-7　局部剖面图

在建筑工程和装饰工程中，常使用分层局部剖面图来表达屋面、楼面、地面、墙面等的构造和所用材料。分层局部剖面图是用几个相互平行的剖切平面分别将物体局部剖开，把几个局部剖面图重叠画在一个投影图上，用波浪线将各层的投影分开，如图 6-8 所示。

注意：在工程图样中，正面投影中主要是表达钢筋的配置情况，所以图中未画钢筋混凝土图例。

作局部剖面图时，剖切平面图的位置与范围应根据物体需要而定，剖面图与原投影图用波浪线分开，波浪线表示物体断裂痕迹的投影，因此波浪线应画在物体的实体部分。波浪线既不能超出轮廓线，也不能与图形中其他图线重合。局部剖面图画在物体的视图内，所以通常无需标注。

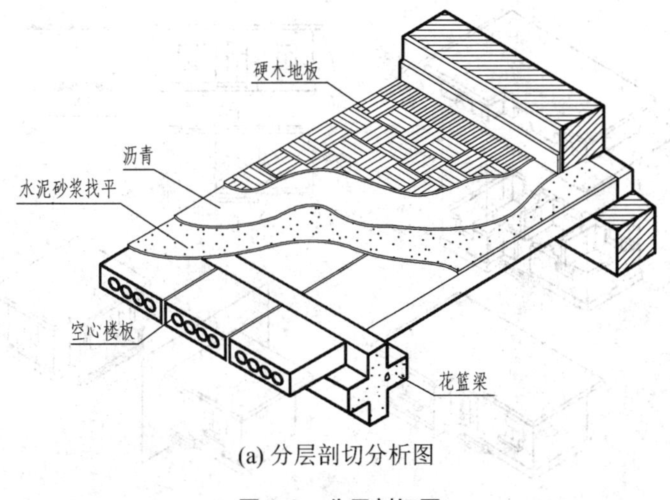

(a) 分层剖切分析图

图 6-8　分层剖切图

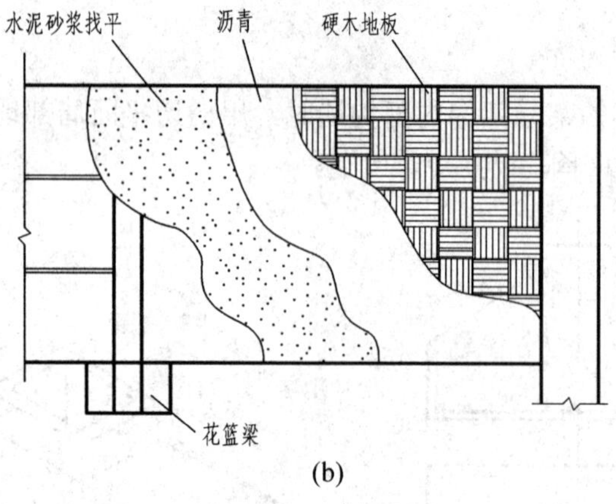

图 6-8 (续)

5. 展开剖面图

用两个相交的剖切平面剖切形体，剖切后将剖切平面后的形体绕交线旋转到与基本投影面平行的位置后再投影，所得到的投影图称为展开剖面图，如图 6-9 所示。

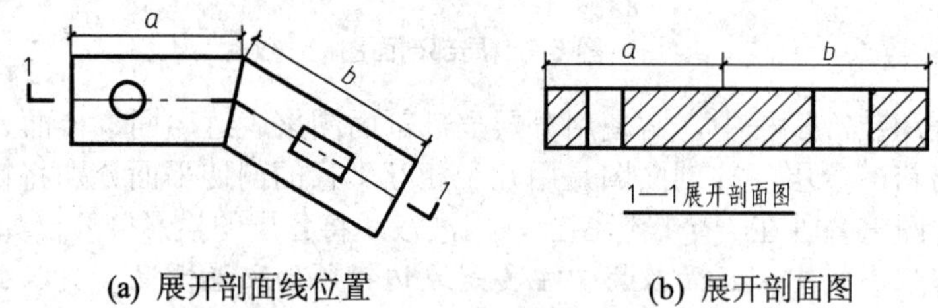

(a) 展开剖面线位置　　(b) 展开剖面图

图 6-9　展开剖面图

【例】 建筑房屋剖面图。

如图 6-10 所示，在建筑房屋的工程图中，平面图一般是一个全剖面图，用来表示房屋的平面布置。1—1 剖面图也是一个全剖面图，其剖面图是侧平面图。

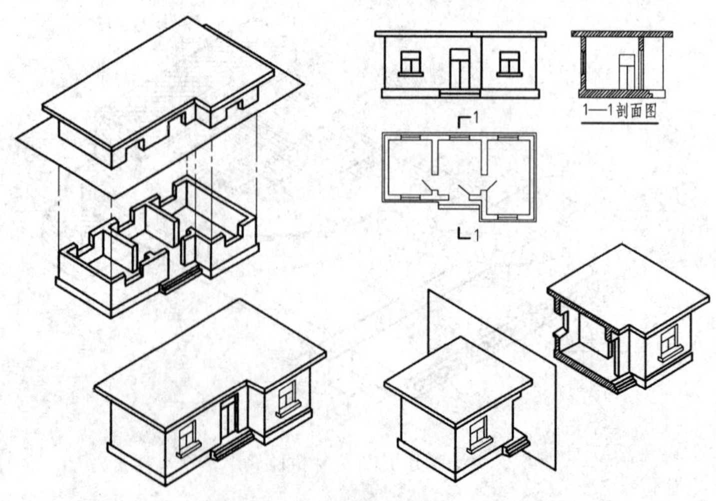

图 6-10　房屋剖面图示意图

6.2　断　面　图

6.2.1　断面图的概念

断面图是用假想的剖切平面将物体切开，移开剖切平面与观察者之间的部分，用正投影的方法，仅画出物体与剖切平面接触部分的平面图形，而剖切后按投影方向可能看到的形体的其他部分的投影不画，并在图形内画上相应的材料图例的投影图，如图 6-11 所示。

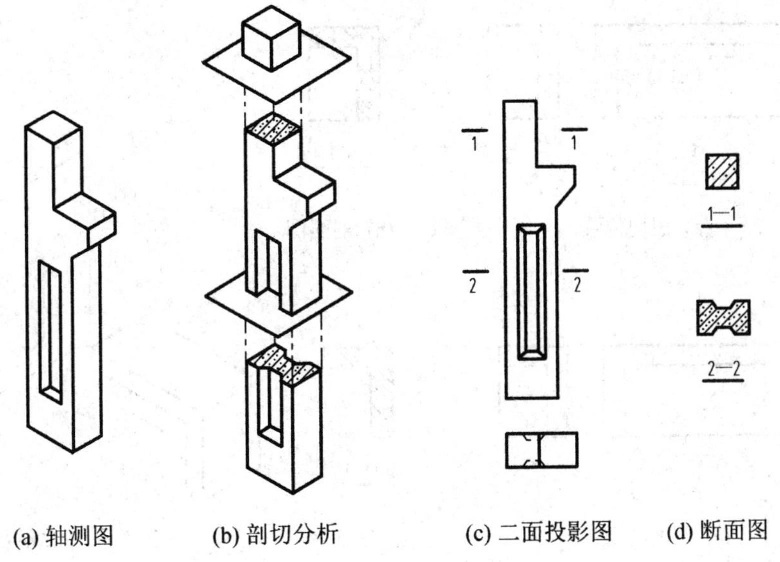

(a) 轴测图　(b) 剖切分析　(c) 二面投影图　(d) 断面图

图 6-11　断面图

6.2.2　断面图的标注

(1) 用剖切位置线表示剖切平面的位置，用长度为 6～10mm 的粗实线绘制。

(2) 在剖切位置线的一侧标注剖切符号编号，编号所在的一侧表示该断面剖切后的投影方向。

(3) 在断面图下方标注断面图的名称，如“×—×”，并在图名下画一粗实线，长度以图名所占长度为准。

6.2.3　断面图与剖面图的区别与联系

(1) 在画法上，断面图只画出物体被剖开后断面的投影，而剖面图除了要画出断面的投影，还要画出物体被剖开剩余部分全部的投影。

(2) 断面图是断面的面的投影，剖面图是形体被剖开后剩余形体的投影。

(3) 剖切编号不同。剖面图用剖切位置线、投影方向线和编号表示，断面图只画剖切位置线与编号，用编号的注写位置来代表投射方向。

(4) 剖面图的剖切平面可以转折，断面图的剖切平面不能转折。

(5) 剖面图是为了表达物体的内部形状和结构，断面图常用来表达物体中某一局部的断面形状。

(6) 剖面图中包含断面图，断面图是剖面图的一部分。

(7) 在形体剖面图和断面图中，被剖切平面剖到的轮廓线都用粗实线绘制。

图 6-12 所示为剖面图与断面图的区别。

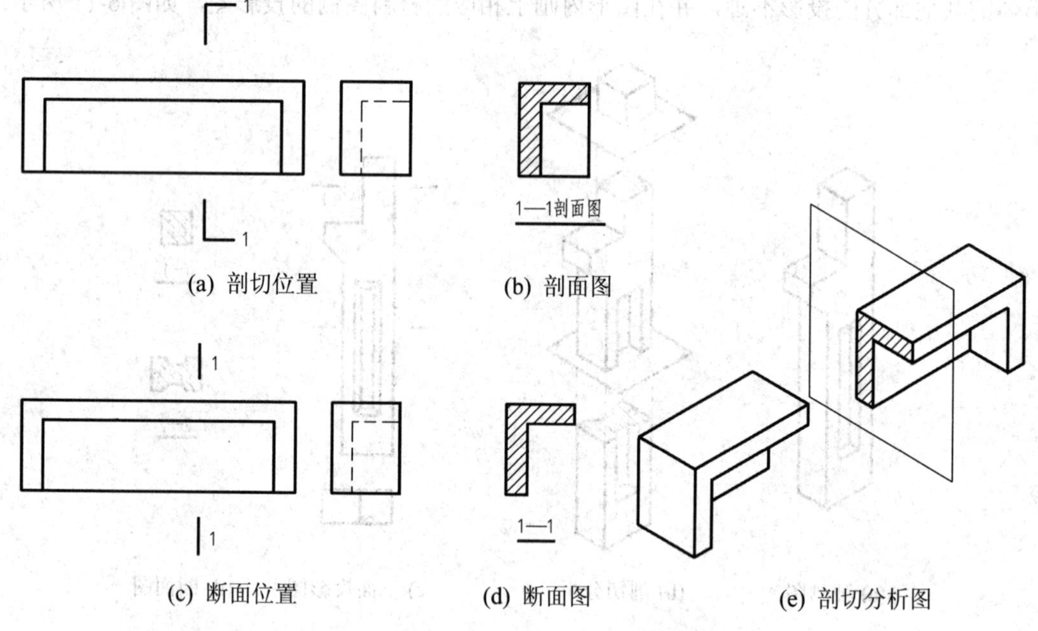

(a) 剖切位置　(b) 剖面图　(c) 断面位置　(d) 断面图　(e) 剖切分析图

图 6-12　剖面图与断面图的区别

6.2.4　断面图的分类

1. 移出断面图

把断面图画在物体投影图的轮廓线之外的断面图，称为移出断面图，如图 6-11(d)所示。画断面图时应注意以下几点。

(1) 断面图应尽可能地放在投影图的附近，以便于识图。

(2) 断面图也可以适当地放大比例，以便于标注尺寸和清晰地表达内部结构。

(3) 在实际施工图中，如梁、基础等都用移出断面表达其形状和内部结构。

2. 中断断面图

把断面图直接画在视图中断处的断面图，称为中断断面图，如图 6-13 所示。

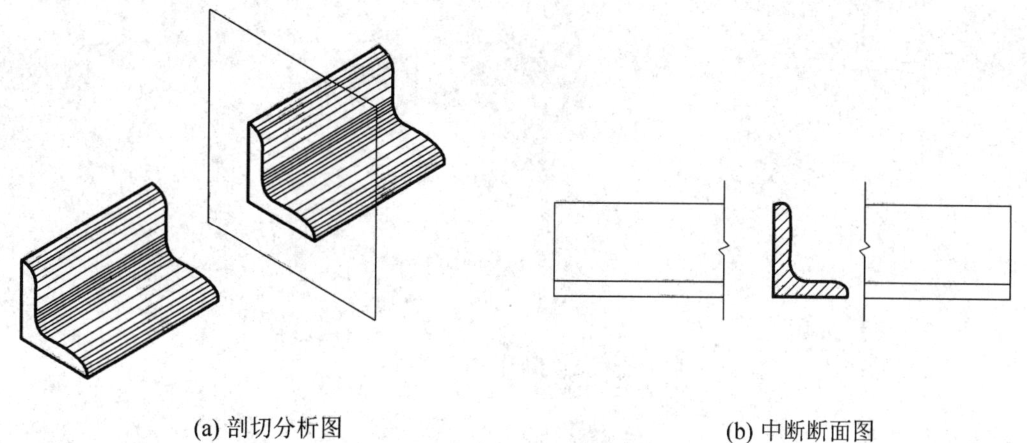

(a) 剖切分析图　　(b) 中断断面图

图 6-13　角钢中断断面图

注意：断面轮廓用粗实线表示；中断断面不需要标注；中断断面图适用于表达较长并且只有单一断面的杆件及型钢。

3. 重合断面图

把断面图直接画在投影图轮廓线之内，使断面图与投影图重合在一起的断面图，称为重合断面图。

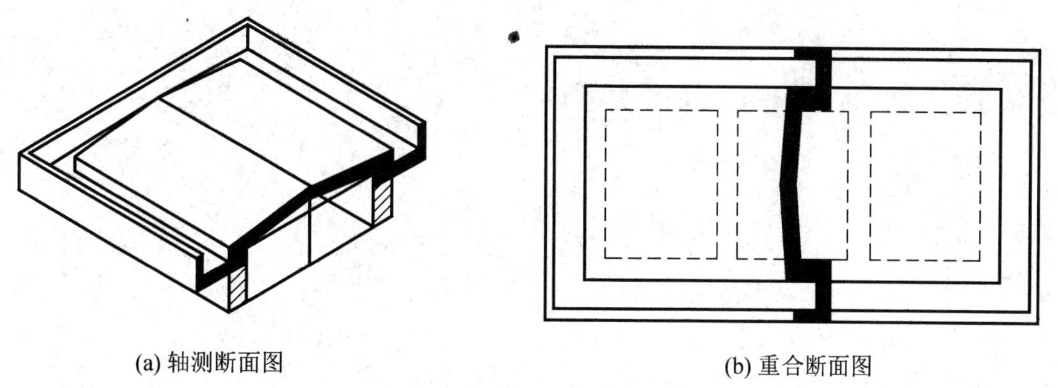

(a) 轴测断面图　　(b) 重合断面图

图 6-14　重合断面图

注意：重合断面图的比例必须和原投影图的比例一致。重合断面图不需要标注，断面图的轮廓线可能闭合，也可能不闭合。

第7章 建筑施工图

【本章要点】

总平面图、建筑平面图、立面图、剖面图以及建筑详图的作用、内容、绘制和阅读方法

【本章难点】

建筑平面图及建筑详图的绘制

建筑施工图是根据正投影原理和相关的专业知识绘制的工程图样，其主要任务在于表示房屋的内外形状、平面布置、楼层层高及建筑构造、装饰做法等，简称“建施”，它是各类施工图的基础和先导，也是指导土建工程施工的主要依据之一。总之，建筑施工图主要用来作为施工放线、砌筑基础及墙身、铺设楼板、楼梯、屋顶、安装门窗、室内装饰及编制预算和施工组织计划等的依据。本章主要介绍建筑施工图的识读。

7.1 概　述

7.1.1 房屋的类型和组成

1. 房屋的类型

房屋按照使用性质，通常可分为民用建筑、工业建筑、农业建筑。按照建筑规模和数量，可分为大量性建筑和大型性建筑。按照主要承重结构的材料，可分为木结构建筑、混合结构建筑、钢筋混凝土结构建筑、钢结构建筑。按照建筑的承重方式，可分为砌体结构建筑、框架结构建筑、剪力墙结构建筑、空间结构建筑。

2. 房屋的组成

各种不同的建筑物，尽管它们的使用要求、空间组合、外形处理、结构形式、构造方法及规模大小等方面有各自的特点，但是基本构造是相似的。一幢房屋是由基础、墙或柱、楼面、地面、楼梯、屋顶、门窗等部分组成。它们各处在不同的部位，发挥着不同的作用。此外，一般建筑物还有其他的配件和设施，如通风道、阳台、雨篷、雨水管、勒脚、散水和明沟等。

(1) 基础。基础位于建筑的最下部位，承受着建筑的全部荷载，并将这些荷载连同自重传给下面的土层(地基)。

(2) 墙或柱。墙或柱是建筑的竖向承重构件，而墙按照位置可分为内墙和外墙，外墙起着承重和围护的作用，内墙起着分割的作用。按照受力情况，可分为承重墙和非承重墙。按照方向，可分为纵墙和横墙，两端的横墙称为山墙。

(3) 地面与楼面。房屋的第一层，也叫底层，其地面叫做底层地面。第二层及以上各层地面叫楼面，起到分割上下层、承受上部荷载，并将其传递到墙上的作用。

(4) 屋顶。房屋的最上面是屋顶，也称为屋盖，由屋面板及板上的保温层、防水层等组成，是房屋的上部围护结构。

(5) 楼梯。楼梯是建筑中楼层间的垂直交通设施，供人们上下楼和紧急疏散之用。高层建筑中，除设有楼梯外，还设有电梯。

(6) 门窗。门窗属于非承重构件，门主要用于室内外交通联系，窗的主要作用是采光和通风。

7.1.2　施工图的产生

一个建筑工程项目，从制订计划到最终建成，必须经过一系列的过程。建筑工程施工图的产生过程，是建筑工程从计划到建成过程中的一个重要环节。

建筑工程施工图是由设计单位根据设计任务书的要求、有关的设计资料、计算数据及建筑艺术等多方面因素设计绘制而成的。根据建筑工程的复杂程度，其设计过程分两阶段设计和三阶段设计两种，一般情况都是按照两阶段设计，对于较大的或技术上要求较高的工程才按三阶段设计。

两阶段设计包括初步设计和施工图设计。

1. 初步设计

初步设计的主要任务是根据建设单位提出的设计任务和要求，进行调查研究、收集资料，提出设计方案，其内容包括必要的工程图纸、设计概算和设计说明等。初步设计的工程图纸和有关文件只是作为提供方案和审批之用，不能作为施工的依据。

2. 施工图设计

施工图设计的主要任务是满足工程施工各项具体技术要求，提供一切准确、可靠的施工依据，其内容包括工程施工所有专业的基本图、详图及其说明书、计算书等。此外，还应有整个工程的施工预算书。整套施工图纸是设计人员的最终成果，是施工单位的施工依据。

当工程项目比较复杂，许多工程技术问题和各工种之间的协调问题在施工图设计阶段无法确定时，就在初步设计阶段和施工图设计阶段之间插入一个技术设计阶段，形成三阶段设计。技术设计的主要任务是在初步设计的基础上，进一步确定各专业间的具体技术问题，使各专业之间取得统一，达到互相配合协调的目的。在技术设计阶段，各专业均需绘制出相应的技术图纸，写出有关设计说明和初步计算等，为第三阶段施工图设计提供比较详细的资料。

7.1.3　施工图的分类和编排顺序

1. 施工图的分类

建筑工程施工图按照专业分工的不同，可分为建筑施工图、结构施工图和设备施工图。

(1) 建筑施工图(简称建施)。建筑施工图主要表示房屋建筑群体的总体布局，房屋的平面布置、外观形状、构造做法及所用材料等内容。一般包括总平面图、建筑平面图、建筑立面图、建筑剖面图和建筑详图等图纸。

(2) 结构施工图(简称结施)。结构施工图主要表示房屋承重构件的布置、类型、规格，及其所用材料、配筋形式和施工要求等内容。一般包括基础平面图、结构平面图、构件详图。

(3) 设备施工图(简称设施)。设备施工图主要表示室内给排水、采暖通风、电气照明、通信等设备的布置、安装要求和线路敷设等内容。一般包括给排水施工图、采暖通风施工图、电气照明、通信设备施工图，主要由平面布置图、系统图和详图组成。

2. 施工图的编排顺序

(1) 图纸目录。图纸目录的主要作用是便于查找图纸。一般以表格形式编写，说明该套施工图有几类，各类图纸分别有几张，每张图纸的图名、图号、图幅大小等。

(2) 设计说明。设计说明主要用于说明建筑概况、设计依据、施工要求及需要特别注意的事项等。

(3) 建筑施工图。

(4) 结构施工图。

(5) 给水排水施工图。

(6) 采暖通风施工图。

(7) 电气施工图。

如果是以某专业工种为主体的工程，则应该突出该专业的施工图而另外编排。

各专业的施工图，应按图纸内容的主次关系系统地排列。例如，基本图在前，详图在后；总体图在前，局部图在后；主要部分在前，次要部分在后；布置图在前，构件图在后；先施工的图在前，后施工的图在后等。

7.1.4 建筑施工总说明

拟建房屋的施工要求和总体布局，由施工总说明和建筑总平面图表示出来。一般中小型房屋建筑施工图首页(即是施工图的第一页)就包含了这些内容。

对整个工程的统一要求(如材料、质量要求)、具体做法及该工程的有关情况都可在施工总说明中作具体的文字说明。具体包括以下几个主要部分。

(1) 设计依据。包括政府的有关批文。主要有两个方面的内容：一是立项；二是规划许可证。

(2) 建筑规模。主要包括占地面积和建筑面积。这是设计出来的图纸是否满足规划部门要求的依据。

占地面积：建筑物底层外墙皮以内所有面积之和。

建筑面积：建筑物外墙皮以内各层面积之和。

(3) 标高。在房屋建筑中，规范规定用标高表示建筑物的高度。标高分为相对标高和绝对标高。以建筑物底层室内地面为零点的标高称为相对标高，以青岛黄海平均海平面的高度为零点的标高为绝对标高。建筑设计说明中要说明相对标高和绝对标高的关系。

(4) 装修做法。这方面的内容比较多，包括地面、楼面、墙面等的做法。

(5) 施工要求。施工要求包含两个方面的内容：一是要严格执行施工验收规范中的规定；二是对图纸中的不详之处的补充说明。

7.1.5 施工图的内容和图示特点

1. 建筑施工图的内容和用途

建筑施工图主要表达建筑物的总体布局、外部造型、内部布置、内外装修、细部构造、尺寸、结构构造、材料做法、设备和施工要求等。其基本图纸包括施工总说明、总平面图、建筑平面图、建筑立面图、建筑剖面图、建筑详图和门窗表等。

建筑施工图是房屋施工时定位放线、砌筑墙身、制作楼梯、安装门窗、固定设施及室内外装饰的主要依据，也是编制工程预算和施工组织计划等的主要依据。

2. 建筑施工图的图示特点

(1) 严格遵守下列标准：《房屋建筑制图统一标准》(GB/T 50001—2001)、《总图制图标准》(GB/T 50105—2001)和《建筑制图标准》(GB/TJ 50104—2001)。

(2) 图线。施工图中的不同内容，是采用不同规格的图线绘制，选取规定的线型和线宽，用以表明内容的主次和增加图面效果。总的原则是剖切面的截交线和房屋立面图中的外轮廓线用粗实线，次要的轮廓线用中实线，其他的线条一律用细实线。可见的用实线，不可见的用虚线。

(3) 比例。房屋的平面、立面、剖面图采用小比例绘制，对无法表达清楚的部分，采用大比例绘制的建筑详图来进行表达。根据房屋的大小和选用的图纸幅面，按《建筑制图标准》(GB/TJ 50104—2001)中的比例选用。

(4) 标准图和标准图集。为了加快设计和施工进度，提高设计与施工质量，把房屋工程中常用的、大量性的构配件按统一的模数、不同规格设计出系列施工图，供设计部门、施工企业选用。这样的图称为标准图。装订成册后就称为标准图集。

标准图集的分类方法有两种：一是按照使用性质范围分类；二是按照工种分类。

按照使用范围标准图集大体分为以下 3 类。

① 第一类是国家标准图集，经国家建设委员会(现为住房和城乡建设部)批准，可以在全国范围内使用。

② 第二类是地方标准图集，经各省、市、自治区有关部门批准，可以在相应地区范围内使用。

③ 第三类是各个设计单位编制的标准图集，仅供本单位设计使用，此类标准图集用得很少。

按照工种分为以下两类。

① 建筑构件标准图集，一般用“G”或“结”表示。

② 建筑配件标准图集，一般用“J”或“建”表示。

(5) 图例。由于建筑的总平面图、平面图、立面图和剖面图的比例较小，图样不可能按实际投影画出，各专业对其图例都有明确的规定。

7.2　建筑总平面图

7.2.1　总平面图的用途

(1) 反映新建、拟建工程的总体布局以及原有建筑物和构筑物的情况，如新建、拟建房屋的具体位置、标高、道路系统、构筑物及附属建筑的位置、管线、电缆走向及绿化。

(2) 根据总平面图可以进行房屋定位、施工放线、填挖土方、进行施工。

7.2.2 总平面图的基本内容

总平面图的基本内容如图 7-1 所示，具体如下。

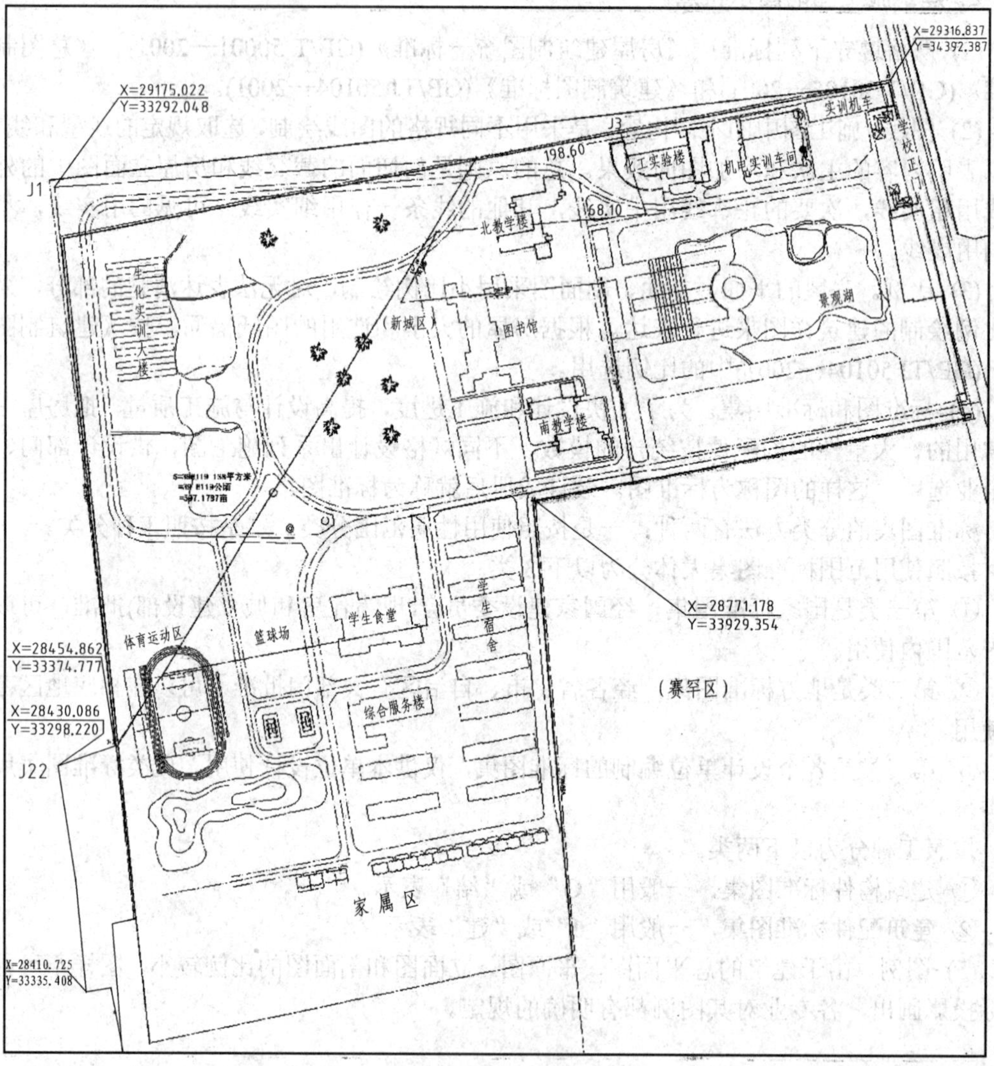

图 7-1 建筑总平面图

(1) 表明红线范围，新建的各种建筑物及构筑物的具体位置、标高、道路及各种管线。

(2) 表明原有房屋道路位置，作为新建工程的定位依据，如利用道路的转折点或是原有房屋的某个拐角点作为定位依据。

(3) 表明标高，如建筑物的首层地面标高、室外场地地坪标高、道路中心线的标高。

(4) 表面总体范围内的整体朝向，通常用风向频率玫瑰图。它既能表示朝向，又能显示出该地区的常年风和季节风的大小。

同一张总平面图内，若应表示的内容过多，则可以分为几张总面图，如道路网。若一张总平面图还表示不清楚全部内容，还要画纵剖面图和横剖面图。

7.2.3 总平面图的读图注意事项

(1) 看图名、比例及有关文字说明。总平面图包括的地面范围较大，所以绘图比例较小，其内容多数是用符号表示的，所以要熟悉各种图示符号的意义。

(2) 了解新建工程的性质和总体布局。了解各建筑物及构筑物的位置、道路、场地和绿化等的布置情况和各建筑物的层数。

(3) 明确新建工程或扩建工程的具体位置。新建工程或扩建工程一般根据原有房屋或道路来定位。当新建成片的建筑物或较大的建筑物时，可用坐标来确定每幢建筑物及道路转折点等的位置。

(4) 看新建房屋底层室内地面和室外整平地面的绝对标高，可知室内外地面高差，及正负零与绝对标高的关系。

(5) 看总平面图上的指北针或风向频率玫瑰图，可知新建房屋的朝向和常年风向频率。

(6) 查看图中尺寸的表现形式，以便查清楚建筑物自身的占地尺寸及相对距离。

(7) 总平面图上有时还画上给排水、采暖、电气等的管网布置图，一般与设备施工图配合使用。

7.3 建筑平面图

7.3.1 建筑平面图的用途和形成

1. 建筑平面图的用途

建筑平面图可作为施工放线、安装门窗、预留孔洞、预埋构件、室内装修、编制预算、施工备料等的重要依据。

2. 建筑平面图的形成

假想一个水平剖切平面沿门窗洞口将房屋剖切开，移去剖切平面及以上部分，将余下的部分按正投影的原理投射在水平投影面上所得到的图，称为平面图。

3. 平面图的名称

沿底层门窗洞口剖切开得到的平面图称为底层平面图。沿二层门窗剖切开得到的平面图称为二层平面图。在多层和高层建筑中，往往中间几层剖开后得到的平面图是一样的，就只需画一个平面图作为代表层，将这一个作为代表层的平面图称为标准层平面图。沿最上一层的门窗洞口剖切得到的平面图称为顶层平面图。将房屋直接自上向下进行投影得到的平面图，称为屋顶平面图。

7.3.2 平面图的图示内容和要求

(1) 图名、比例。常用的比例一般为1∶200、1∶100、1∶50，必要时可用比例1∶150、1∶300。

(2) 纵、横定位轴线及其编号。定位轴线是标定房屋中的墙、柱等承重构件位置的线，它是施工时定位放线及构件安装的依据，也是反映房间开间、进深的标志尺寸，常与上部构件的支承长度相吻合。

(3) 各种房间的布置和分割，墙、柱断面形状和大小。

(4) 门窗布置及其型号。在平面图中，门窗、卫生设施及建筑材料均按规定的图例绘制。并在图例旁边注写它们的代号和编号，代号"M"用来表示门，"C"表示窗，编号可用阿拉伯数字顺序编写，如M1、M2、M3、…和C1、C2、C3、…，也可以直接采用标准图上的编号。

(5) 台阶、花坛、阳台、雨篷等的位置，厕所、厨房等固定设施的布置及雨水管、明沟等的布置。

(6) 平面图的轴线尺寸，各建筑物构配件的大小和定位尺寸及楼地面的标高、某些坡度及其下坡方向。

(7) 剖面图的剖切位置线和投射方向及其编号，表示房屋朝向的指北针(这些仅在底层平面图中表示)。

(8) 详图索引符号。

(9) 尺寸标注。平面图上的尺寸分为外部尺寸和内部尺寸两类。

外部尺寸主要有3道。

第一道尺寸，表示轮廓的总尺寸，是从一端外墙到另一端外墙边的总长和总宽。

第二道尺寸，是轴线间的尺寸，它是承重构件的定位尺寸，也是房间的开间和进深的尺寸。

第三道尺寸，是细部尺寸，表明门窗洞口的尺寸。这道尺寸应与轴线相关联。

内部尺寸表示房间的净空大小和室内的门窗洞口、孔洞、墙厚和固定设施的大小和位置。

(10) 标高。在平面图上，除标出各部分长度和宽度方向的尺寸外，还要标注出楼地面等的相对标高，以表明各房间的楼地面对标高零点的相对高度。

7.4　建筑立面图

7.4.1　立面图的形成和作用

一座建筑物是否美观，在很大程度上取决于它在主要立面上的艺术处理，包括造型与装修是否优美。在设计阶段中，立面图主要是用来研究这种艺术处理的。在施工图中，它主要反映房屋的外貌和立面装修的做法。

在与房屋立面平行的投影面上所作房屋的正投影图，称为建筑立面图，简称立面图。

其中反映主要出入口或比较显著地反映出房屋外貌特征的那一面的立面图，称为正立面图，其余的立面图相应地称为背立面图和侧立面图。但通常也按房屋的朝向来命名，如南立面图、北立面图、东立面图和西立面图等。有时也按轴线编号来命名，如①～⑨立面图或 *A*～*E* 立面图等。

7.4.2　立面图的图示内容和要求

(1) 画出室外地面线及房屋的勒脚、台阶、花台、门、窗、雨篷、阳台；室外楼梯、墙、柱；外墙的预留孔洞、檐口、屋顶(女儿墙或隔热层)、雨水管、墙面分格线或其他装饰构件等。

(2) 表明外形高度方向的 3 道尺寸线，即总高度以及、分层高度以及门窗上下皮、勒脚、檐口等的具体高度。而长度方向由于平面图已经标注过详细尺寸，这里不再标注，但长度方向首层两端的轴线要用数字符号表明。

(3) 注出外墙各主要部位的标高。如室外地面、台阶、窗台、门窗顶、阳台、雨篷、檐口标高、屋顶等处完成面的标高。

(4) 注出建筑物两端或分段的轴线及编号。

(5) 标出各部分构造、装饰节点详图的索引符号。用图例或文字或列表说明外墙面的装修材料及作法。

7.4.3　立面图的读图注意事项

(1) 立面图与平面图有着密切的关系，各立面图的轴线编号均应与平面图严格一致，并应校核门、窗等所有细部构造是否正确无误。

(2) 检查各立面图彼此之间在材料做法上有无不符、不协调一致之处，以及房屋整体外观、外装修有无不交圈之处。

7.5 建筑剖面图

7.5.1 剖面图的形成和作用

假想用一个或多个垂直于外墙轴线的铅垂剖切面将房屋剖开，所得的投影图，称为建筑剖面图，简称剖面图。剖面图用以表示房屋内部的结构或构造形式、分层情况和各部位的联系、材料及其高度等，是与平面图、立面图相互配合的不可缺少的重要图样之一。

剖面图的剖切位置应在平面图上选择，并能反映全貌和构造特征，以及有代表性的剖切位置。一般常取楼梯间、门窗洞口及构造比较复杂的典型部位，以表示房屋内部垂直方向上的内外墙、各楼层、楼梯间的楼梯板和休息平台、屋面等的构造和相互位置关系等。其数量应根据房屋的复杂程度和施工需要而定。剖面图的图名应与平面图上所标注剖切符号的编号一致，如 1—1 剖面图、2—2 剖面图等。

7.5.2 剖面图的图示内容和要求

(1) 表示墙、柱及其定位轴线。画出两端的轴线及编号，以便与平面图对照。

(2) 表示室内底层地面、地坑、地沟、各层楼面、顶棚、屋顶(包括檐口、女儿墙，隔热层或保温层、天窗、烟囱、水池等)、门、窗、楼梯、阳台、雨篷、留洞、墙裙、踢脚板、防潮层、室外地面、散水、排水沟及其他装修等剖切到或能见到的内容。

(3) 标出各部位完成面的标高和高度方向尺寸。

① 标高内容。室内外地面、各层楼面与楼梯平台、檐口或女儿墙顶面、高出屋面的水池顶面、烟囱顶面、楼梯间顶面、电梯间顶面等处的标高。

② 高度尺寸内容。

外部尺寸：门、窗洞口(包括洞口上部和窗台)高度，层间高度及总高度(室外地面至檐口或女儿墙顶)。有时，后两部分尺寸可不标注。

内部尺寸：地坑深度和隔断、搁板、平台、墙裙及室内门、窗等的高度。

注写标高及尺寸时，注意与立面图和平面图相一致。

(4) 图例。门、窗按照图例绘制，砖墙、钢筋混凝土构件的材料图例与建筑平面图相同。

(5) 表示需画详图之处的索引符号。

7.5.3 剖面图的读图注意事项

(1) 剖面图表示的内容多为有特殊设备的房间，要表示清楚它们的具体位置、形状尺寸等。阅读剖面图就要校核该图所在轴线位置、剖切到的内容和部位是否和平面图中相应内容完全一致。

(2) 剖面图中的尺寸重点表明内外高度尺寸和标高时，应仔细校核这些具体细部尺寸是否和平面图、立面图中的尺寸完全一致。内、外装修做法与材料做法是否也和平面图、立面图一致。这些校核都要从整体考虑，而不要单纯只是阅读剖面图。

7.6 建 筑 详 图

将建筑物细部或构、配件用较大比例绘制出来，以便清晰表达构造层次、做法、用料和详细尺寸等内容的图样称为建筑详图，也称为大样图或节点详图。

各种详图的绘制方法、图示内容和要求与前述的平面、立面、剖面图基本相同。对于采用标准图或通用详图的建筑构、配件和剖面节点，可直接引用。

详图必须注写详图编号，编号应与被索引的图样上的索引符号相对应。

7.6.1 外墙详图

外墙详图实际上是建筑剖面图中，外墙墙身从室外地坪以上到屋顶檐口的局部放大图，如图 7-2 所示。

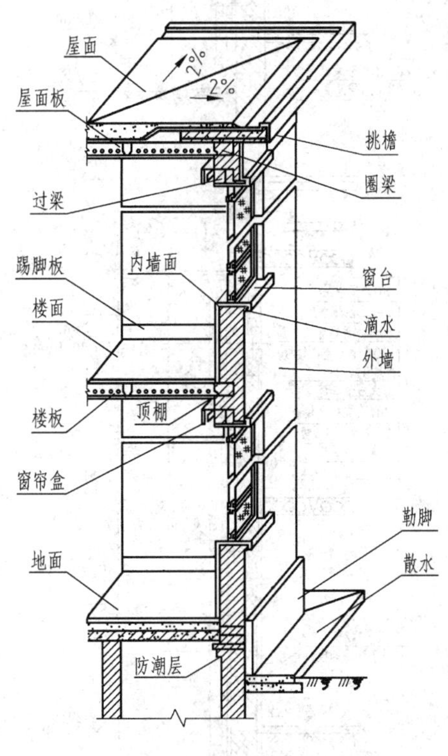

图 7-2　外墙详图

1. 外墙详图的作用

墙身详图与平面、立面、剖面图配合使用，为施工中砌墙、室内外装修、门窗立口、放预制构件或配件等提供具体做法，并为编制工程预算和准备材料提供依据。

2. 外墙详图的基本内容

(1) 图 7-3 所示为外墙身详图。根据剖面图的编号 3-3，对照平面图上 3—3 剖切符号，可知该剖面图的剖切位置和投影方向。绘图所用的比例是 1∶20。图中注上轴线的两个编号，表示这个详图适用于Ⓐ、Ⓕ两个轴线的墙身。也就是说，在横向轴线③～⑨的范围内，Ⓐ、Ⓕ两轴线的任何地方(不局限在 3—3 剖面处)，墙身各相应部分的构造情况都相同。

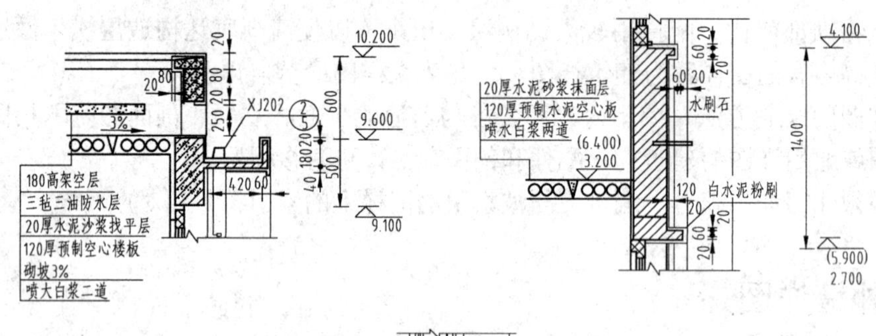

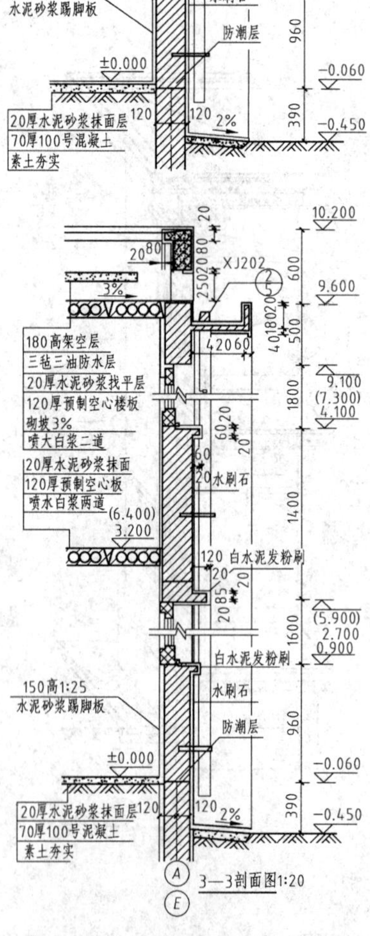

图 7-3　墙身大样图

(2) 在详图中，对屋面楼层和地面的构造，采用多层构造说明方法来表示。

(3) 从檐口部分，可知屋面的承重层是预制钢筋混凝土空心板，按 3%来砌坡，上面有油毡防水层和架空层，以加强屋面的隔热和防漏。檐口外侧做一天沟，并通过女儿墙所留孔洞(雨水口兼通风孔)，使雨水沿雨水管集中流到地面。雨水管的位置和数量可从立面图或平面图中查阅。

(4) 从楼板与墙身连接部分，可了解各层楼板(或梁)的搁置方向及与墙身的关系。在本例中，预制钢筋混凝土空心板是平行纵向布置的，因而它们是搁置在两端的横墙上。在每层的室内墙脚处需作一踢脚板，以保护墙壁，从图中的说明可看到其构造做法。踢脚板的厚度可不小于内墙面的粉刷层。如厚度一样时，在其立面图中可不画出其分界线。

(5) 从图中还可看到窗台、窗过梁(或圈梁)的构造情况。窗框和窗扇的形状和尺寸需另用详图表示。

(6) 从勒脚部分，可知房屋外墙的防潮、防水和排水的做法。外(内)墙身的防潮层，一般是在底层室内地面下 60mm 左右(指一般刚性地面)处，以防地下水对墙身的侵蚀。在外墙面，离室外地面 300～500mm 高度范围内(或窗台以下)，用坚硬防水的材料做成勒脚。在勒脚的外地面，用 1∶2 的水泥砂浆抹面，做出 2%坡度的散水，以防雨水或地面水对墙基础的侵蚀。

(7) 在详图中，一般应注出各部位的标高、高度方向和墙身细部的尺寸。图中标高注写有两个数字时，有括号的数字表示在高一层的标高。

(8) 从图中有关文字说明，可知墙身内(外)表面装修的断面形式、厚度及所用的材料等。

7.6.2 楼梯详图

楼梯是多层房屋上下交通的主要设施。楼梯是由楼梯段(简称梯段，包括踏步或斜梁)、平台(包括平台板和梁)和栏板(或栏杆)等组成。

楼梯详图主要表示楼梯的类型、结构形式、各部位的尺寸及装修做法。楼梯详图包括平面图、剖面图及踏步、栏板详图等，并尽可能画在同一张图纸内。平面、剖面图比例要一致，以便对照阅读。踏步、栏板详图比例要大些，以便表达清楚该部分的构造情况。

1. 楼梯平面图

一般每一层楼都要画一楼梯平面图。3 层以上的房屋，若中间各层的楼梯位置及其梯段数、踏步数和大小都相同时，通常只画出底层、中间层和顶层 3 个平面图。3 个平面图画在同一张图纸内，并互相对齐，以便于阅读。楼梯平面图的剖切位置，是在该层往上走的第一梯段(休息平台下)的任一位置处。各层被剖切到的梯段，按“国标”规定，均用平面图中一条 45° 折断线表示。在每一梯段处画有一长箭头，并注写“上”或“下”字样和步级数，表明从该层楼(地)面往上或往下走多少步级可达到上(或下)一层的楼(地)面。各层平面图中应标出该楼梯间的轴线。在底层平面图应标注楼梯剖面图的剖切符号。

图 7-4 所示为底层平面图。图 7-4 中有一个被剖切的梯段及栏板，并注有“上”字箭头。画出了储藏室及 3 级步级。标出楼梯间的轴线、开间和进深尺寸、楼地面标高。其中“11×260=2860”尺寸表示该梯段有 11 个踏面，每个踏面宽 260mm，梯段长 2860mm。图 7-4 中还注明楼梯剖面图的剖切符号“4—4”。

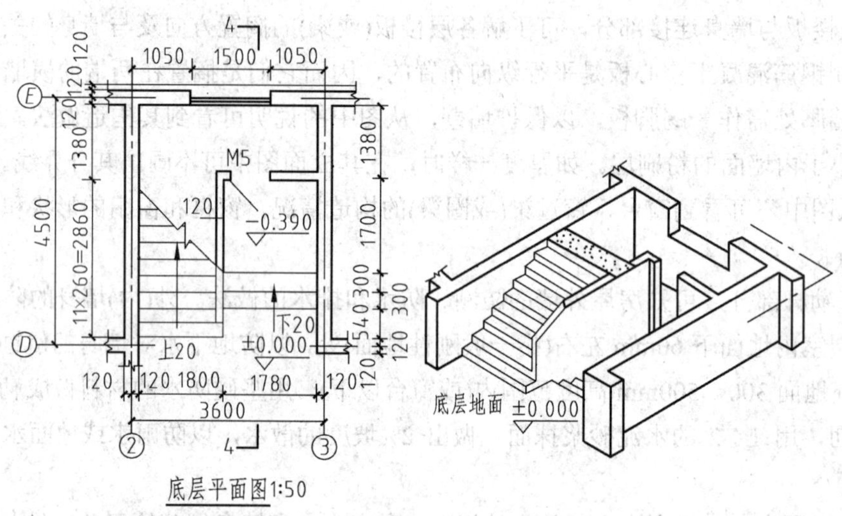

图 7-4　底层平面图

如图 7-5 所示为标准层平面图。图 7-5 中有两个被剖切的梯段及栏板，注有“上 20”字箭头的一端，表示从该梯段往上走 20 步级可到达第三层楼面。另一梯段注有“下 20”，表示往下走 20 步级可到达底层地面。图 7-5 中标出楼面及休息平台标高、楼梯踏面及步级尺寸、栏板尺寸等。

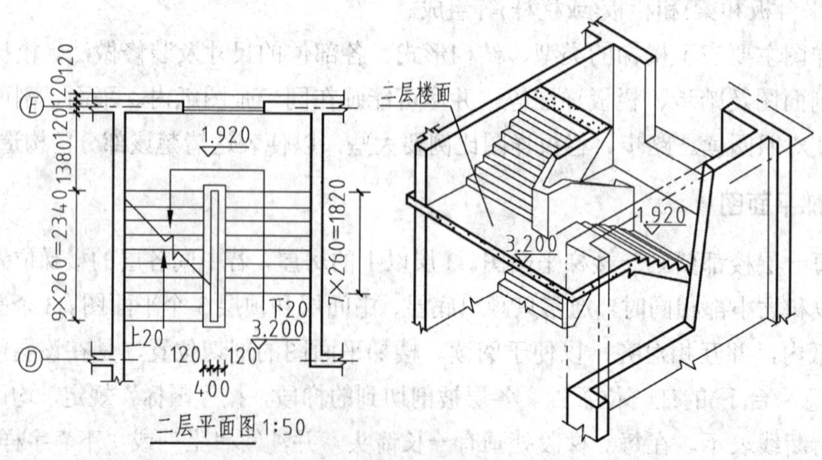

图 7-5　标准层平面图

图 7-6 所示为顶层平面图。由于剖切平面在安全栏板上方，在图 7-6 中画有两段完整的梯段和楼梯平台，在梯口处只有一个注写“下”字的长箭头。图 7-6 中所画的每一分格表示梯段的一级踏面。因梯段最高一级踏面与平台面或楼面重合，因此图 7-6 中画出的踏面数比步级数少一格。往下走的第一梯段共有 10 级，但在图 7-6 中只画 9 格，梯段长度为 9×260=2340。

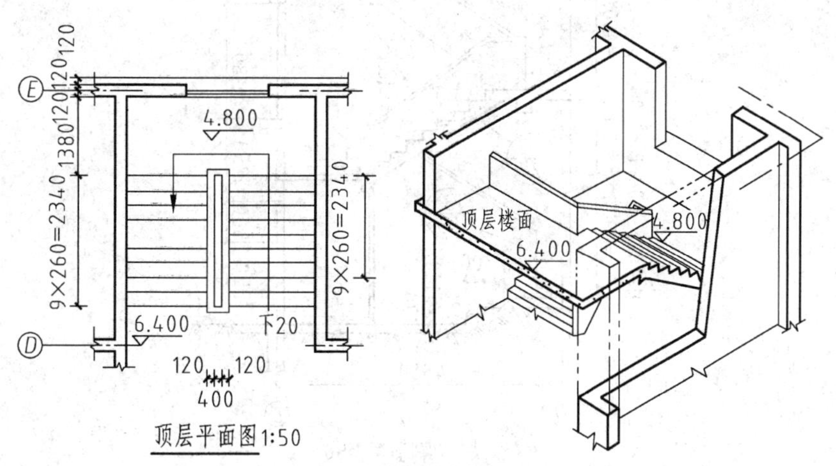

图 7-6　顶层平面图

2. 楼梯剖面图

本例楼梯，每层只有两个梯段，称为双跑式楼梯。由图 7-7 可知，这是一个现浇钢筋混凝土板式楼梯。从被剖梯段的步级数可直接看出，未剖梯段的步级，因被遮挡而看不见，但可在其高度尺寸上标出该段步级的数目。如第一梯段的尺寸 12×160=1920，表示该梯段为 12 级。习惯上，若楼梯间的屋面没有特殊之处，一般可不画出。在多层房屋中，若中间各层的楼梯构造相同时，则剖面图可只画出底层、中间层和顶层剖面，中间用折断线分开。

剖面图中应注明地面、平台面、楼面等的标高和梯段、栏板的高度尺寸。梯段高度尺寸标注法与平面图中梯段长度尺寸标注法相同，在高度尺寸中标注的是步级数，而不是踏面数(两者相差为 1)。栏杆高度尺寸是从踏面中间算至扶手顶面，一般为 900mm，扶手坡度应与梯段坡度一致。

由图 7-7 中的索引符号可知，踏步、扶手和栏板都另有详图，用更大的比例画出它们的形式、大小、材料及构造情况，如图 7-8 所示。

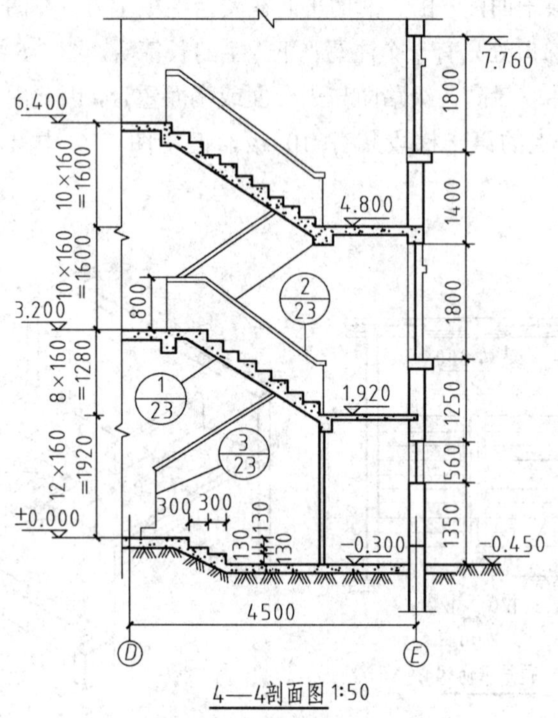

图 7-7 双跑式楼梯

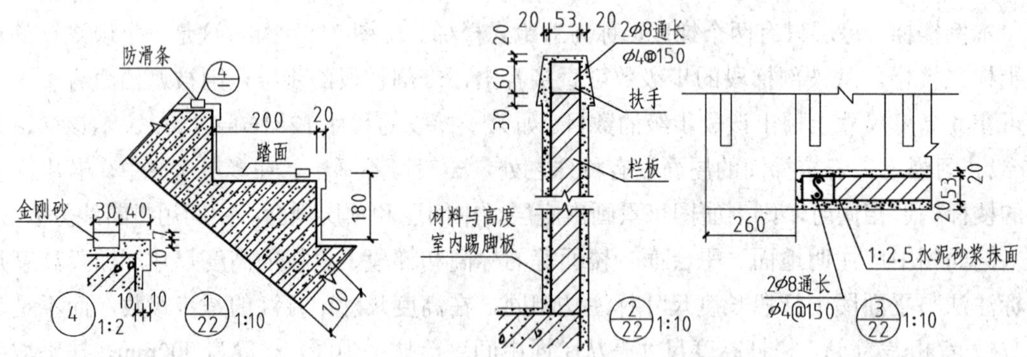

图 7-8 索引详图

图 7-9 所示为建筑施工图示例(包括各层平面、立面、剖面图)。

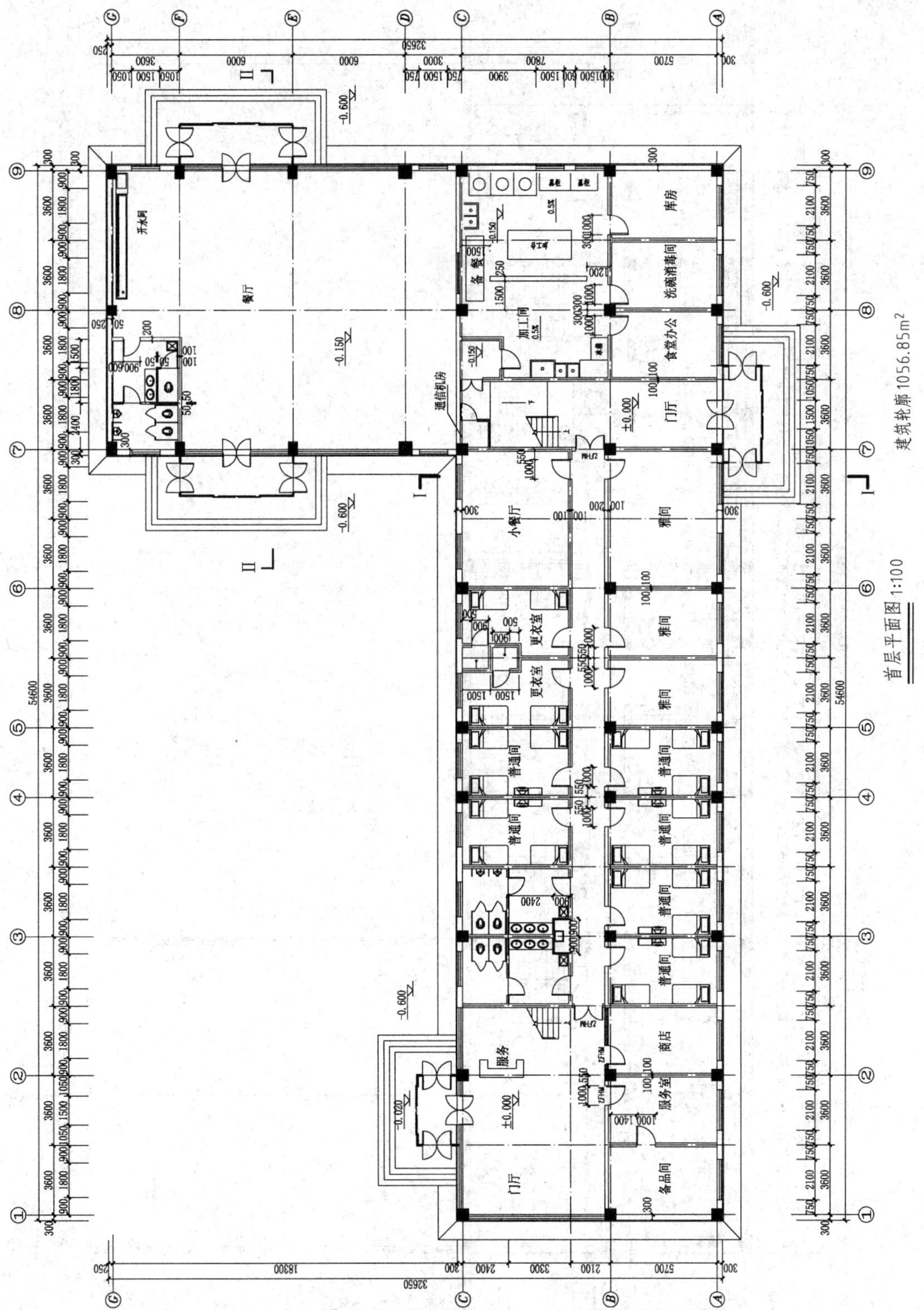

图 7-9　建筑施工图示例(包括各层平面、立面、剖面图)

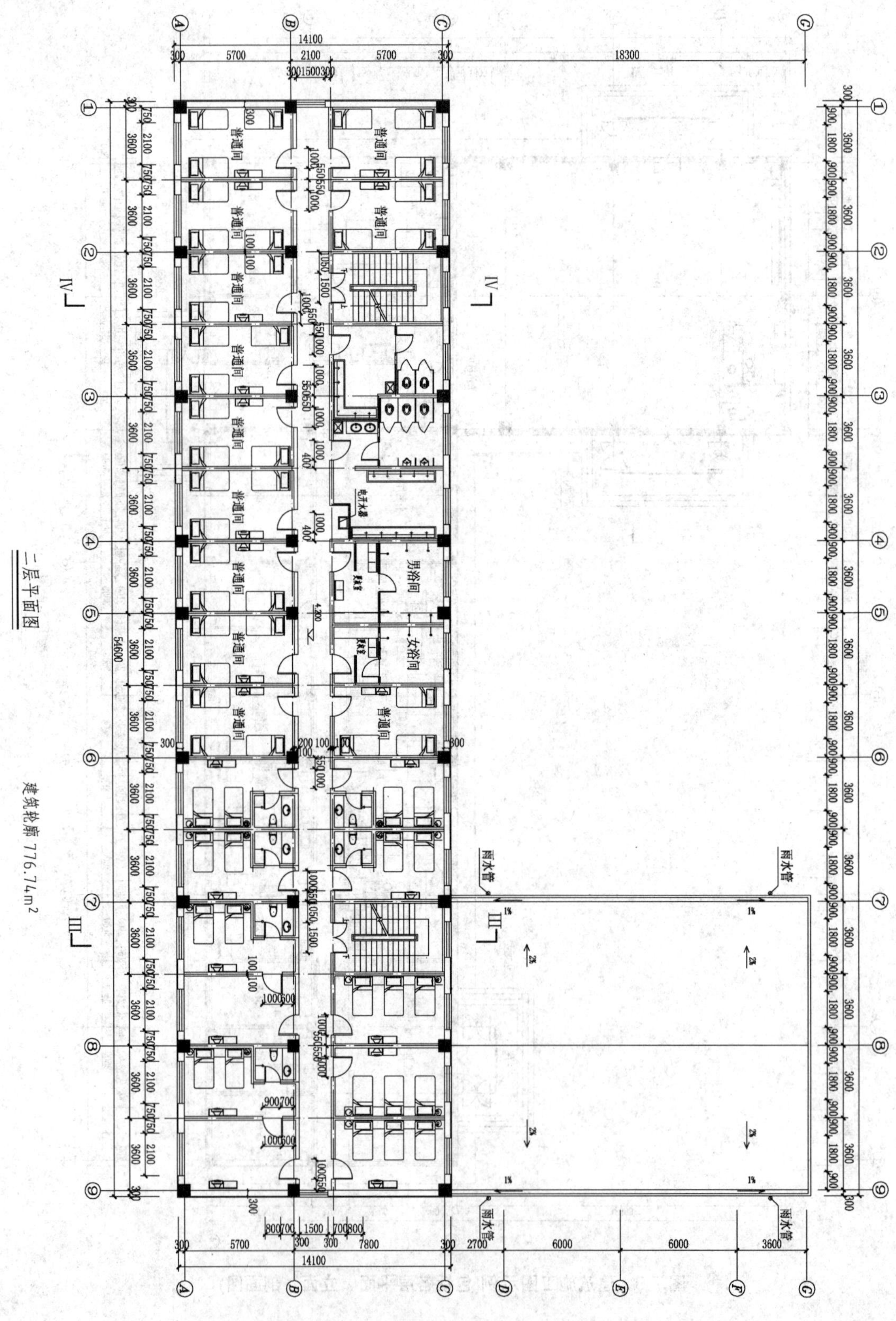

图 7-9 （续 1）

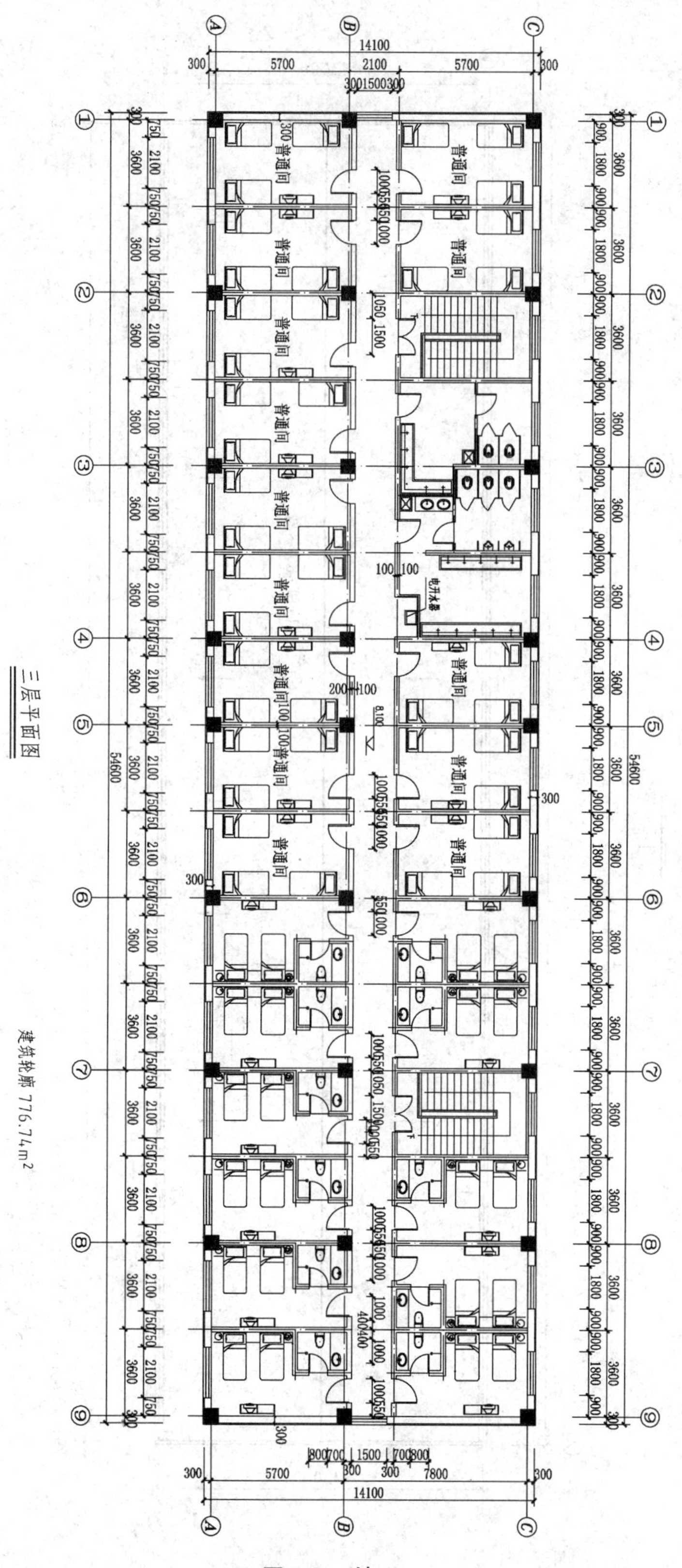

图 7-9　(续 2)

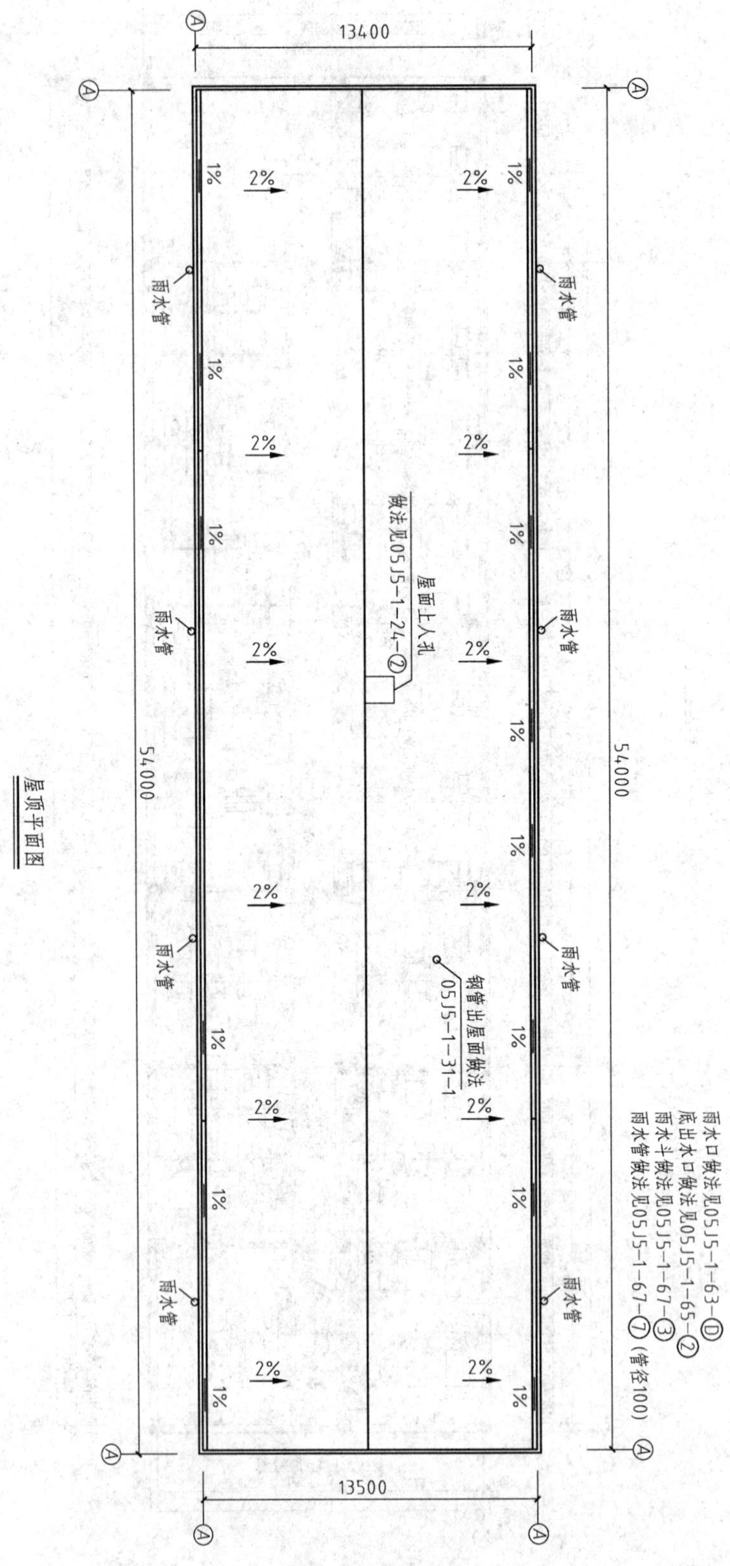
13400
13500
54000
54000
1%
2%
雨水管
屋面上人孔
做法见05J5-1-24-②
钢管出屋面做法
05J5-1-31-1
屋顶平面图
雨水口做法见05J5-1-63-D
底出水口做法见05J5-1-65-②
雨水斗做法见05J5-1-67-③
雨水管做法见05J5-1-67-⑦(管径100)

图 7-9 (续 3)

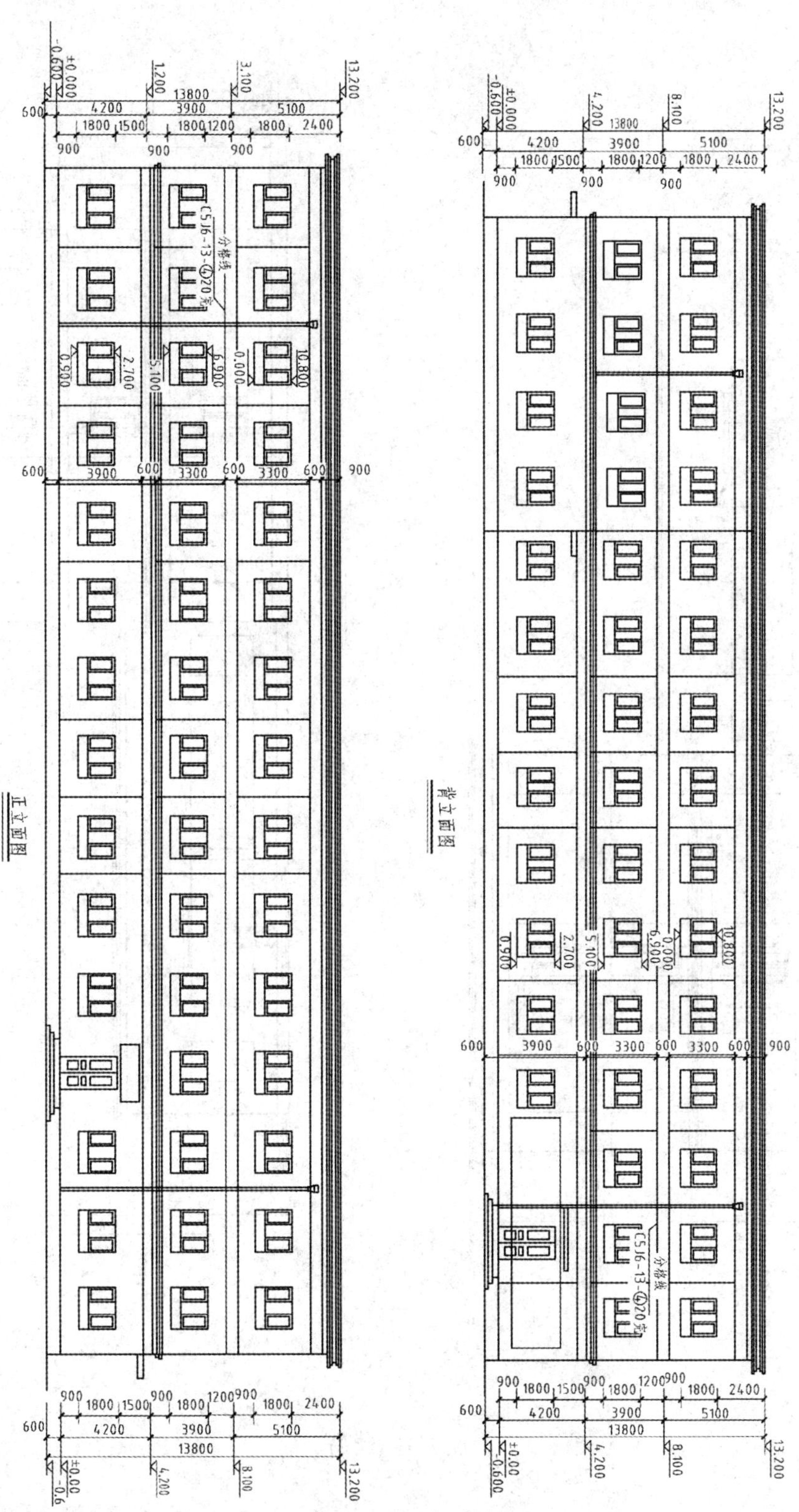

图 7-9　(续 4)

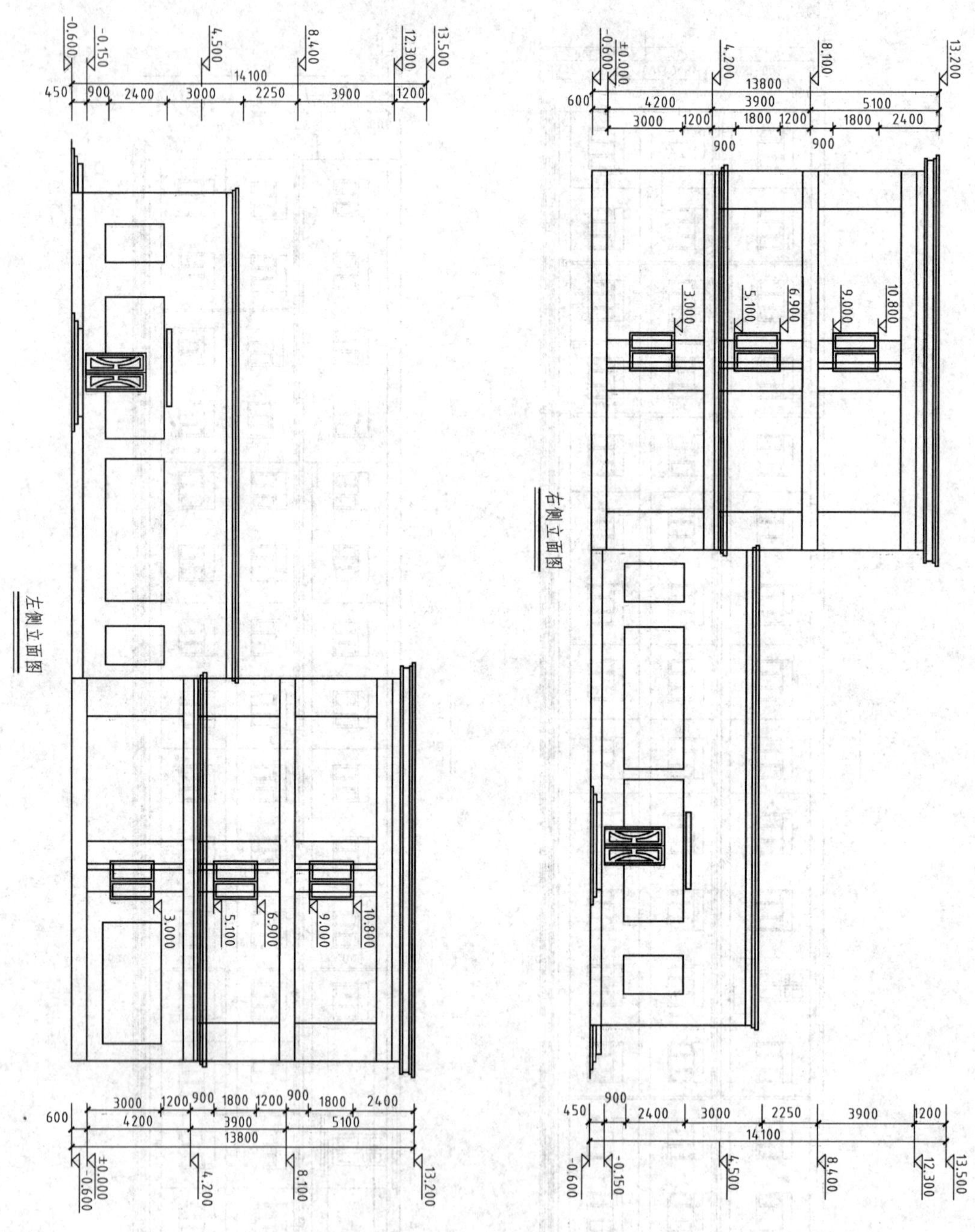
左侧立面图
右侧立面图
14100
13800
450
600
900
1200
2400
3000
2250
3900
4200
5100
1800
-0.600
-0.150
±0.000
3.000
4.200
4.500
5.100
6.900
8.100
8.400
9.000
10.800
12.300
13.200
13.500

图 7-9 (续 5)

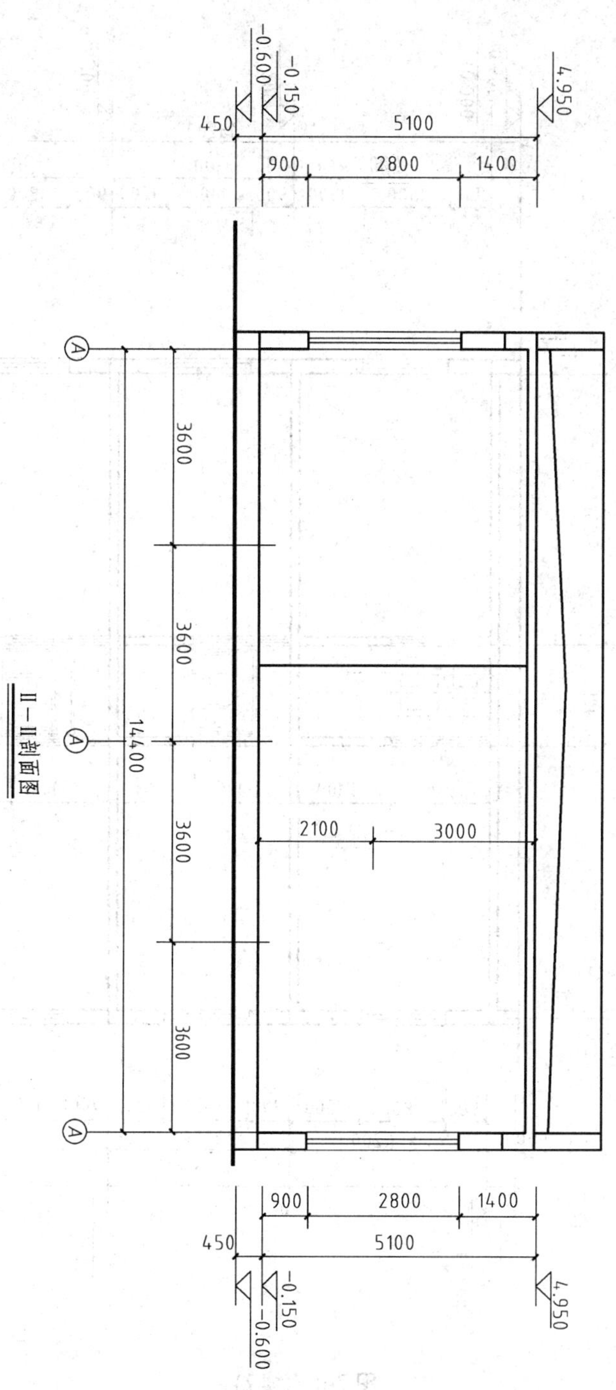
Ⅱ—Ⅱ剖面图
14400
3600
3600
3600
3600
2100
3000
450
5100
900
2800
1400
-0.600
-0.150
4.950

图 7-9　(续 6)

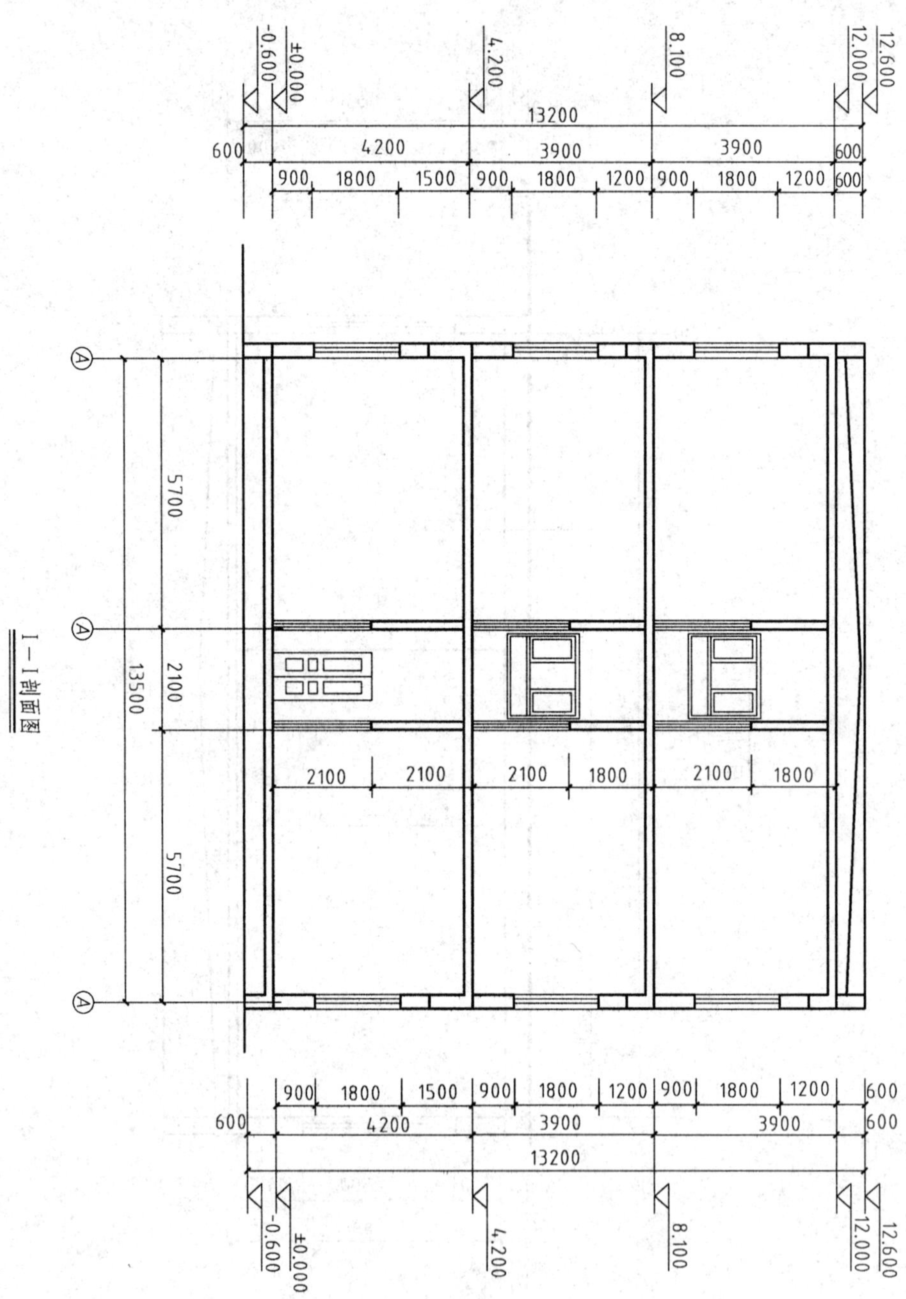
1-1剖面图
13200
600
4200
3900
3900
600
900
1800
1500
900
1800
1200
900
1800
1200
600
-0.600
±0.000
4.200
8.100
12.000
12.600
5700
2100
5700
13500
2100
2100
2100
1800
2100
1800
A
A
A

图 7-9 (续 7)

第 8 章 结构施工图

【本章要点】

基础图、楼层及屋面结构布置平面图、钢筋混凝土详图的作用、内容、画法和阅读方法

【本章难点】

基础图、楼层及屋面结构布置平面图、钢筋混凝土详图的画法

结构施工图是关于承重构件的布置、使用的材料、形状、大小及内部构造的工程图样，是承重构件及其他受力构件施工的依据。结构施工图包含结构总说明、基础布置图、承台配筋图、地梁布置图、各层柱布置图、各层柱配筋图、各层梁配筋图、屋面梁配筋图、楼梯屋面梁配筋图、各层板配筋图、屋面板配筋图、楼梯大样及节点大样等内容。

8.1 概 述

8.1.1 结构施工图简介

建筑施工图可以表达出房屋造型、平面布局、建筑构造和内外装修等内容，但是各种承重构件的布置、形式、结构、构造等内容都没有表达出来，因此，需要按照建筑各方面的要求进行力学与结构计算，确定各种承重构件的具体形状、大小、材料、构造等内容。将结构构件的设计结果绘成图样可以指导工程施工，这种图样称为结构施工图，简称“结施”。结构施工图是在建筑施工图的基础上作出的，必须密切与建筑施工图配合，两种施工图不能有矛盾。

8.1.2 结构施工图的内容

1. 结构设计说明

以文字叙述为主，主要说明结构设计的依据、结构形式、构件材料及要求、构造作法、施工要求等内容。具体如下。

(1) 建筑的结构形式、层数和抗震的等级要求。
(2) 结构设计依据的规范、图集和设计所使用的结构程序软件。
(3) 基础的形式、采用的材料和强度等级。
(4) 主体结构采用的材料和强度等级。
(5) 构造连接的作法及要求。
(6) 抗震的构造要求。
(7) 对本工程的施工要求。

2. 结构平面图

结构平面图是布置表达结构构件总体平面布置的图样，包括基础平面图、楼层结构平面布置图、屋顶结构平面布置图。

3. 结构构件详图

(1) 梁、板、柱及基础结构详图，其中，基础详图与基础平面图应布置在一张图纸上，若图幅不够，应画在与基础平面图连接编号的图纸上。

(2) 楼梯结构详图。
(3) 屋面构件详图。
(4) 其他构件详图，如过梁、支承等详图。

8.1.3　结构施工图的作用

结构施工图主要用来作为施工放线、开挖基槽、支模板、绑扎钢筋、设置预埋件、浇捣混凝土的承重构件的制作安装和现场施工的依据，也是编制预算和施工组织设计的依据。

8.1.4　常用构件代号

建筑结构构件种类繁多，为了绘图和施工方便，国家标准规定了各种构件的代号，常用构件代号如表 8-1 所示，用该构件名称的汉语拼音第一个字母大写表示。使用时，代号后的阿拉伯数字表示该构件的型号和编号，也可为构件的顺序号。

表 8-1　常用构件代号

名　称	代　号	名　称	代　号	名　称	代　号
板	B	圈梁	QL	承台	CT
屋面板	WB	过梁	GL	设备基础	SJ
空心板	KB	连系梁	LL	桩	ZH
槽形板	CB	基础梁	JL	挡土墙	DQ
折板	ZB	楼梯梁	TL	地沟	DG
密肋板	MB	框架梁	KL	柱间支承	ZC
楼梯板	TB	框支梁	KZL	垂直支承	CC
盖板或沟盖板	GB	屋面框架梁	WKL	水平支承	SC
挡雨板或檐口板	YB	檩条	LT	梯	T
吊车安全走道板	DB	屋架	WJ	雨篷	YP
墙板	QB	托架	TJ	阳台	YT
天沟板	TGB	天窗架	CJ	梁垫	LD
梁	L	框架	KJ	预埋件	M-
屋面梁	WL	刚架	GJ	天窗端壁	TD
吊车梁	DL	支架	ZJ	钢筋网	W
单轨吊车梁	DDL	柱	Z	钢筋骨架	G
轨道连接	DGL	框架柱	KZ	基础	J
车挡	CD	构造柱	GZ	暗柱	AZ

注：预应力钢筋混凝土构件代号，应在构件代号前加注“Y-”。例如，“Y-KB”表示预应力钢筋混凝土空心板。

8.2 钢筋混凝土构件详图

8.2.1 钢筋混凝土的基本知识

1. 钢筋混凝土结构简介

钢筋混凝土结构是最常见的房屋结构类型之一，其承重构件是由钢筋和混凝土两种材料组成的。

混凝土是由砂子(细骨料)、石子(粗骨料)、水泥和水按一定比例拌和硬化而成的一种人工石材，具有很高的抗压能力，但是抗拉能力很差，容易在受拉或受弯时断裂。为了提高混凝土构件的抗拉能力，通常在混凝土构件的受拉部位放置一定数量的钢筋。由于钢筋具有良好的抗拉能力，并且钢筋和混凝土具有良好的黏结力和相近的线胀系数，两者共同工作性能很好，形成了受力性能明显提高的钢筋混凝土结构构件。

钢筋混凝土结构构件有现浇和预制两种，前者指在建筑工地现场浇注，预制指在工厂先预制好，再运到现场进行吊装。为了进一步提高构件的抗拉能力和抗裂能力，在构件制作时，可以先将钢筋张拉，给构件施加一定的压力，形成预应力钢筋混凝土构件。

2. 钢筋的分类和作用

(1) 受力筋(主筋)。这是钢筋混凝土构件中主要的受力钢筋，如图 8-1 所示。

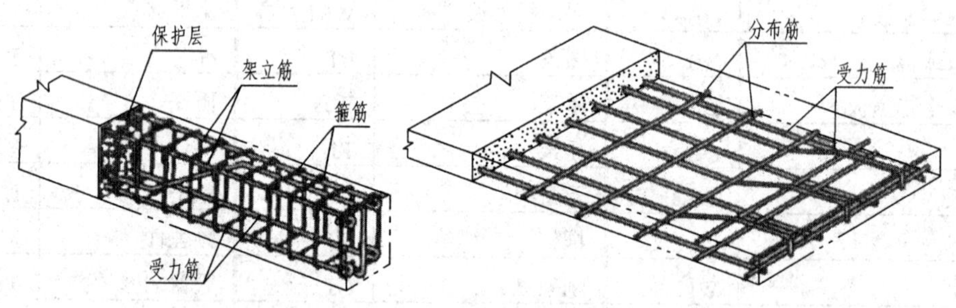

图 8-1 钢筋的分类和作用

(2) 箍筋(钢箍)。其主要作用是抵抗剪力，加强受压钢筋的稳定性，同时可固定受力钢筋的位置，一般用于梁和柱内。

(3) 架立筋。它用以固定梁内箍筋和受力筋的位置，位于梁的上部，构成梁内的钢筋骨架。

(4) 分布筋。它与板内的受力钢筋垂直布置，将承受的荷载均匀传给受力筋，与板内的受力钢筋一起构成钢筋骨架，并固定受力钢筋的位置。

(5) 其他钢筋。这是因构件构造要求或施工安装需要而配置的构造钢筋，如腰筋(用于高断面梁中)、预埋在构件中的锚固筋(用于钢筋混凝土柱与墙砌在一起，起拉结作用，又叫拉接筋)、吊环等。

3. 钢筋的种类、级别和代号

根据生产加工方法的不同，钢筋可以分为热轧钢筋、热处理钢筋、冷拉钢筋，其中热轧钢筋常用于钢筋混凝土结构中的钢筋和预应力结构中的非预应力钢筋，又称普通钢筋。普通钢筋的种类、代号及规格如表 8-2 所示。

表 8-2　普通钢筋的种类、代号及规格

种　类		符　号	d/mm	f_{yk}/MPa
热轧钢筋	HPB235	ϕ	8~20	235
	HRB335		6~50	335
	HRB400		6~50	400
	RRB235		8~40	400

4. 钢筋保护层

为了使钢筋在构件中不被锈蚀，加强钢筋与混凝土的黏结力，在各种构件中的受力筋外面，必须要有一定厚度的混凝土，这层混凝土就称为保护层。保护层的厚度因构件不同而异，一般情况下，梁和柱的保护层厚为 25mm，板的保护层厚为 10~15mm，基础中的保护层厚度不小于 35mm。

5. 钢筋的弯钩

螺纹钢与混凝土黏结良好，末端不需要做弯钩。光圆钢筋两端需要做弯钩，以加强混凝土与钢筋的黏结力，避免钢筋在受拉区滑动。钢筋端部的弯钩有半圆弯钩和直弯钩两种形式，如图 8-2 所示。

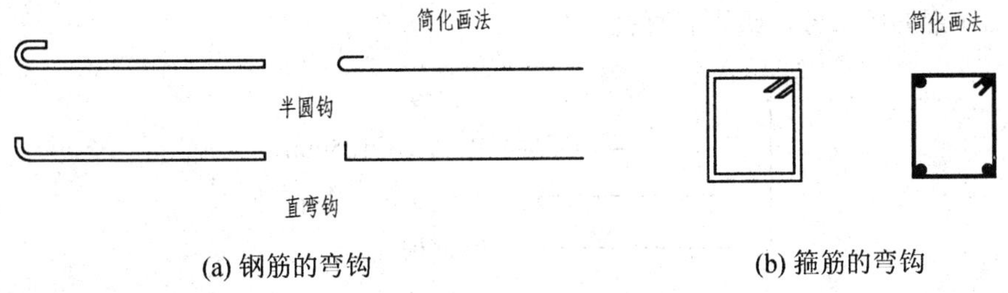

(a) 钢筋的弯钩　　(b) 箍筋的弯钩

图 8-2　钢筋和箍筋的弯钩

6. 钢筋的表示方法

在结构施工图中，通常用单根的粗实线表示钢筋的立面，用黑圆点表示钢筋的横断面。现将结构施工图中常见的钢筋图例列于表 8-3 中。

表 8-3　钢筋的表示图例

序号	名　称	图　例	说　明
1	钢筋横断面		
2	无弯钩的钢筋端部		表示长短钢筋投影重叠时可在钢筋端部用 45° 短画线表示
3	带半圆弯钩的钢筋端部		
4	带直钩的钢筋端部		
5	带丝扣的钢筋端部		
6	无弯钩的钢筋搭接		
7	带半圆弯钩的钢筋搭接		
8	带直钩的钢筋搭接		

7. 钢筋的标注

构件中的钢筋(或钢丝束)的标注应包括钢筋的编号、数量或间距、级别、直径及所在的位置，通常应沿钢筋的长度标注或标注在有关钢筋的引出线上，标注方法有以下两种。

(1) 标注钢筋的根数、级别和直径。

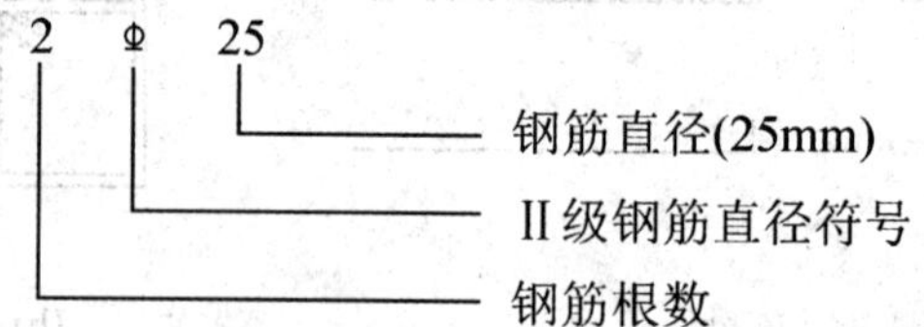

(2) 标注钢筋的级别、直径及相邻钢筋的间距：

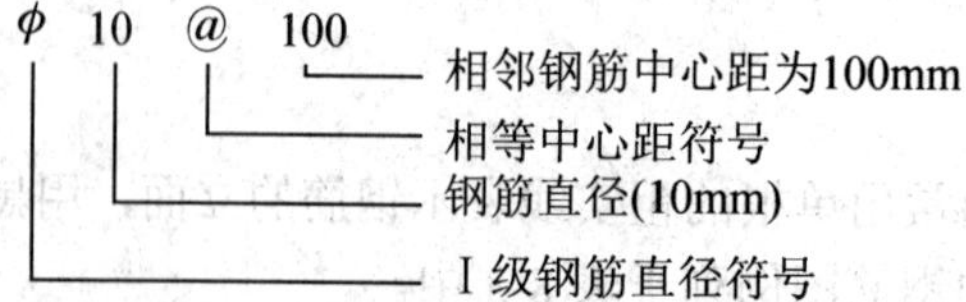

8. 钢筋混凝土梁、板、柱的特点和配筋要求

1) 钢筋混凝土梁的受力特点及配筋要求

正截面破坏：随着纵向受拉钢筋配筋率的不同，钢筋混凝土梁正截面可能出现适筋、

超筋、少筋等 3 种不同性质的破坏。影响斜截面破坏的因素有截面尺寸、混凝土强度等级、荷载形式、箍筋和弯起钢筋的含量等。

梁中一般配置的钢筋：纵向受力钢筋、箍筋、弯起钢筋、架立钢筋、纵向构造钢筋。

2) 钢筋混凝土板的受力特点及配筋要求

按板的受弯情况，可分为单向板与双向板；梁(板)按支承情况分为简支梁(板)与多跨连续梁(板)。两对边支承的板是单向板，一个方向受弯；而双向板为 4 边支承，双向受弯。连续梁、板的受力特点是跨中有正弯矩，支座有负弯矩。

板的厚度与计算跨度，应满足强度和刚度的要求，同时考虑经济和施工上的方便。单向板通常配置两种钢筋，即受力主筋和分布钢筋。双向板两个方向均设受力钢筋。

3) 钢筋混凝土柱的受力特点及配筋要求

钢筋混凝土柱子是建筑工程中常见的受压构件。对实际工程中的细长受压柱，破坏前将发生纵向弯曲。因此，其承载力比同等条件的短柱低。

在轴心受压柱中纵向钢筋数量由计算确定，且不少于 4 根并沿构件截面四周均匀设置。柱的箍筋做成封闭式，其数量(直径和间距)由构造确定。

8.2.2　钢筋混凝土构件详图的内容和图示特点

1. 内容

一般包括模板图、配筋图、钢筋表和预埋件详图。配筋图是其中十分重要的图样，包括立面图、断面图和钢筋详图，主要用来表示构件内部的钢筋布置、钢筋形状、直径大小、数量和规格。模板图只用于较复杂的构件，便于模板的制作和安装。

2. 图示特点

构件的立面图和断面图，主要用来表示内部钢筋的布置情况，轮廓线用细实线，在立面图上用粗实线表示钢筋，在断面图上用黑圆点表示钢筋。箍筋用中粗线表示，轮廓内不再画材料图例。为了清楚地表示出构件的立面图和断面图，假想构件是透明的，即可在立面图上看到钢筋的立面形状和上下布置情况；在断面图上看到钢筋的上下布置情况，箍筋的形状及与其他钢筋的关系。一般在构件断面形状或钢筋数量、位置有变化之处，均应画出断面图，通常在支座和跨中应作出剖切，并在立面图上标出剖切位置线。立面图和断面图上都应标出钢筋编号、数量、直径和间距，并且应保持一致。

8.2.3　钢筋混凝土梁、柱的结构详图

1. 钢筋混凝土梁的结构详图

梁的结构详图一般包括立面图、断面图。梁立面图主要表达梁的轮廓尺寸、钢筋位置、编号及配筋情况；梁断面图主要表达截面尺寸、形状，箍筋形式及钢筋的位置、数量。断面图剖切位置应选择截面尺寸及钢筋有变化处。立面图和断面图都应标注出相一致的钢筋编号和留出规定的保护层厚度。构件中的各种钢筋均应编号，编号采用阿拉伯数字，写在

引出线的端部直径为 6mm 的细线圆中。构件的外轮廓线用细实线表示，而钢筋用粗实线表示，如图 8-3 所示。

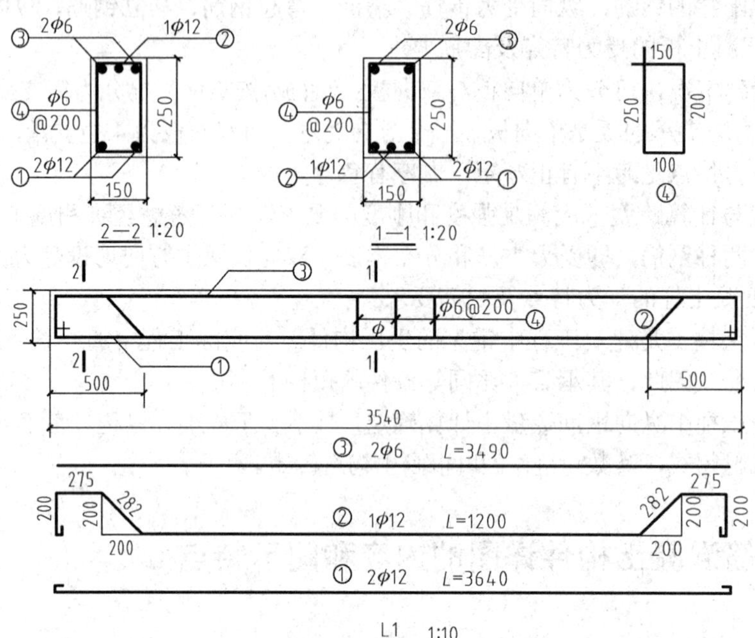

图 8-3 钢筋混凝土梁结构详图

如图 8-3 所示，图名 L1 表示该梁为一号梁，比例为 1∶40。此梁为矩形断面的现浇梁，断面尺寸为宽 150mm、高 250mm、梁长 3540mm。梁的配筋情况如下：

从断面 1—1 可知中部配筋：下部①筋为两根直径为 12mm 的Ⅰ级钢筋，②筋为一根直径为 12mm 的Ⅰ级钢筋，在距两端 500mm 处弯起。上部③筋为两根直径为 6mm 的Ⅰ级钢筋。箍筋④是直径为 6mm 的Ⅰ级钢筋，每隔 200mm 放置一个。

从断面 2—2 可知端部配筋：结合立面图和断面图可知，在端部只是②筋由底部弯折到上部，其余配筋与中部相同。

从钢筋详图中可知，每种钢筋的编号、根数、直径、各段设计长度和总尺寸(下料长度)及弯起角度，以方便下料加工。如图 8-3 中②筋为一弯起钢筋，各段尺寸标注如图 8-3 所示。此外，从钢筋表可知构件的名称、数量、钢筋规格、钢筋简图、直径、长度、数量、总数量、总长和重量等详细信息，以便于编造施工预算，统计用料。

2. 钢筋混凝土柱的结构详图

钢筋混凝土柱是房屋建筑结构中主要的承重构件，其结构详图一般包括立面图、断面图。柱立面图，主要表达柱的高度尺寸、柱内钢筋配置及搭接情况；柱断面图，主要表达柱截面尺寸、箍筋的形式和受力筋的摆放位置及数量。断面图剖切位置应选择在柱的截面尺寸变化及受力筋的数量、位置变化处。

图 8-4 所示为现浇钢筋混凝土柱 Z1 的结构详图。从图 8-4 中可以看出，该柱从-1.050 起到标高 7.950 止，断面尺寸为 400mm×400mm。由 1—1 断面可知，柱 Z1 纵筋配 8 根直

径为 18mm 的 I 级钢筋，其下端与柱下基础搭接。除柱的终端外，4 根角部纵筋上端伸出每层楼面 1400mm，其余 4 根纵筋上端伸出楼面 500mm，以便与上一层钢筋搭接。加密区箍筋为φ8@100，柱内箍筋为φ8@200。本例介绍的现浇钢筋混凝土柱断面形状简单，配筋清楚，比较容易识读。

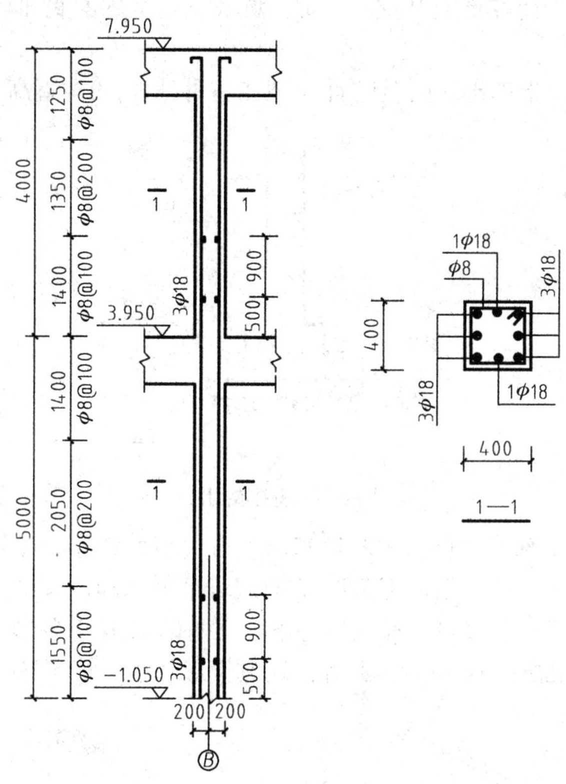

图 8-4　钢筋混凝土柱结构详图

8.3　基础结构图

8.3.1　基本知识

基础是建筑物地面以下的承重构件，承受建筑物上部结构(柱和墙)传来的全部荷载，并把荷载传递给下部的地基，它在建筑结构中起着上承下传的作用，是建筑物的一个重要组成部分。基础下部的土层受到建筑物的荷载作用后，其原先的应力状态就会发生变化，使土层产生附加应力和变形，并随着深度增加而向四周土中扩散并逐渐减弱，通常把土层中附加应力和变形所不能忽略的那一部分土层称为地基。因此，建筑物的地基是有一定深度和范围的。基础的组成如图 8-5 所示。

垫层：把基础传递来的荷载均匀地传递给地基的结合层，称为垫层。

基础墙：把条形基础埋入±0.000 以下部分的墙体，称为基础墙。

大放脚：当采用砖基础墙和砖基础时，把在基础墙和垫层之间做成逐渐放大的阶梯形的砖砌体称为大放脚。

防潮层：为了防止地下水因毛细水作用上升而腐蚀上部的墙体，常在室内地面以下(−0.060)处设置一层能防水的建筑材料来隔潮，这一层称为防潮层。

基坑：为基础施工而在地面开挖的土坑，坑底就是基础的底面，基坑的边线即是施工时测量放线的灰线。

基础的埋置深度：指基础底面至地面(一般指室外地面)的垂直高度。

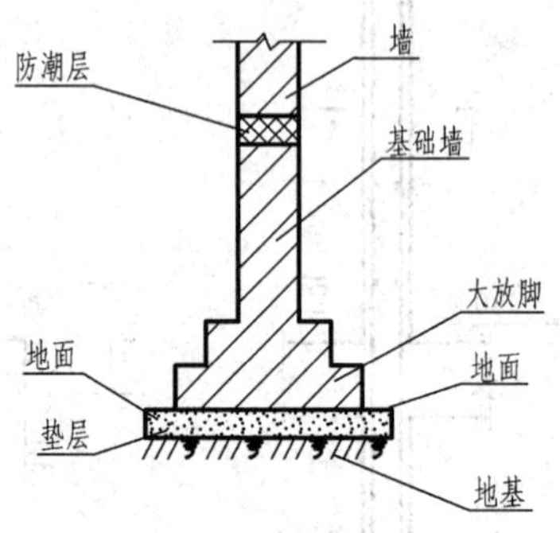

图 8-5　基础的组成

基础的形式根据上部结构的形式和地基承载力大小来划分，可分为：如果房屋的上部结构是承重墙时，基础一般采用墙下条形基础(或墙下桩基础)，如图 8-6(a)所示；如果房屋的上部结构由柱子承重时，基础一般采用柱下独立基础(或柱下条形基础、柱下交叉基础、柱下桩基础)，如图 8-6(b)、(c)所示。此外，还有筏形基础、箱形基础等。

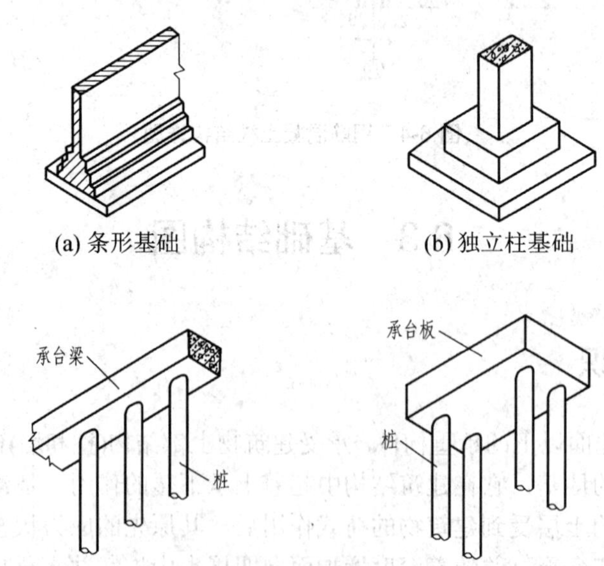

(a) 条形基础　　(b) 独立柱基础

(c) 桩基础

图 8-6　基础的形式

基础根据所使用的材料不同，还可分为砖基础、毛石基础、素混凝土基础、毛石混凝土基础和钢筋混凝土基础等。

8.3.2　基础平面图的形成和作用

基础平面图是假想用一水平剖切平面沿建筑物首层室内地面以下适当位置进行剖切，然后移去上部建筑物及基础两侧的回填土，作剩余部分的水平正投影，就得到基础平面图。

基础平面图主要表示基础的平面布置以及墙、柱与轴线的关系，为施工放线、开挖基槽或基坑和砌筑基础提供依据。

8.3.3　基础平面图的主要内容

基础平面图如图 8-7 所示，一般包括以下几个方面的内容。

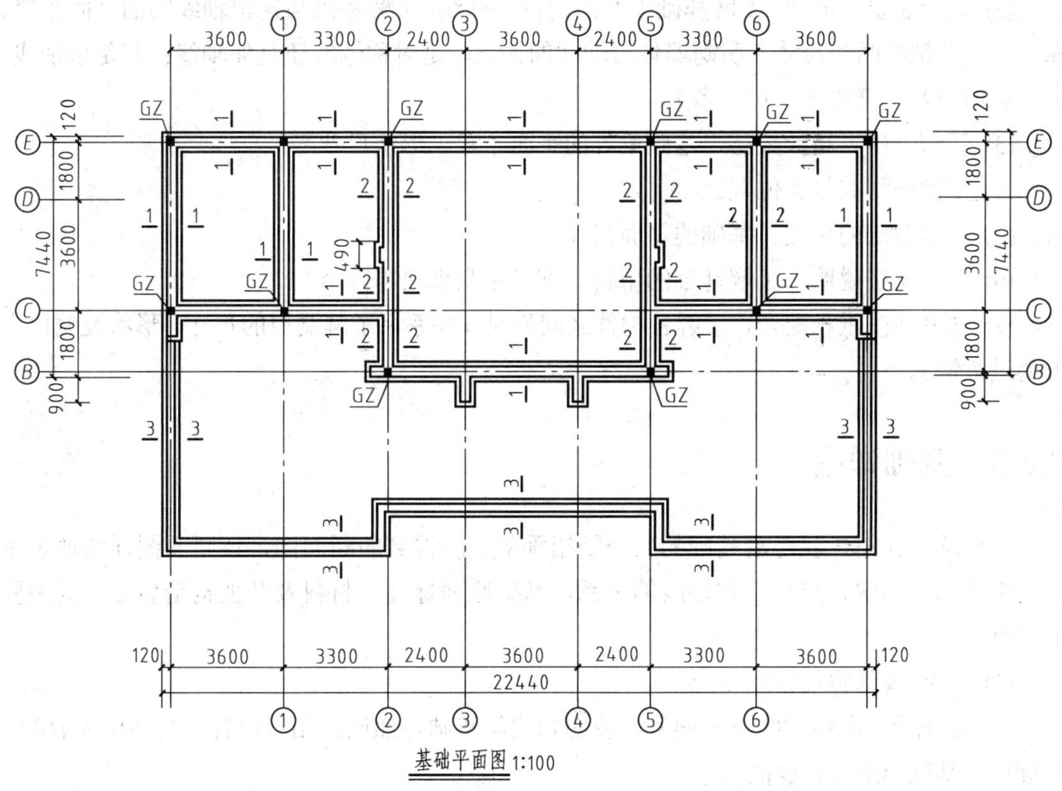

图 8-7　基础平面图

(1) 图名、比例。

(2) 纵向、横向定位轴线及编号。

(3) 基础平面布置，即基础墙、柱、基础底面的形状(大小)与定位轴线的关系。

(4) 基础梁的位置与编号。

(5) 基础断面图的剖切位置线及编号。

(6) 基础的定形尺寸、定位尺寸和轴线间尺寸。

(7) 地沟与孔洞。由于给排水的要求，常常设置地沟或在地面以下的基础墙上预留孔洞，在基础平面图中用虚线表示地沟或孔洞的位置，并注明大小及洞底的标高。

(8) 附注说明。包括基础埋置在地基中的位置、基底处理措施、地基的承载能力及对施工的有关要求等。

8.3.4 基础平面图的识读

(1) 了解图名、比例。

(2) 结合建筑平面图，了解基础平面图的定位轴线，了解基础与定位轴线间的平面布置、相互关系及轴线间的尺寸。明确墙体与轴线的关系，是对称轴线还是偏轴线；若是偏轴线，要注意哪边宽、哪边窄、尺寸多大。

(3) 了解基础、墙、垫层、基础梁等的平面布置、形状尺寸等。

(4) 了解剖切编号、位置。

(5) 了解基础的种类、基础的平面尺寸。

(6) 了解文字说明，了解基础的用料、施工注意事项等内容。

(7) 与其他图纸相配合，了解各构件之间的尺寸关系，了解洞口的尺寸、形状及洞口上方的过梁情况。

8.3.5 基础详图

所谓基础详图，就是沿基础的某一处铅垂剖切所得到的断面图，该断面图详细地表示出基础的断面形状、尺寸、与轴线的关系、基础底面标高、材料及其他构造做法。其主要内容有以下几点。

(1) 图名(或基础代号)、比例。

(2) 基础断面图中轴线及其编号。表明轴线与基础各部位的相对位置，标注出大放脚、基础墙、基础圈梁与轴线的关系。

(3) 基础的断面形状、大小、材料及配筋情况。

(4) 基础梁(或圈梁)的高度、宽度及配筋情况。

(5) 基础断面的详细尺寸和室内外地面、基础垫层底面的标高。

(6) 防潮层的位置和做法。

(7) 必要的施工说明。

如图 8-8 所示的条形基础断面图，图 8-8 中垫层为 C15 素混凝土，垫层上面为钢筋混凝土基础，基础高为 300mm，两边各缩进 215mm，其上再做 870mm 高的 370mm 厚的基础墙，然后在 370mm 墙上做一圈断面为 370mm×300mm 的钢筋混凝土圈梁，以加强房屋的整体性。最后再在圈梁上做 370mm 或 240mm 的基础墙。基础埋深为 1.5m。

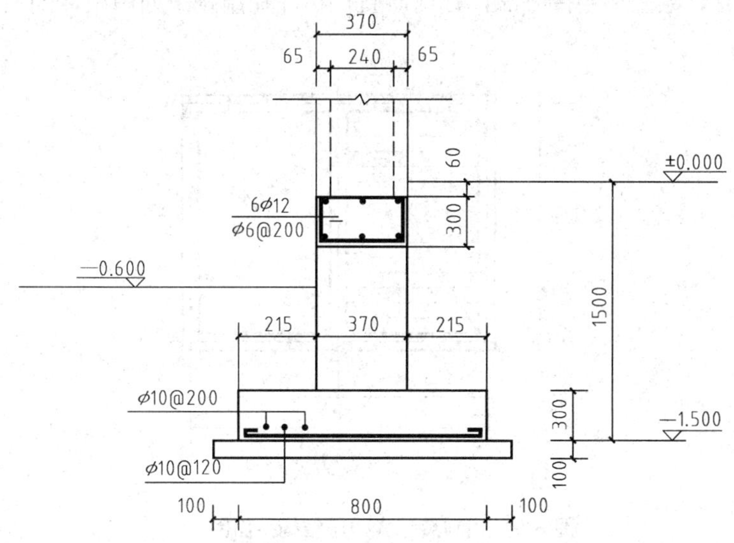

图 8-8　条形基础断面图

8.4　楼层、楼面结构平面图

楼层结构平面图是用来表示各楼层结构构件(如墙、梁、板、柱等)的平面布置情况，以及现浇混凝土构件构造尺寸与配筋情况的图纸，是建筑结构施工时构件配置、安装的重要依据。

8.4.1　结构平面布置图的形成和作用

楼层结构平面布置图是假想沿楼板面将房屋水平剖切后，移去上部，作下部的水平正投影。在结构平面布置图中主要表示该层楼盖中梁、板、柱以及下层楼盖以上的门窗过梁、圈梁、雨篷等构件的布置情况。

结构平面布置图是柱、梁、板等构件施工的重要依据，也是编制施工图预算的重要依据。对于多层建筑，一般应分层绘制，但如果各层构件的类型、大小、数量及布置方式均相同，可只画一标准层结构平面布置图。楼梯间或电梯间因另有详图，可在平面布置图上用一对角线来表示。

钢筋混凝土楼层按照施工方法的不同可以分为预制装配式和现浇整体式两大类。

8.4.2　预制装配式楼层结构平面图

预制装配式楼层结构平面图是由预制构件组成的，然后在施工现场安装就位，组成楼盖。这种楼盖的优点是施工速度快、节省劳动力和建筑材料、造价低、便于工业生产和机械化施工。缺点是整体性不如现浇楼盖好。这种施工图主要表示支承楼盖的梁、板、柱等的结构构件的位置、数量和连接方法，标注时直接标注在结构平面图中，如图 8-9 所示。

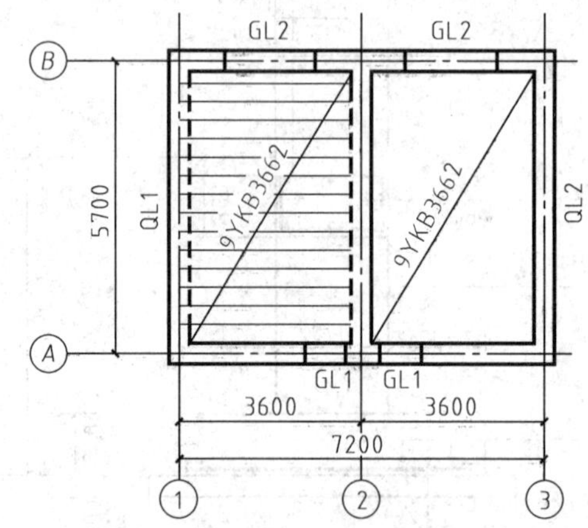

图 8-9　预制装配式楼层结构平面图

(1) 图名、比例。结构平面图的比例要与建筑平面图的比例保持一致。

(2) 轴线。结构平面图的轴线布置要与建筑平面图的轴线位置一致，并标注出与建筑平面图一致的轴线编号和轴线间的尺寸、总尺寸，便于确定梁、板、柱等构件的安装位置。

(3) 墙、柱。楼层结构平面图是用正投影的方法得到的，因为楼板压着墙，所以墙应画成虚线。

(4) 梁。在结构平面图中，梁是用粗单点长画线表示或粗虚线表示，并标上梁的代号与编号。如图 8-9 的粗点画线表示梁，标注为 L2，其中“L”表示梁，“2”是这道梁的标号。

(5) 预制楼板。预制楼板主要有平板、槽形板和空心板 3 种。对于预制楼板，用粗实线表示楼层平面轮廓，用细实线表示预制板的铺设。在每一个开间，按照实际投影分别画出楼板，并注写数量及型号。或者画一对角线并沿着对角线方向注明预制板数量及型号。对于预制板铺设方式相同的单元，用相同的编号表示，不用一一画出每个单元楼板的布置。预制楼板多采用标准图集，因此在楼层结构平面图中标明了楼板的数量、代号、跨度、宽度和荷载等级，如图 8-9 所示板的意义如下：

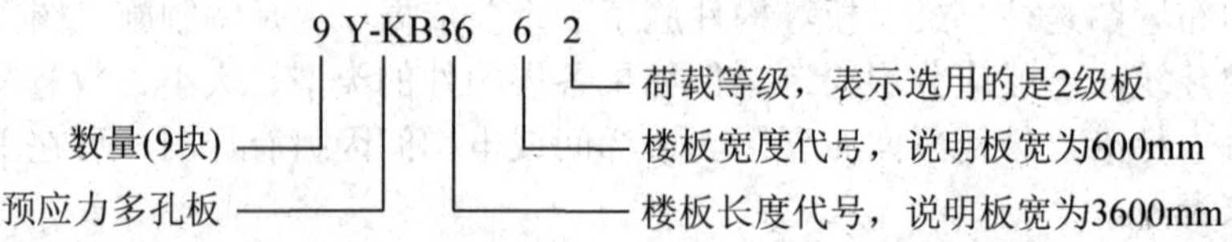

(6) 过梁。在门窗洞口上为了支撑洞口上墙体的重量，并把它传给两旁的墙体，在洞口上沿墙设一道梁，这道梁就叫做过梁。在结构施工图中过梁用粗实线表示，过梁的代号为 GL。如图 8-9 所示过梁代号的意义如下：

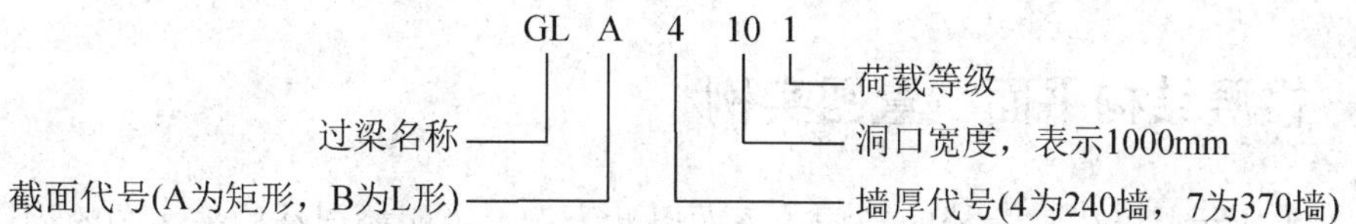

(7) 圈梁。为了增加建筑物的整体稳定性，提高建筑物的抗风、抗震和抵抗温度变化的能力，防止地基不均匀沉降对建筑物的不利影响，常在基础顶面、门窗洞口顶部、楼板和檐口等部位的墙内设置连续而封闭的水平梁，这种梁称为圈梁。设在基础顶面的圈梁称为基础圈梁，设在门窗洞口顶部的圈梁常代替过梁。圈梁的代号为 QL。

8.4.3　现浇整体式楼层结构平面图

现浇整体式楼盖由板、主梁、次梁构成，经绑扎钢筋，支模板，将三者整体现浇在一起。整体式楼盖的优点是整体性好、抗震性好、适应性强。缺点是模板用量大、现场浇灌工作量大、工期长、造价较高。

现浇板的平面图主要画板的配筋详图，如图 8-10 所示。表示出受力筋、分布筋和其他构造钢筋的配置情况，并注明编号、规格、直径、间距等。每种规格的钢筋只画出一根，按其形状画在相应位置上。配筋相同的楼板，只需将其中一块板的配筋画出，其余各块分别在该楼板范围内画一对角线，并注明相同板号即可。

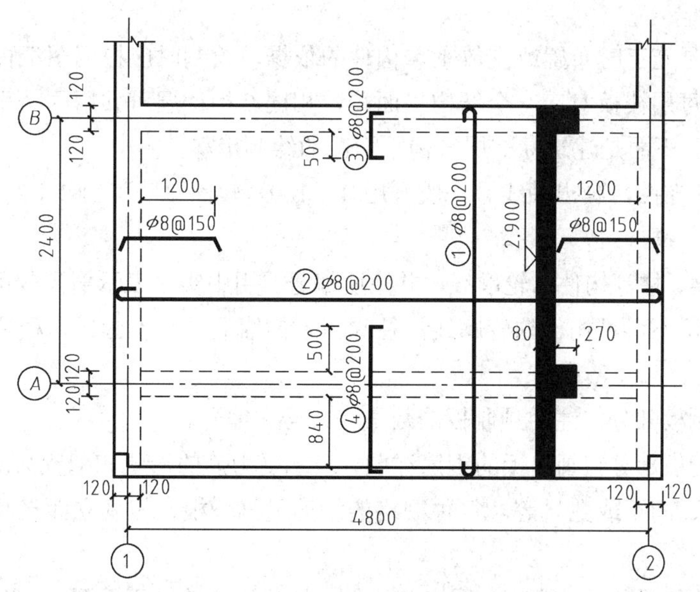

图 8-10　整体式楼层结构平面图

8.4.4 楼层结构平面布置图实例

图 8-11 所示是学生宿舍楼的布局，下面以此为例，说明楼层结构平面图的识读方法。

(1) 首先看图名、比例和各轴线编号，从而明确承重墙、柱的平面关系。该图为一层结构平面图，比例为 1∶100，水平向轴线有 17 个，竖直向轴线有 9 个。图 8-11 中纵横墙交接处涂黑的小方块表示被剖到的构造柱，用 GZ 表示，共有 4 种类型。

(2) 然后看各种楼板、梁的平面布置以及类型和数量等。该图中有预制和现浇两种楼板。由于各个房间的开间和进深大小不同，图中预制板分为 A、B、C、D、E 共 5 种，每种只需详细画出一处，其他仅用代号注明即可。预制板的铺设标注含义前面已讲过。

现浇板的钢筋配置采用直接画出的方法。其中底层钢筋弯钩向上或向左，顶层钢筋弯钩向下或向右，一般一种类型只画一根。例如，③号钢筋类型为 *f* 10@200，表示直径为 10mm 的钢筋每隔 200mm 布置一根。

楼层结构平面图由于比例较小，楼梯部分不能清楚地表达出来，需要另画详图。

(3) 最后看构件详图及钢筋表和施工说明。

总之，读图时要把握由粗到细、由整体到局部的原则，才能全面掌握图纸，步步深入看清楚。

8.4.5 结构平面图的绘制

结构平面图是施工时布置或安放承重构件的依据，绘制时应根据图纸内容精心设计，合理安排。一般每层楼板对应一个结构平面图，相同结构楼层可共用同一平面图，称为标准层结构平面图。下面是建筑标准层结构平面图的绘制步骤。

(1) 选比例和布图，画出轴线。一般采用 1∶100，较简单时可用 1∶200。定位轴线应与建筑平面图相一致。

(2) 画墙、梁、柱等构件的轮廓线，并注明编号。用中实线表示剖到或可见的构件轮廓线，用中虚线表示不可见构件的轮廓线，柱涂黑，门窗洞一般不画出，楼梯间用交叉斜线表示。

(3) 对于预制板部分，注明预制板的数量、代号和编号。

(4) 对于现浇板部分，画出板的钢筋详图，表示受力筋的形状和配置情况，并注明其编号、规格、直径、间距或数量等。每种规格的钢筋只画一根，按其立面形状画在钢筋安放的位置上。

(5) 注写轴线编号、尺寸数字、图名和比例。标注出与建筑平面图相一致的轴线编号及轴线间尺寸和总尺寸。

(6) 书写文字说明。

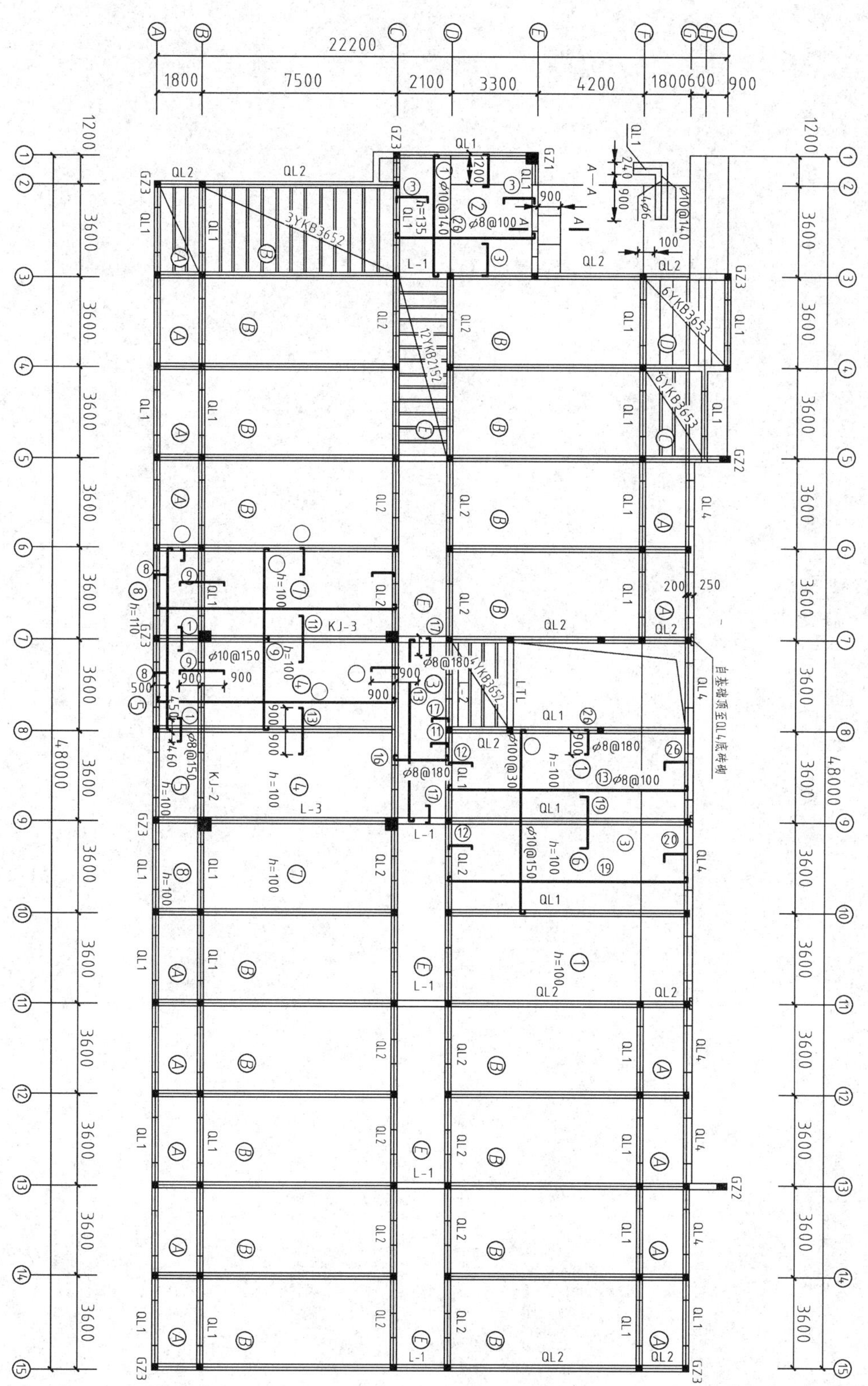

图 8-11　楼层结构平面图

第 9 章　单层工业厂房施工图

【本章要点】

- 单层工业厂房建筑施工图及详图的内容、画法和阅读方法
- 单层工业厂房结构施工图及详图的内容、画法和阅读方法

【本章难点】

单层工业厂房建筑施工图及详图的画法、单层工业厂房结构施工图及详图的画法

工业厂房与民用建筑相比，图示原理和读图方法一样，在设计的基本原则上有许多共同之处，但是由于生产工艺条件不同，使用要求方面有各自的特点，因此施工图所反映的某些内容或图例符号有些不同，下面以某单层工业厂房建筑体系的一个车间为例，介绍单层厂房施工图的图示内容和读图方法。

9.1 概 述

9.1.1 工业厂房的基本类型

由于生产工艺条件的不同，工业厂房按层数分为单层厂房、多层厂房与混合式厂房。对于冶金类和机械制造类厂房，如金工、装配、机修、炼钢、锻压、轧钢等车间，一般均设有较重型的设备，生产产品的体积大、质量大，因而大多采用单层厂房。对于精密仪器、仪表、电子、轻工等车间，一般设有较轻型的设备，这些车间所生产的产品体积小，质量也不大，因而多采用多层厂房。对于热电厂、化工厂的主厂房多采用混合式厂房，这种厂房内既有单层又有多层。多层厂房的结构形式和构造一般与民用建筑相类似，其施工图的识读方法与前面所述相同。这里主要讲述单层工业厂房施工图的识读。单层工业厂房是目前采用比较多的建筑类型，根据生产规模和生产工艺的不同，单层厂房又有单层单跨、单层双跨、单层三跨等形式。

9.1.2 单层工业厂房的基本结构类型与构造组成

单层工业厂房承重结构一般有墙承重结构和柱承重结构两种结构类型。当厂房的跨度、高度及吊车的吨位较小时(吊车吨位 $Q\leqslant3$t)，可采用墙承重结构。但现有大多数厂房的跨度较大、高度较高、吊车的吨位较大，所以常采用柱承重的横向排架结构。单层工业厂房(排架结构)的构造组成主要有以下几个部分，如图 9-1 所示。

(1) 屋盖结构。屋盖结构起承重和维护的作用，其主要构件有屋面板、屋架、天窗架等，屋面板安装在天窗架和屋架上，天窗架安装在屋架上，屋架安装在柱子上。

(2) 柱子。用以支承屋架和吊车梁，是厂房的主要承重构件。

(3) 基础。用以支承柱子和基础梁，并将荷载传给地基。单层厂房的基础多采用杯形基础，柱子安装在基础的杯口上。

(4) 支承。包括屋盖结构的垂直支承和水平支承及柱子间支承。其作用是加强厂房的整体稳定性和抗震性。

(5) 维护结构。其主要指厂房外墙及与外墙连在一起的圈梁、抗风柱。

9.1.3 单层工业厂房施工图的组成

单层工业厂房全套施工图的组成，一般包括总图、建筑施工图、结构施工图、设备施工图、工艺流程设计图及有关文字说明。建筑施工图包括平面图、立面图、剖面图和详图；结构施工图主要包括基础结构图、结构布置图、屋面结构图和节点构件详图等；设备施工图包括水、暖、电、工艺设备等施工图。这里只介绍建筑施工图与结构施工图。单层工业厂房建筑施工图主要包括平面图、立面图、剖面图、详图及设计说明等。

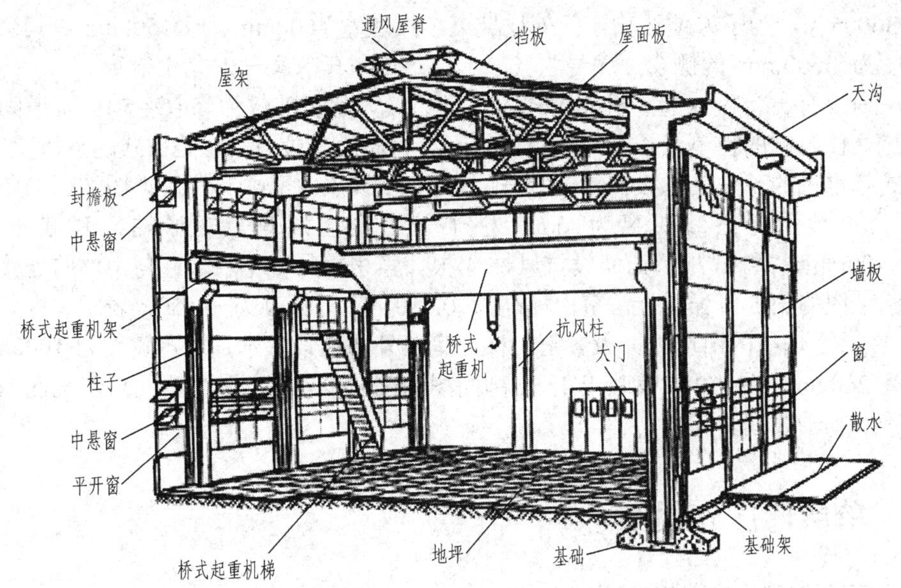

图 9-1　单层工业厂房的组成和名称

9.2　单层工业厂房建筑施工图

9.2.1　单层厂房平面图

1. 平面图的图示内容及识图要点

单层工业厂房平面图主要表达厂房的平面形状、平面位置及有关尺寸。其主要图示内容及识图要点如下：

(1) 了解图名、比例。比例常采用 1∶100、1∶200 或 1∶150。

(2) 理解厂房的类型，平面形状，布置，吊车，出入口，坡道等。

(3) 掌握图线规定，如吊车梁用点画线等。

(4) 掌握定位轴线，相关尺寸的标注。

(5) 了解详图索引、剖切符号、指北针及有关说明等。

2. 平面图识读举例

图 9-2 所示为某机修车间的平面图，比例为 1∶100。从图 9-2 中可知，该厂房的平面形状为矩形，共有①～⑧8 条横向定位轴线，和Ⓐ、Ⓑ两条纵向定位轴线，Ⓐ轴线后有附加

轴线 1/*A* 和 2/*A*。厂房总长为 42240mm，柱距为 6000mm，跨度为 18 000mm，总宽为 18 240mm。轴线 1/*A* 和 2/*A* 为抗风柱的定位轴线。抗风柱柱距也为 6000mm，轴线②～⑦与柱中心线重合。①轴线与⑧轴线处，柱向内侧位移，使柱中心线距离①轴线和⑧轴线为 600mm，Ⓐ轴线与Ⓑ轴线与柱外边缘平齐，抗风柱中心线与附加轴线重合，外边缘与①轴线和⑧轴线重合。Ⓐ轴线上④～⑤轴线柱距之间和右面山墙抗风柱中间分别安装有一个 M－1 平开大门，宽度为 3600mm，为了方便运输，门外设坡道，坡道宽 4600mm、长 1500mm。其余柱距间均设宽度为 3600mm 的侧窗，编号为 C－1、C－2，其中 C－2 是上排窗。

厂房内设有一台桥式起重机，桥式起重机的最大起重吨位为 5t(Q=5t)，轨道间距离为 16.5m(L_k)。柱内侧的粗单点长画线表示桥式起重机轨道的位置，也是桥式起重机梁的位置，上下桥式起重机的工作钢梯设在②～③开间的Ⓐ轴线墙内沿，其构造详图从标准图集中选用。厂房内地面分格线距离为 6m。柱子采用钢筋混凝土矩形柱，其截面尺寸为 600mm×400mm，共 16 根。山墙设抗风柱 4 根。索引符号 5/4 表示柱与山墙的连接做法在第 4 张施工图的第 5 号详图上。室内标高为±0.000，室外标高为-0.150，表示室内外高差是 0.15m。在 2/*A* 轴线的山墙处，设置消防梯。室内外四周设散水，散水宽度为 1000mm。外墙厚度为 240mm。图 9-2 中反映出 1－1 剖面图的剖切位置和投影方向，厂房剖面图的剖切符号在④～⑤轴线间。

9.2.2 单层厂房立面图

1. 立面图图示内容及识图要点

单层厂房建筑立面图主要表达厂房外形、外部构件竖向布置及其相关尺寸等。其主要图示内容及识图要点如下。

(1) 了解图名、比例。比例常采用 1∶100、1∶200 或 1∶150。

(2) 其外形简洁，了解外墙装饰做法、门窗、坡道、雨水管、爬梯等。

(3) 掌握图线规定(同民用建筑)。

(4) 掌握尺寸及各主要部位标高标注。

(5) 两端定位轴线、详图索引等。

(6) 识读时要对应平面图核对相关内容。

2. 立面图识读举例

立面图的识读应与建筑平面图 9-2 对照，从图中可以看到立面装修的做法、门窗的形式和数量、檐口及排水方式、有无天窗等。图 9-3 所示为某机修车间南立面图，该图为①～⑧轴立面图，或称为南立面图。比例为 1∶200。

从南立面图可知 C－1、C－2、M－1 的形状，从檐口沿墙面设有 2 个雨水管，其位置在③、⑥轴线的外墙外侧，以及厂房上部的天窗形状，从左侧标高看到，C－1 标高为 0.900 和 4.500，表示 C－1 洞口高 3.6m，C－2 标高为 6.300 和 8.300，表示 C－2 洞口高 2m。室外地坪标高为-0.150，女儿墙顶标高为 10.600，表示厂房高度为 10.75m。外装修采用白色外墙面砖，索引符号 4/4 与 5/4 表示雨篷和坡道做法见第 4 张施工图的第 4 号和第 5 号详图。图 9-4 所示为该厂房的西立面图，从图 9-4 上可知屋面检修梯及离地面的高度为 1500mm。

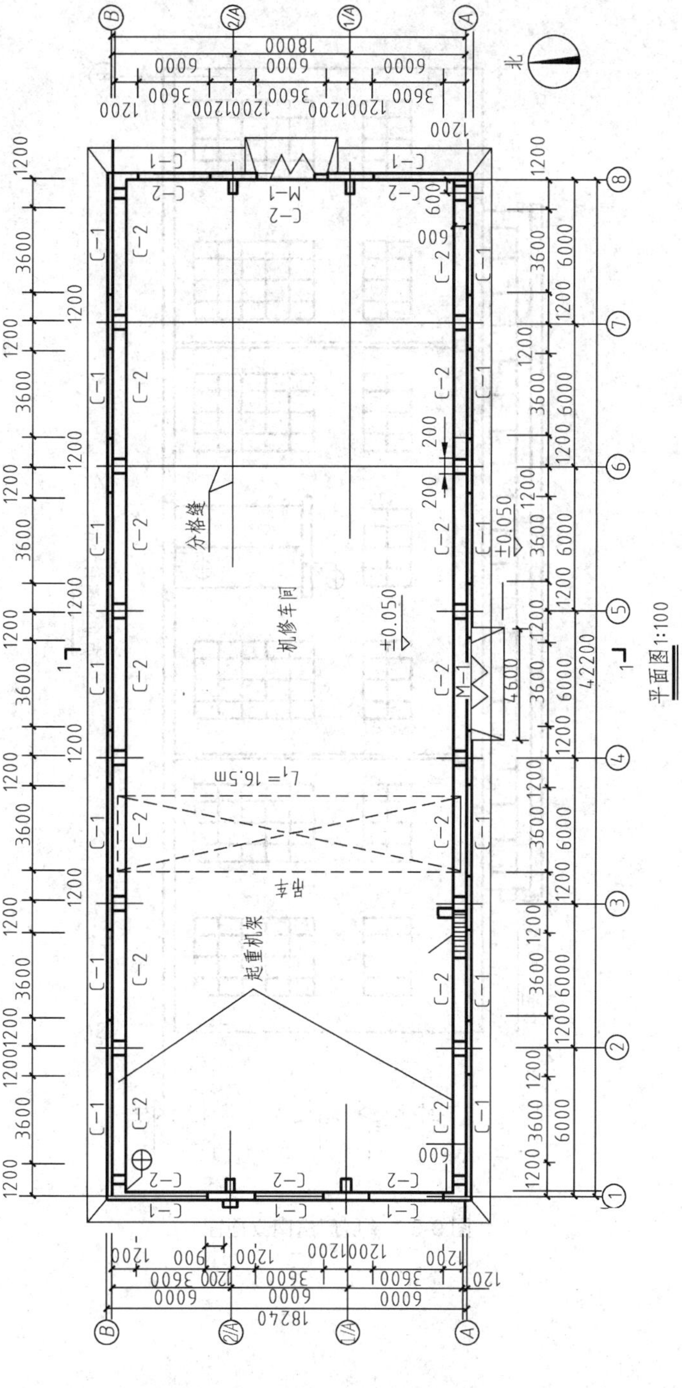

图 9-2　单层厂房平面图

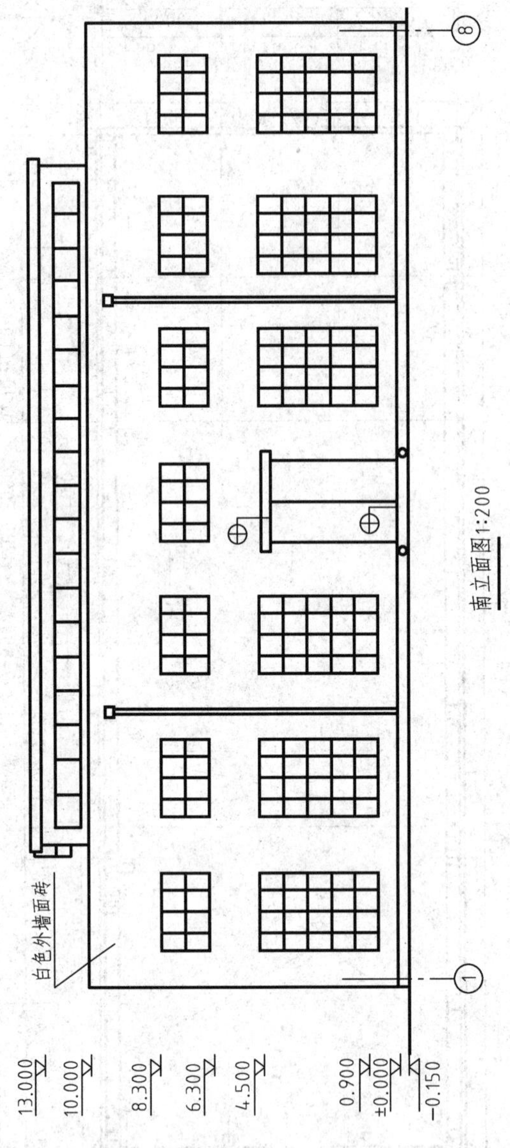

图 9-3 单层厂房南立面图

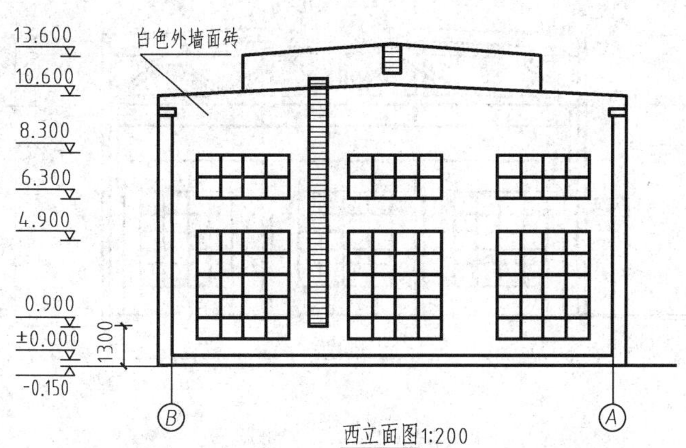

图 9-4　单层厂房西立面图

9.2.3　单层厂房剖面图

1. 剖面图图示内容及识图要点

单层厂房建筑剖面图主要表达厂房结构形式、内部构造构件竖向布置及其相关尺寸等。其主要图示内容及识图要点如下：

(1) 了解图名、比例。比例常采用 1∶100、1∶150 或 1∶200。

(2) 理解厂房内部构造构件竖向布置情况及其相互关系。

(3) 掌握图线规定(同民用建筑)。

(4) 掌握尺寸及各主要部位标高标注。

(5) 了解定位轴线、详图索引等。

(6) 剖面图的识读要对应平面、立面图核对相关内容。

2. 剖面图的识读举例

厂房剖面图的识读，首先要与平面图上的剖切位置和投影方向对应起来。从建筑平面图 9-2 上可以看出，1－1 剖面为横剖面，经过门窗洞口剖切。图 9-5 是该工业厂房的 1－1 剖面图，比例为 1∶100。从图 9-5 中可以看到以下内容：

剖切位置从平面图图 9-2 上可知在④～⑤轴线中间，将Ⓐ轴线的 M－1 和Ⓑ轴线的 C－1 剖断，以及厂房地面、屋面天窗全部剖开，剖视方向向左。图 9-5 中可看到带牛腿柱子的侧面，T 形桥式起重机梁放在柱子的牛腿上，桥式起重机架设在桥式起重机梁的轨道上(桥式起重机用立面图例表示)，以及山墙上的抗风柱。从图 9-5 中还可以看到屋架为梯形屋架，上面布置槽形屋面板，两端有天沟板，屋架中间上部设有矩形天窗，三角形屋架、天沟及牛腿的做法详见第 4 张施工图的第 7 号详图和第 2 号详图。*A* 轴线墙上的 M－1 和 C－2 都被剖切到，可看到雨篷的形状，雨篷梁的底标高为 4.000m，表示 M－1 洞口高 4m。C－1 洞口高 3.6m，C－2 洞口高 2.0m。

对剖面图中的主要尺寸，如柱顶、轨顶标高、室内外地面的标高、门窗洞口的标高、女儿墙顶的标高、天窗的标高等应细读。

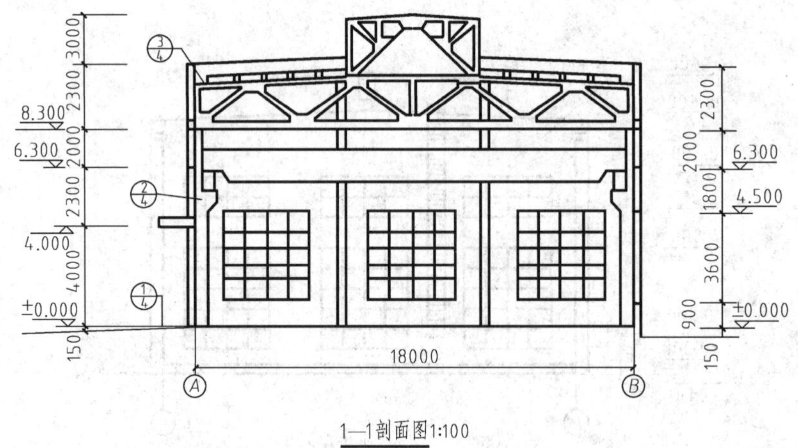

图 9-5　单层厂房剖面图

9.2.4　单层厂房建筑详图

图 9-6 所示为某机修车间的节点详图。

详图①表示大门坡道处的排水做法。从图 9-6 中可知，在坡道下方距离门 540mm 用混凝土做明沟，沟宽 340mm，高度 300mm，混凝土壁厚 40mm，上盖 60mm 厚的沟盖板。

详图⑤表示端柱与山墙的关系，从图 9-6 中可知山墙厚 240mm，端柱截面尺寸为 400mm×600mm，端柱中心线距离①轴线 600mm。

详图⑦表示天沟的做法，从图 9-6 中可以看到，天沟板截面宽 1000mm，高 400mm，放在屋架上面，纵墙内侧，纵墙的厚度为 240mm。屋架上扣槽形板。

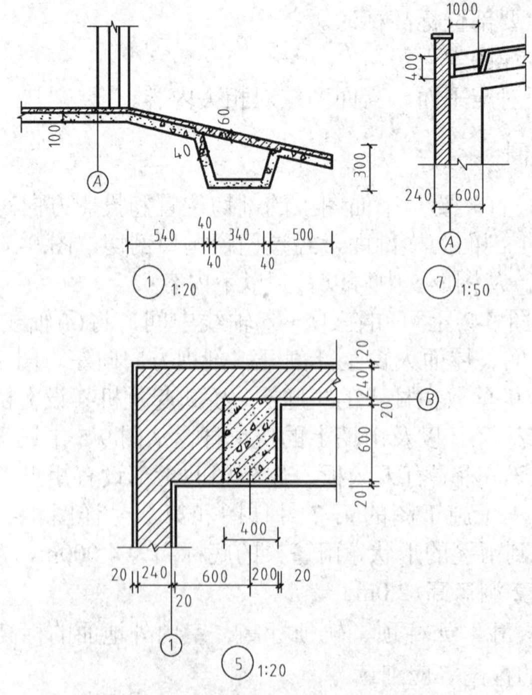

图 9-6　单层厂房节点详图

9.3 单层工业厂房结构施工图

单层工业厂房的结构形式通常采用钢筋混凝土排架结构，即由屋架、柱子和基础组成若干个横向的平面排架，再由屋面板、吊车梁、连系梁等纵向构件连成空间整体。为了保证厂房空间结构的整体稳定性和荷载的可靠传递，根据需要厂房中还设置柱间支承、屋盖支承等，使单层厂房构成完整的空间结构体系。

单层工业厂房大多是通过安装预制构件形成厂房的骨架，墙体仅起围护作用。厂房的主要构件中很多构件详图都可通过标准图集来选用，所以它的图纸数量一般不大。

单层厂房结构施工图与民用建筑一样，主要包括下列内容：

(1) 结构设计说明，如设计依据、自然条件、施工要求等。

(2) 结构平面布置图，如基础平面图、屋面结构布置图等。

(3) 结构构件详图，如柱模板图、配筋图、屋架详图等。

单层厂房结构构件类型很多，如屋面板、柱、吊车梁、屋架、基础等。为了使图示简明扼要，在结构图上通常用代号来表示构件名称。常用构件代号如表 8-1 所示。

9.3.1 基础图

基础图包括基础平面图和基础详图。基础平面图反映基础的平面布局、基础和基础梁的布置、编号和尺寸等。基础详图表示出基础的形状、全部尺寸、配筋情况及基础之间或基础与其他构件的连接情况。

单层工业厂房大多采用预制钢筋混凝土柱，其基础为现浇钢筋混凝土杯形基础，厂房的外墙大多是自承重围护墙，一般不单独设置条形基础，而且将墙砌筑在基础梁上，基础梁搁置在杯形基础的杯口上。基础平面图主要反映杯形基础、基础梁或墙下条形基础的平面位置，以及它们与定位轴线之间的相对关系。

图 9-7 所示为基础平面图，基础代号为 J，从图 9-7 中可以看到由Ⓐ、Ⓑ轴上两排柱子构成生产车间，基础形式为杯形基础，编号有 J1、J2 两种。JL－1、JL－2 是基础梁，把柱子横向连接，以增加厂房的整体性。

图 9-8 所示为基础详图，基础详图是用基础平面和剖面来表示的。详图主要表明基础编号、轴线、基础各部位形状、构造尺寸、配筋、垫层、基底标高等。在平面图中配筋可以用局部剖面图来表示。如图 9-8 所示，J1 基础是用一个平面图和一个剖面图来表示的，在平面图上反映出外形尺寸，长为 3300mm，宽为 2100mm，以及每一阶的长、宽尺寸和杯口的尺寸，同时也表示了柱子的尺寸为 700mm×400mm。从详图的局部剖切处和 1－1 剖面图可以了解基础底面沿长、宽两个方向的配筋情况，长度方向配置 1 号筋，长度 L=2250mm，

直径为 12mm，间距为 120mm，宽度方向配置 2 号筋，长度 L=2050mm，直径为 10mm，间距为 180mm。该详图同时反映出横向定位轴线与基础中心线的距离为 300mm。在 1—1 剖面图上看出杯形基础的高度为 1150mm，以及每阶的高度和杯口的深度分别为 500mm 和 850mm，杯口标高为-0.500，基础下面铺设 C10 混凝土垫层，每边宽出基础底面 100mm。

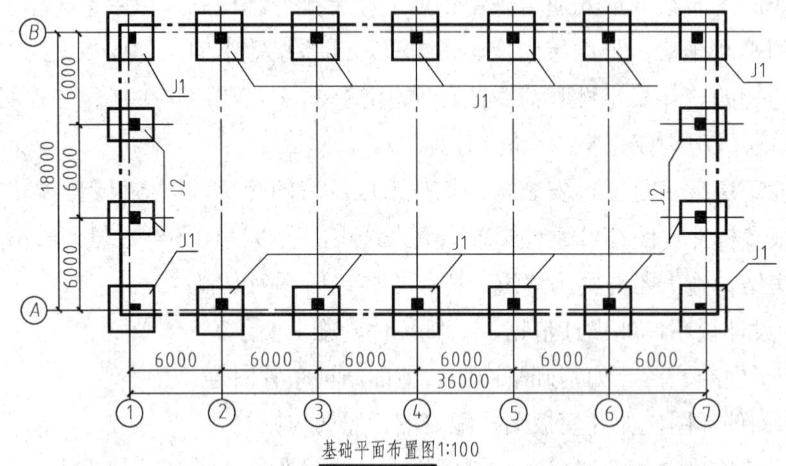

图 9-7　基础平面图

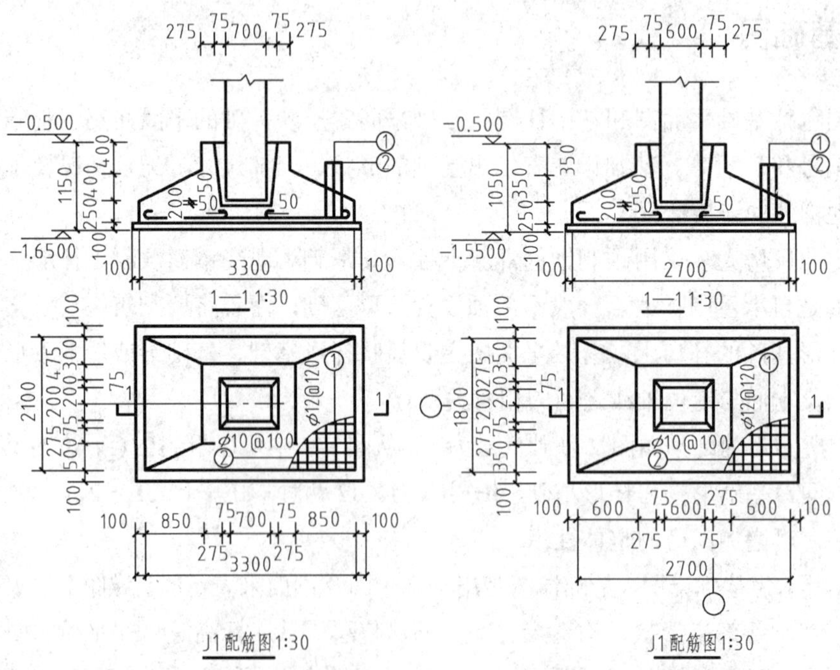

图 9-8　基础详图

9.3.2 结构布置图

梁、板、柱等结构构件布局图表示厂房屋盖以下，基础以上全部构件的布置情况，包括柱、柱间支承、吊车梁、连系梁等构件的布置。通常将这些构件画在同一结构布置图上，为了更清楚地表示这些构件的上下位置关系，还可以用相同辅助表示。识读具体内容如下。

1. 柱

厂房中的各个柱子，由于生产工艺要求和承受的荷载及所布置位置不同，在构件布置图中采用不同的编号来加以区别。图 9-9 中Ⓐ轴和Ⓑ轴柱列共有两种类型，虽然柱子的截面均为矩形，且配筋都相同，但由于柱子所处的位置和与之连接的其他构件不同，柱子上设置的预埋件的数量和位置也不同。

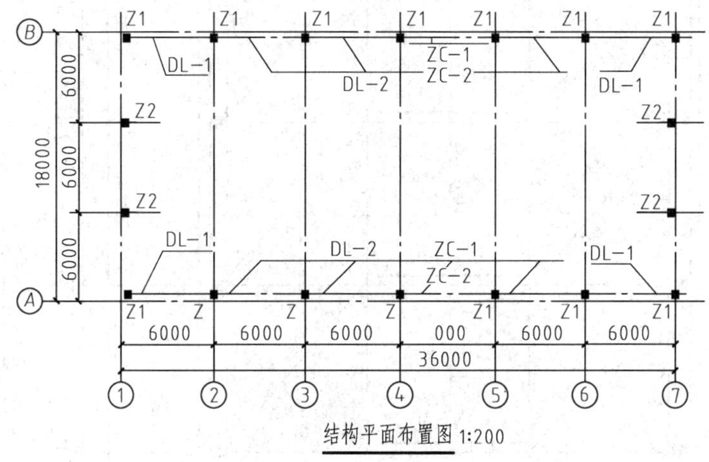

图 9-9　结构布置图

2. 柱间支承

单层工业厂房设置柱间支承的主要目的是提高厂房的纵向刚度和稳定性在水平方向传递吊车的水平推力和山墙传来的风荷载。由于牛腿柱分为以牛腿表面为分界面的上柱和下柱，柱间支承亦分为上柱柱间和下柱柱间支承。

3. 吊车梁

单层工业厂房设有桥式吊车的起重设备，需要在柱子牛腿上设有吊车梁。吊车梁沿纵向柱列布置。

4. 连系梁

连系梁是沿厂房纵向柱列设置的用以增强厂房纵向刚度，并传递风荷载和承担部分围护墙体荷载的构体。对于有些中小型的单层工业厂房，还可以用圈梁兼作连系梁和窗过梁。

图 9-9 是某厂房结构布置图，分别表示了平面结构布置和立面结构布置情况。DL－1、DL－2 表示吊车梁；ZC－1、ZC－2 表示柱间支承；LL－1、LL－2 表示连系梁(两层标高分别为 4.5m、7.8m)。

9.3.3　屋面结构图

屋面结构图主要表明屋架、屋盖支承系统、屋面板、天窗结构构件等的平面布置情况。一般屋架用粗单点长画线表示。各种构件都要在其上注明代号和编号。图 9-10 所示为屋面结构布置图。

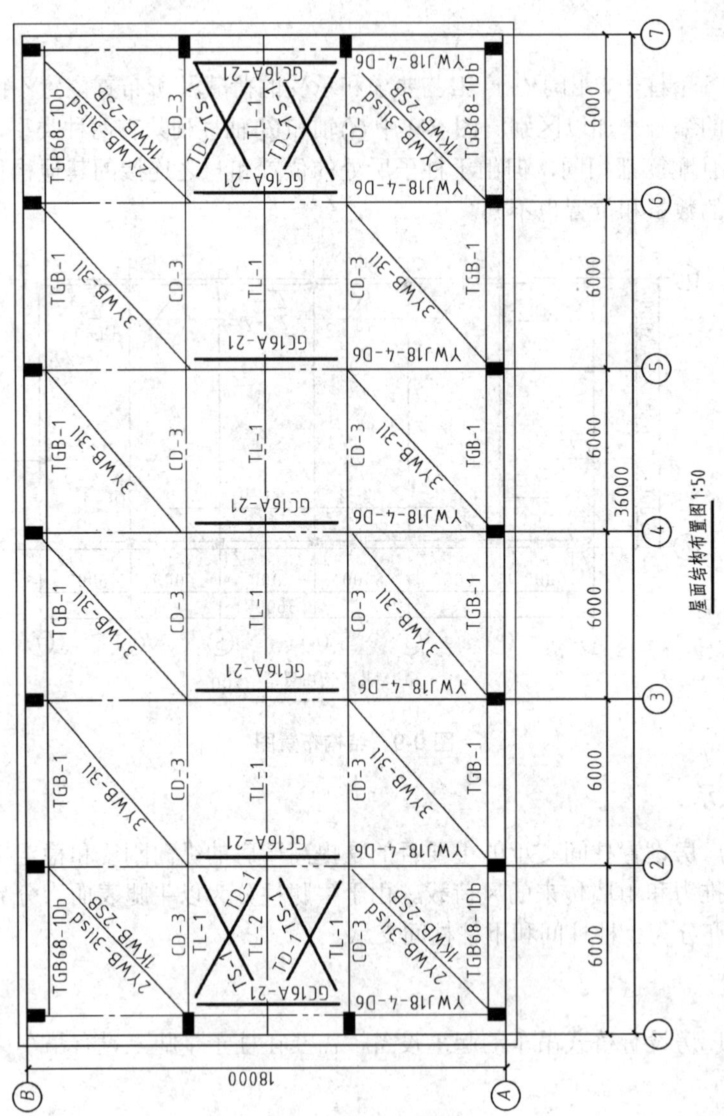

图 9-10　屋面结构布置图

第 10 章　计算机绘图——AutoCAD 基础

【本章要点】

- AutoCAD 软件的文档操作
- 组合体投影图的绘制
- 轴测投影图的绘制
- 剖面图的绘制
- 单个房间平面图的绘制
- 门窗的绘制
- 学生宿舍平面图的绘制
- 平面图的尺寸标注

【本章难点】

轴测投影图的绘制、门窗的绘制、平面图的尺寸标注

10.1 AutoCAD 软件的界面设置

本节重点介绍AutoCAD软件的启动、软件操作界面的简介和软件操作界面的简单设置。界面的设置主要包括背景颜色设置、光标大小、光标颜色、命令行的文字大小、文件的加密等设置。

10.1.1 AutoCAD 简介

1. 启动 AutoCAD 软件

软件全称：Automatic Computer Aided Design(自动计算机辅助设计)

开发公司：美国 Autodesk 公司

首次发布时间：1982 年

软件用途：自动计算机辅助设计软件，用于二维绘图、详细绘制、设计文档和基本三维设计。

AutoCAD 是由美国 Autodesk 公司于 20 世纪 80 年代初为微机上应用 CAD 技术而开发的绘图程序软件包，经过不断地完善，现已经成为国际上广为流行的绘图工具。

AutoCAD 具有良好的用户界面，通过交互菜单或命令行方式便可以进行各种操作。它的多文档设计环境，让非计算机专业人员也能很快地学会使用。在不断实践的过程中更好地掌握它的各种应用和开发技巧，从而不断提高工作效率。

2. AutoCAD 软件特点

AutoCAD 软件具有以下特点。

(1) 具有完善的图形绘制功能。

(2) 有强大的图形编辑功能。

(3) 可以采用多种方式进行二次开发或用户定制。

(4) 可以进行多种图形格式的转换，具有较强的数据交换能力。

(5) 支持多种硬件设备。

(6) 支持多种操作平台。

(7) 具有通用性、易用性，适用于各类用户。此外，从 AutoCAD 2000 开始，该系统又增添了许多强大的功能，如 AutoCAD 设计中心(ADC)、多文档设计环境(MDE)、Internet 驱动、新的对象捕捉功能、增强的标注功能及局部打开和局部加载的功能，从而使 AutoCAD 系统更加完善。

3. AutoCAD 的发展历史

CAD(Computer Aided Drafting)诞生于 20 世纪 60 年代，是美国麻省理工大学提出的交互式图形学的研究计划，由于当时硬件设施的昂贵，只有美国通用汽车公司和美国波音航空公司使用自行开发的交互式绘图系统。

20 世纪 70 年代，小型计算机费用下降，美国工业界才开始广泛使用交互式绘图系统。

20 世纪 80 年代，由于 PC 的应用，CAD 得以迅速发展，出现了专门从事 CAD 系统开发的公司。当时 VersaCAD 是专业的 CAD 制作公司，所开发的 CAD 软件功能强大，但由于其价格昂贵，故不能普遍应用。而当时的 Autodesk 公司是一个仅有员工数人的小公司，其开发的 CAD 系统虽然功能有限，但因其可免费复制，故在社会得以广泛应用。同时，由于该系统的开放性，该 CAD 软件升级迅速。

4. AutoCAD 的所有产品

(1) AutoCAD V(ersion)1.0：1982 年 11 月正式发布，容量为一张 360KB 的软盘，无菜单，命令需要背，其执行方式类似 DOS 命令。

(2) AutoCAD V1.2：1983 年 4 月发布，具备尺寸标注功能。

(3) AutoCAD V1.3：1983 年 8 月发布，具备文字对齐及颜色定义功能、图形输出功能。

(4) AutoCAD V1.4：1983 年 10 月发布，图形编辑功能加强。

(5) AutoCAD V2.0：1984 年 10 月发布，图形绘制及编辑功能增加，如 MSLIDE VSLIDE DXFIN DXFOUT VIEW SCRIPT 等。至此，在美国许多工厂和学校都有 AutoCAD 拷贝。

(6) AutoCAD V2.17- V2.18：1985 年发布，出现了 Screen Menu，命令不需要背，Autolisp 初具雏形，两张 360KB 软盘。

(7) AutoCAD V2.5：1986 年 7 月发布，Autolisp 有了系统化语法，使用者可改进和推广，出现了第三开发商的新兴行业，5 张 360KB 软盘。

(8) AutoCAD V2.6：1986 年 11 月发布，新增 3D 功能，AutoCAD 已成为美国高校的 inquired course。

(9) AutoCAD R(Release)9.0：1988 年 2 月发布，出现了状态行下拉式菜单。至此，AutoCAD 开始在国外加密销售。

(10) AutoCAD R10.0：1988 年 10 月发布，进一步完善 R9.0，Autodesk 公司已成为千人企业。

(11) AutoCAD R11.0：1990 年 8 月发布，增加了 AME(Advanced Modeling Extension)，但与 AutoCAD 分开销售。

(12) AutoCAD R12.0：1992 年 8 月发布，采用 DOS 与 Windows 两种操作环境,出现了工具栏。

(13) AutoCAD R2.0：1994 年 11 月发布，AME 纳入 AutoCAD 中。

(14) AutoCAD R3.0：1997 年 4 月发布，适应 Pentium 机型及 Windows 95/NT 操作环境，实现与 Internet 网络连接，操作更方便,运行更快捷，无所不到的工具栏，实现中文操作。

(15) AutoCAD 2000(AutoCAD R15.0)：1999 年发布，提供了更开放的二次开发环境，出现了 Vlisp 独立编程环境，同时，3D 绘图及编辑更方便。

(16) AutoCAD 2002：2001 年 6 月发布，新增加了许多令人兴奋的新功能，特别是新增的网络功能，已经使 AutoCAD 成为世界的设计平台。

(17) AutoCAD 2004：2003 年发布，具有支持微机环境、操作简便、兼容性好、开放结构、便于二次开发等优点。

(18) AutoCAD 2005：2005 年 1 月发布，该版本做了不少的改进，包括更简易的绘图组织、自动在每页加入页数、计划名称、客户资讯、自动设置指标、简易化的图表设置和文字编辑等。可以帮助用户更快地创建设计数据，更轻松地共享设计数据，更有效地管理软件。

(19) AutoCAD 2006：2006 年 3 月发布，该版本在用户界面、性能、操作、用户定制、协同设计、图形管理、产品数据管理等方面得到进一步加强，而且简体中文版为中国的使用者提供了更高效、更直观的设计环境，并定制了与我国国标相符的样板图、字体、标注样式等，使得设计人员能更加得心应手地应用此软件。

(20) AutoCAD 2008：2007 年 12 月发布，提供了创建、展示、记录和共享构想所需的所有功能。将惯用的 AutoCAD 命令和熟悉的用户界面与更新的设计环境结合起来，使用户能够以前所未有的方式实现并探索构想。

(21) AutoCAD 2009：2008 年 5 月发布，软件整合了制图和可视化，加快了任务的执行，能够满足个人用户的需求和偏好，能够更快地执行常见的 CAD 任务，更容易找到那些不常见的命令。

(22) AutoCAD 2010：该版本继承了 CAD 2009 版本的所有特性，新增动态输入、线性标注子形式、半径和直径标注子形式、引线标注等功能，并进一步改进和完善了块操作，比如块中实体可以如同普通对象一般参与修剪延伸、参与标注、参与局部放大功能等。

(23) AutoCAD 2011：该版本在 3D 设计方面新增了许多功能，使 3D 网面造型和曲面造型更加逼真。另外，在 API 方面也有新增功能。可以安全、高效、精确地共享关键设计数据。

10.1.2 相关知识

1. 启动 AutoCAD 软件

1) 桌面快捷方式

双击桌面的 AutoCAD 图标，启动 AutoCAD，进入 AutoCAD 的绘图工作界面。

2) 【开始】菜单

在【开始】菜单的【程序】中，单击 AutoCAD，启动 AutoCAD，进入 AutoCAD 的绘图工作界面。

AutoCAD 的绘图工作界面被分割成不同的区域：标题栏、菜单栏、工具栏、绘图区、命令窗口及状态栏等，如图 10-1 所示。

2. AutoCAD 工作界面

AutoCAD 软件的工作界面形式，以 AutoCAD 2009 版本为分界线，以前的版本都是工具栏式的操作界面，以后的版本都是工作台式的操作界面。

下面以 AutoCAD 2009 以前的版本为例进行介绍。

1) 标题栏

标题栏位于屏幕的顶部，其左侧显示当前正在运行的程序名 Auto CAD 2004 及当前绘图文件名[Drawing n.dwg] (如果没有更改过名称，默认名称为 Drawing，n 是阿拉伯数字，表示按照顺序新建文档)，而位于标题栏右面的各按钮可分别实现整个 CAD 软件窗口的最小化(或最大化)和关闭操作。若用户单击位于标题栏左边的 AutoCAD 2004 图标，将弹出一个下拉菜单，可利用其中的命令对 AutoCAD 窗口进行最小化(或最大化)、恢复、移动和关闭等操作。

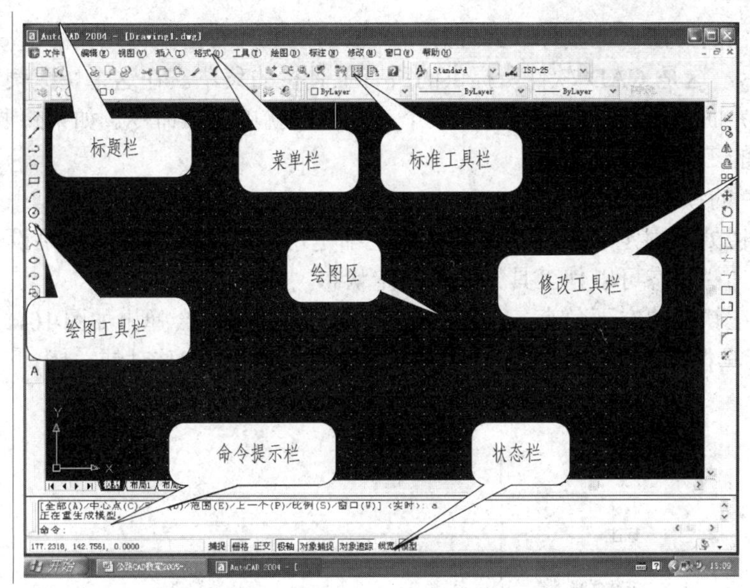

图 10-1　AutoCAD 软件的工作界面

2) 菜单栏

位于界面顶部的下拉式菜单栏，包含所有 AutoCAD 的命令。单击某一个菜单，就可以打开下拉菜单，然后选择需要执行的命令。

3) 工具栏

在 CAD 软件界面中有许多工具栏，工具栏上有许多按钮，每一个按钮代表了 CAD 的一个命令，当然，这些命令都能在菜单栏里找到，放在工具栏里可使设计人员绘图时更快捷地激活命令。工具栏实际上相当于命令的分类显示装置。

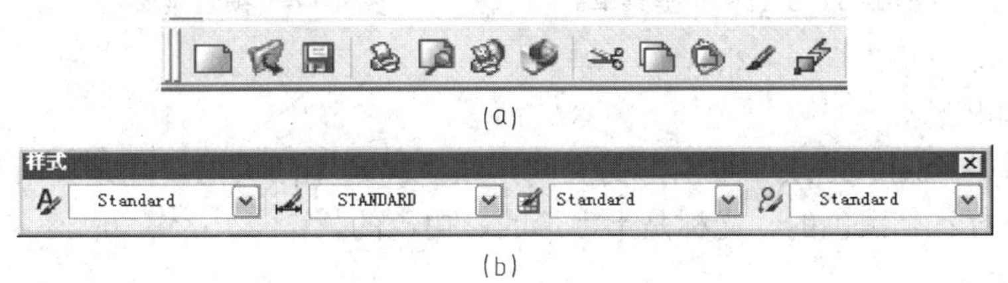

图 10-2　工具栏状态

(1) 工具栏的状态。

所有的工具栏都有两个状态，即固定状态(形象地称为停靠状态)和浮动状态。如果工具栏是图 10-2(a)所示的状态(即在工具栏的左侧或上端有两道突出的横线)，表示该工具栏是固定状态。如果是图 10-2(b)所示的状态，则表示该工具栏处于浮动状态。

两种状态可以互相转换，把光标放在固定工具栏的双横线端，按住左键移动鼠标(即用鼠标拖动)到绘图区域中，松开鼠标左键，则工具栏变为浮动状态。

把光标放到浮动工具栏的蓝色区域(即工具栏的标题栏)上，按住左键移动鼠标到上面或左右边，松开鼠标左键，则工具栏变为固定状态。

(2) 工具栏的打开或关闭。

当工具栏是浮动状态，单击标题栏右端的【关闭】按钮 ☒，可以关闭该工具栏。

打开工具栏的方法：把鼠标放到任意一个工具栏上，右击鼠标，会弹出一个快捷菜单，如图 10-3 所示。这是 CAD 软件所提供的所有工具栏的菜单。在这个快捷菜单里，所有打勾的工具栏是界面中显示的。想要打开某个工具栏，就单击该命令。如果想要关闭工具栏，再次单击打勾的工具栏命令即可。

(3) 工具栏的锁定。

无论工具栏处于固定状态还是浮动状态，都是可以随意改动的。如果设计者不愿意让其他人更改工具栏状态可以使工具栏还是锁定状态，即不能更改。

方法是：在软件的右下角有一个图标，单击该图标，会弹出如图 10-4 所示的菜单。如选择[浮动工具栏]，则所有的浮动工具栏将不能更改(即不能移动或关闭)。

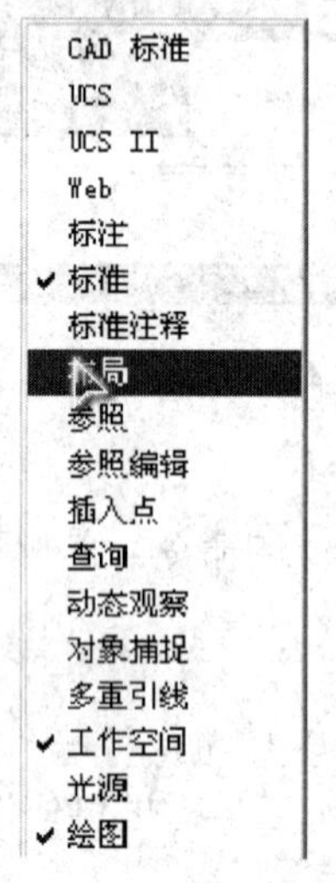

图 10-3 工具栏快捷菜单

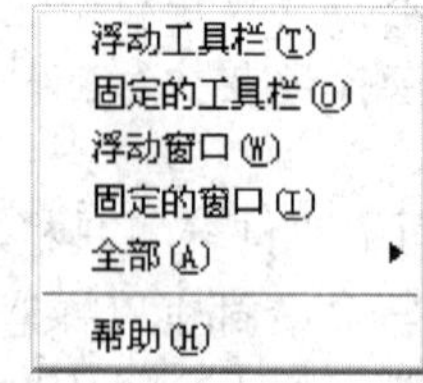

图 10-4 锁定菜单

4) 绘图区

(1) 背景和光标。

绘图区域是绘制二维或三维图形的空间，该空间是无限大的，也是无限小的。默认打开的绘图区域背景是黑色的。光标是十字形的、白色的。

(2) 坐标系。

在绘图区域的左下角有 UCS (用户坐标系) 图标，如图 10-5 所示。用于显示图形方向。AutoCAD 图形是在不可见的栅格或坐标系中绘制的，坐标系以 *X*、*Y* 和 *Z* 坐标(对于三维图形)为基础。

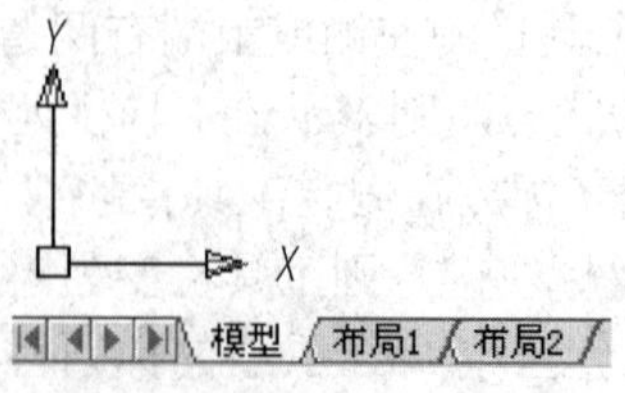

图 10-5 用户坐标系

(3) 【模型和布局】视图标签。

【模型】标签和【布局】标签在绘图区的下面，主要是方便用户对模型空间与布局(图纸空间)的切换及新建和删除布局的操作。

在【模型】空间中，可以绘制二维和三维图形，也可以进行打印。

在【布局】空间中，主要是布置图纸进行打印，也可以进行绘图(不推荐)。

5) 命令提示栏

(1) 命令行窗口大小可以调节，从而命令的显示行数可以调节。要显示操作命令的记录，可按 F2 键调出命令的文本窗口。

(2) 输入命令：输入命令的全称或快捷命令，按 Enter 键或空格键执行、结束命令，或者重复上一个命令，按 Esc 键撤销命令。

6) 状态栏

状态栏是 CAD 软件最下面的一栏。在状态栏上有光标的坐标动态显示、辅助工具按钮和其他辅助命令图标。

3. 页面设置

CAD 软件的页面设置包括对 AutoCAD 软件的绘图区背景颜色、光标大小、命令行背景、命令行文字大小等进行设置。

激活命令的方法如下。

(1) 选择【工具】菜单→【选项】菜单命令。

(2) 在绘图区内右击，弹出快捷菜单，选择【选项】命令。

(3) 在命令行内右击，弹出快捷菜单，选择【选项】命令。

以上均会弹出【选项】对话框，如图 10-6 所示。

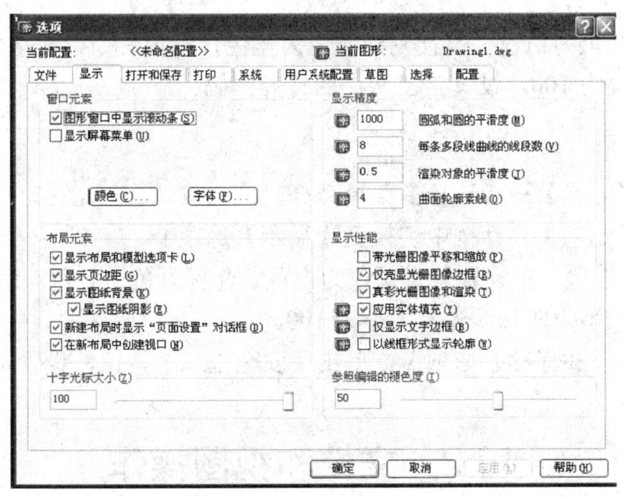

图 10-6　【选项】对话框

1) 更改绘图环境颜色

打开【选项】对话框，切换到【显示】选项卡，在【窗口元素】区域内单击【颜色】按钮，打开【颜色】对话框。

在【模型】选项卡内可以设置 3 个方面的颜色。

(1) 模型空间背景。

(2) 模型空间的光标。

(3) 命令提示行文字。

在【模型】选项卡上单击可以选择以上 3 个元素，也可以在选项卡下面的【窗口元素】下拉菜单中选择，然后单击其下面的【颜色】下列菜单，从中选择颜色。

2) 更改命令提示行文字大小

打开【选项】对话框，切换到【显示】选项卡，单击【窗口元素】区域内的【字体】按钮。可以设置命令提示行文字的字体、字形、大小。

3) 更改光标的显示大小

打开【选项】对话框，切换到【显示】选项卡，在【十字光标大小】区域内，可以在左边的数字文本框内输入数值，或者用光标拖动右侧的滑块。

光标的数值表示相对绘图区域大小的百分比。100 表示无限大。

4) 设置文档密码

打开【选项】对话框，切换到【打开和保存】选项卡。在【文件安全措施】区域中单击【安全选项】按钮，进入【设置密码】对话框。

5) 图形界限

单击【格式】菜单，选择图形界限－输入坐标，图形界限的设置仅仅影响到缩放命令中页面的设置和打印中按图形界限打印；或者输入命令 limits，设置图形界限。

10.1.3 背景设置案例

1. 要求

设置绘图区域颜色为白色，设置光标颜色为蓝色，设置命令行文字颜色为蓝色、宋体、四号大小，光标大小为 100，设置自己文档的打开密码。

2. 操作过程提示

(1) 首先选择【工具】→【选项】菜单命令。

(2) 在打开的【选项】对话框中切换到【显示】选项卡。

(3) 在【显示】选项卡中设置背景颜色为白色，光标颜色为蓝色，命令行文字颜色为蓝色、字体为宋体、大小为四号；光标大小为 100。

(4) 切换到【打开和保存】选项卡，单击【安全选项】按钮，设置本文档的打开密码。

10.2 文档和视图操作

任何软件的使用都是围绕各种文档的操作，如保存文档、新建文档。本节主要介绍新建空白文档、打开已知文档、保存绘制好的图形、使用软件帮助功能、用缩放功能观察图形和用平移命令观察图形。

10.2.1　相关知识

1. 新建文档

激活【新建文档】命令的方法有以下几种。

(1) 执行【文件】→【新建】菜单命令。

(2) 单击【标准】工具栏中的 按钮。

(3) 按 Ctrl＋N 组合键。

(4) 在命令行中输入 New 或 QNew，然后按 Enter 键。

双击 AutoCAD 软件的图标，打开 CAD 软件时，软件会自动新建一个空白文档。如果是双击某个 CAD 图形文件时，也可以打开软件，但软件不会新建文件。这时单击【新建】命令打开如图 10-7 所示的对话框，在这个对话框中软件提供了许多图形模板，系统默认的是 acad.dwt 模板，这个模板和系统自动新建的空白文档是同一个文档。

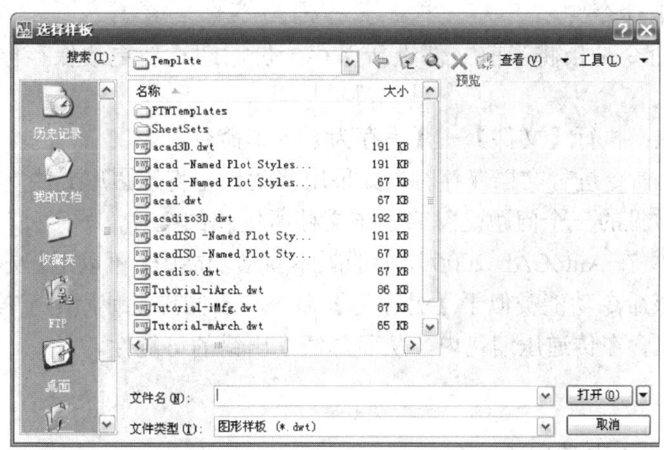

图 10-7　【选择样板】对话框

2. 打开文档

打开调用已存在的文档，其打开方式有以下几种。

(1) 执行【文件】→【打开】菜单命令。

(2) 单击【标准】工具栏中的【打开】命令按钮。

(3) 按 Ctrl+O 组合键。

(4) 在命令行中输入 open，然后按 Enter 键。

3. 【保存】和【另存为】命令

1) 【保存】命令

【保存】命令是指保存当前文档，如果当前的图形是新建的(即没有保存过)，选中【保存】命令会打开对话框，系统要求输入保存位置和文件名称、类型；如果该文件是计算机中已经存在的或是已经保存过，这时选中该命令，不会弹出对话框，系统自动将文档替换原来的文件，原来的文件则变成备份文件(即后缀名为.bak 的文件)，如图 10-8 所示。

(a) CAD图形文件格式

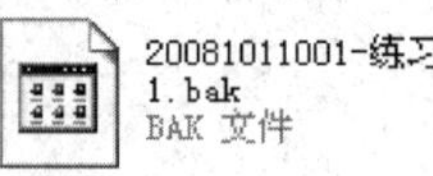

(b) 备份格式

图 10-8　备份文件

备份文件还可以还原成 CAD 图形文件，方法是将它的后缀更改为.dwg。但注意更改后缀的文件，其名称不能和其他图形文件重复，否则计算机系统不允许更改。

激活方法如下。

(1) 执行【文件】→【保存】菜单命令。

(2) 在【标准】工具栏上单击【保存】按钮。

(3) 按 Ctrl+S 组合键。

(4) 在命令行中输入 save 或 qsave，然后按 Enter 键。

2) 【另存为】命令

【另存为】命令是指将当前文件重新保存一份，即重新更改保存位置、文件名称或文件类型。

命令激活方法：执行【文件】→【另存为】菜单命令。

使用【保存】命令进行文档保存时，如果用移动设备将该图形文件复制到其他机器上，打开该文档时，常见的一个问题是忽略了该文档所依赖的文件，如字外部参照和字体文件等。针对这个问题，在 AutoCAD 2006 以后的版本新增功能中，可以用【文件】菜单中的【电子传递】命令，该命令功能类似于【另存为】命令，不同点是使用电子传递，图形文件的依赖文件会自动包含在传递压缩包内，从而降低了出错的可能性。

4. 使用帮助

(1) 执行【帮助】菜单中的命令。

(2) 单击某一命令，按 F1 键；可以直接查找该命令的帮助信息。

(3) 实时助手：执行【帮助】→【实时助手】菜单命令，输入任意一个命令时，【实时助手】都会显示出该命令的相关帮助信息。

5. 缩放读图

1) 用滚轮缩放读图

前后鼠标滚轮，进行缩放视图，观察图纸。

其规律是：滑动滚轮放大或缩小图纸时，图纸是以光标为中心向外放大或向内缩小。

注意：用这种方法缩放图纸时，要时刻注意光标所处的位置。

2) 用缩放命令读图

(1) 命令激活方法。

① 执行【视图】→【缩放】子菜单中的命令。

② 在命令行中输入 Z 并按 Enter 键。

(2) 参数含义。

① 实时：选中该命令时，是用鼠标拖动的方式放大或缩小视图，即按住左键不动移动鼠标。

② 窗口：选中该命令后，单击鼠标左键，移动鼠标再单击 (鼠标两次单击所构成的直线是一个矩形窗口的对角线)，被这个窗口选中的图形将被放大到整个绘图区域进行显示。

③ 全部：选中该命令后，如果图形尺寸小于栅格界限，则在绘图区域内最大化显示栅格界限，如果图形尺寸超过栅格界线范围，则绘图区域内将所有图形最大化显示。

④ 范围：选中该命令后，将所有图形最大化显示到绘图区内。

⑤ 其他参数，不常用，这里不做介绍，有需要了解该内容的同学可以在【帮助】菜单中查找。

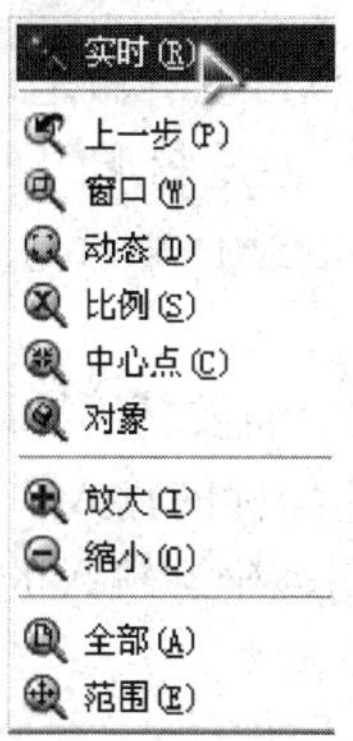

图 10-9　【缩放】子菜单

6. 平移读图

按下鼠标滚轮，同时移动鼠标，这时光标变成手的形状，可以进行拖动鼠标进行平移。

用鼠标滚轮是平移视图最常用的方式，还可以在【视图】→【平移】子菜单中激活相关命令，但这种方法不常用，这里不做介绍。

10.2.2　文档操作案例

1. 要求

(1) 打开指定文档(AutoCAD 安装目录内，sample 文件夹内一张 AutoCAD 图纸)，并用缩放平移命令观察图形。

(2) 将文档另存到桌面，名字更改为：个人学号【-】【任务 1】。

(3) 新建一个文档，然后保存到 D 盘，名称为：个人学号【-】【任务 2】。

2. 操作过程提示

(1) 激活命令：执行【文件】→【打开】菜单命令，打开一个对话框。

(2) 在【搜索】下拉列表框中选择 AutoCAD 安装目录中的 sample 文件夹。

(3) C:\program Files\ AutoCAD2008\sample\。

(4) 单击该文件夹内的 CAD 图形文件，就会在对话框右侧预览框内显示该图形的预览图。

(5) 选择【打开】命令，打开该图形。

(6) 用【缩放】和【平移】命令观察该图形。

(7)执行【文件】→【另存为】菜单命令，打开【另存为】对话框。

(8) 在【保存于】下拉列表框中选择桌面，在【文件名】文本框内输入名字。

(9) 单击【保存】按钮。

10.3　组合体正投影的绘制

AutoCAD 软件是一款绘图软件，也可以看做是一种绘图的工具。与我们手中的铅笔相比，最大的区别就是画图的方式不同，但是图形的画法还是相同的。所以此处结合工程制图中的组合体正投影图的画法，用 AutoCAD 软件进行绘图，讲述用 AutoCAD 软件代替画笔绘制组合体投影图的方法。

在用 AutoCAD 软件绘图的过程中，需要精确地画出线段的长度、矩形的长宽、圆的半径等，这时就需要精确定位的功能，即坐标的输入。本节主要介绍在 AutoCAD 中怎样激活命令、怎样取消命令、直线命令的应用、坐标输入的方法及删除命令的使用。

10.3.1　相关知识

1. CAD 中激活命令的基本方法

1) 通过菜单中的命令

例如，绘图菜单→直线→单击左键选取第一点→单击选取第二点→右键取消。

2) 使用绘图工具栏上的按钮

常用绘图、编辑按钮可以在工具栏里列出。

3) 在命令行内输入命令或按快捷键

例如，在命令行内输入 line 或 L 并按 Enter 键。

4) 通过右键菜单选取命令或按空格键

在绘图区内右击鼠标，可以弹出快捷菜单，在快捷菜单上列出了许多常用命令，如复制、粘贴等，另外刚执行过的命令，或最近执行过的命令也列在菜单的顶端，可以使我们快速地执行。

5) 直接按 Enter 键或空格键

可以激活前一个刚执行过的命令。

2. 命令的取消

取消命令是指某命令被激活后，中断继续的操作。取消的方法是按键盘上的 Esc 键(跳出键)取消该命令。

3. 直线

命令的激活：

(1) 绘图菜单→直线命令。

(2) 绘图工具栏上的图标按钮。

(3) 输入 line 命令或按快捷键 L。

4. 坐标的输入

在 CAD 软件中绘图时，经常需要确定点的位置，即点的坐标。例如，绘制一条直线，只要确定两个点的坐标就可以确定该直线的位置。绘制圆时，先要确定圆心的位置，也就是圆心的坐标。移动图形时，需要确定图形新的位置，也就是图形移动后的坐标。

1) 用鼠标选取

用鼠标在屏幕上拾取点或捕捉特殊点，这里的特殊点是指已知图形上的特殊点，如直线上的端点和中点、圆的圆心点和象限点等。用鼠标选取特殊点时必须借助“对象捕捉”工具。

如果绘制的图形与坐标原点的关系不密切，可以采用这种方式确定点的坐标。

2) 绝对坐标

绝对坐标是指点的坐标是针对坐标原点的，即以原点(0，0)为基准点的坐标。例如，(125,321)，该点的 x 坐标是 125，y 坐标是 321。

(1) 绝对坐标的输入格式。

① 当动态输入法关时：x，y 回车(或空格)。

② 当动态输入法开时：#x，y 回车(或空格)。

(2) 绝对坐标的输入过程演示。

【例 10-1】 如图 10-10 所示，用绝对坐标完成四边形。

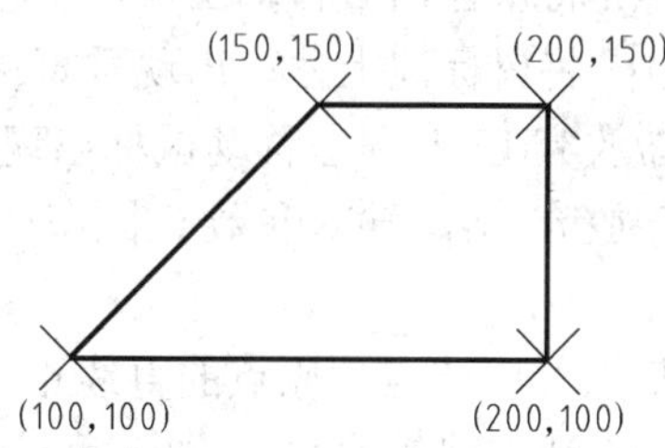

图 10-10 坐标输入图形

注意：下面的命令演示中，阴影部分是软件命令行中显示的提示内容。

(关闭动态输入)

① 命令: 输入 L 回车或空格(激活直线命令)。

② LINE 指定第一点: 输入 100,100 回车。

③ 指定下一点或 [放弃(U)]: 输入 150,150 回车。

④ 指定下一点或 [放弃(U)]: 输入 200,150 回车。

⑤ 指定下一点或 [闭合(C)/放弃(U)]: 输入 200,100 回车。

⑥ 指定下一点或 [闭合(C)/放弃(U)]: 输入参数 C 回车或空格。

3) 相对坐标

相对坐标是指所输入的坐标是相对于前一个点的坐标值，即以上一个点为基准点的坐标。

(1) 相对坐标的输入格式。

① 当动态输入法关时：@ x，y 回车(或空格)。

② 当动态输入法开时：x，y 回车(或空格)。

注意：用相对坐标的方式输入点的坐标时，第一个点必须是已知的。例如，绘制直线时，第一个点必须先用其他方式确定，第二个点才可以用相对坐标输入。

(2) 相对坐标的输入过程演示。

【例 10-2】 用相对坐标绘制如图 10-10 所示的四边形(关闭动态输入)。

① 命令: 输入 L 回车或空格(激活直线命令)。

② LINE 指定第一点: 用鼠标在绘图区内单击输入第一点。

③ 指定下一点或 [放弃(U)]: 输入@100, 0 回车。

④ 指定下一点或 [放弃(U)]: 输入 0, 50 回车。

⑤ 指定下一点或 [闭合(C)/放弃(U)]: 输入-50,0 回车。

⑥ 指定下一点或 [闭合(C)/放弃(U)]: 输入参数 c 回车或空格。

4) 偏移量输入

以图 10-10 为例(动态输入按钮打开或关闭没有关系)。

(1) 输入方法为：先移动鼠标，选取一个方向，然后输入相对于前一个点的偏移量值。

(2) 偏移量输入过程演示。

① 命令: 输入 L 回车或空格。

② LINE 指定第一点: 单击左键输入第一点。

③ 指定下一点或 [放弃(U)]: 将鼠标向右移动出现水平极轴，直接输入 100 回车。

④ 指定下一点或 [放弃(U)]: 将鼠标向上移动出现垂直极轴，直接输入 50 回车。

⑤ 指定下一点或 [闭合(C)/放弃(U)]: 向左移动鼠标出现水平极轴，输入 50 回车。

⑥ 指定下一点或 [闭合(C)/放弃(U)]: 输入参数 C 回车或空格。

5) 绝对极坐标

绝对极坐标是指以原点为基点，用该点到原点的直线距离和该点到原点的连线与 X 轴的夹角来确定点的具体位置。该方法在建筑 CAD 绘图过程中极少使用，本课本仅作为了解内容。

绝对极坐标的输入格式如下。

① 当动态输入法关时：$x<y$ 回车。

② 当动态输入法开时：#$x<y$ 回车。

即输入点距离原点的距离 X，再输入点与原点连线与水平方向的夹角。

6) 相对极坐标

相对极坐标与绝对极坐标的原理基本相同，不同的只是基点不同，相对极坐标是以前一个点为基点，输入点到前一个点的直线距离和点到前一个点的连线与 X 轴正方向的夹角。

(1) 相对极坐标的输入格式。

① 当动态输入法关时：@$x<y$ 空格。

② 当动态输入法开时：$x<y$ 空格。

即输入点与前一个点的距离 X，再输入该点与前一个点连线与水平方向的夹角 Y。

(2) 相对极坐标输入过程演示。

【例 10-3】 用相对极坐标绘制图 10-11(a)所示图形。

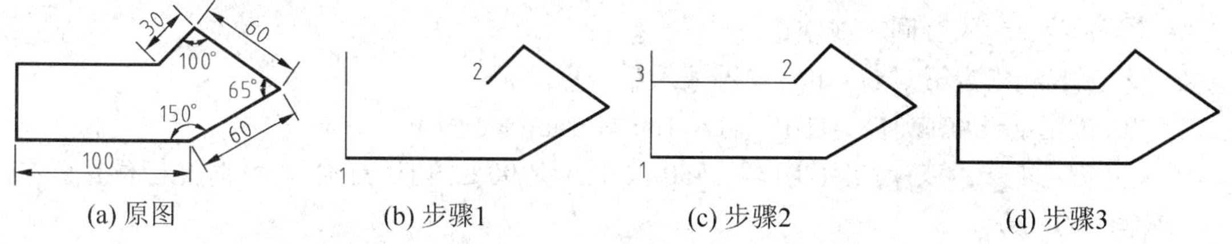

(a) 原图　(b) 步骤1　(c) 步骤2　(d) 步骤3

图 10-11　相对坐标示例

① 命令: 输入 L 空格。

② LINE 指定第一点:单击左键输入直线第一点。

③ 指定下一点或 [放弃(U)]: 输入@100<0 回车。

④ 指定下一点或 [放弃(U)]:输入@60<30 回车。

⑤ 指定下一点或 [闭合(C)/放弃(U)]:输入@60<145 回车。

⑥ 指定下一点或 [闭合(C)/放弃(U)]: 输入@30<-135 回车【如图 10-11(b)所示 2 点】。

⑦ 空格(结束当前直线命令)。

⑧ 空格(再次激活前一个命令，即直线命令)。

⑨ LINE 指定第一点:把鼠标放到 1 点处附近，出现端点捕捉标记后，单击捕捉该点。

⑩ 指定下一点或 [闭合(C)/放弃(U)]:向上移动鼠标出现垂直极轴，位置比要求的高一些，单击左键，绘制一条辅助直线，如图 10-11(b)所示。

⑪ 空格(结束直线命令)。

⑫ 空格(再次激活直线命令)。

⑬ LINE 指定第一点:移动光标到 2 点附近单击左键捕捉 2 点。

⑭ 指定下一点或 [闭合(C)/放弃(U)]:向左移动光标，出现极轴，移动到辅助线附近，出现交点捕捉标记，单击左键捕捉交点。

⑮ 指定下一点或 [闭合(C)/放弃(U)]: 捕捉 1 点。

⑯ 指定下一点或 [闭合(C)/放弃(U)]:空格(结束直线命令)。

⑰ 用鼠标单击辅助直线(选中辅助直线)。

⑱ 按 Delete 键(删除辅助直线)。

7) 动态输入法

该方法是 AutoCAD 2006 版本后新增的一个功能，目的在于方便、快速地输入坐标和显示当前绘图状态(如显示当前光标与前一个点的距离和角度等)。但是该方法对于计算机的硬件要求较高，如果计算机硬件配置较低，打开动态输入法将会影响绘图速度，这时只要关闭该按钮即可。

(1) 动态输入法格式。

X Tab 键 *Y* 回车(注意，不能用空格键代替)

即，输入该点与前一个点的距离 *X*，再输入该点与前一个点连线与水平方向的夹角 *Y*。

注意：输入角度时，光标所处的位置影响所输入的数值，输入正值表示点与光标方向相同，输入负值表示点与光标方向相反。如果输入过程中校正输入数值，只能用 Tab 键。

(2) 动态输入过程演示。

【例 10-4】 用动态输入法绘制如图 10-10 所示的图形。

① 命令: 输入 L 回车或空格。

② LINE 指定第一点: 单击左键输入第一点。

③ 指定下一点或 [放弃(U)]: 输入 100 按 Tab 键 0 回车。

④ 指定下一点或 [放弃(U)]:输入 50 按 Tab 键 90 回车(注意输入 90 时光标位置要在前一条直线的上方)。

⑤ 指定下一点或 [闭合(C)/放弃(U)]:输入 50 按 Tab 键 180 回车。

⑥ 指定下一点或 [闭合(C)/放弃(U)]: 输入参数 C 回车或空格。

5. 删除命令

激活方法如下。

(1) 执行【修改】→【删除】菜单命令。

(2) 单击工具栏上的 图标按钮。

(3) 输入 E 并按 Enter 键。

(4) 按 Delete 键。

10.3.2 组合体投影图绘制案例

1. 要求

绘制组合体的正投影图，尺寸如图 10-12 所示。

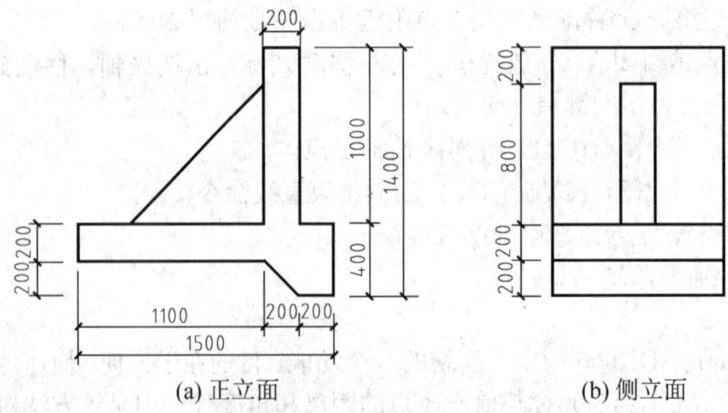

(a) 正立面　　(b) 侧立面

图 10-12 组合体正投影图

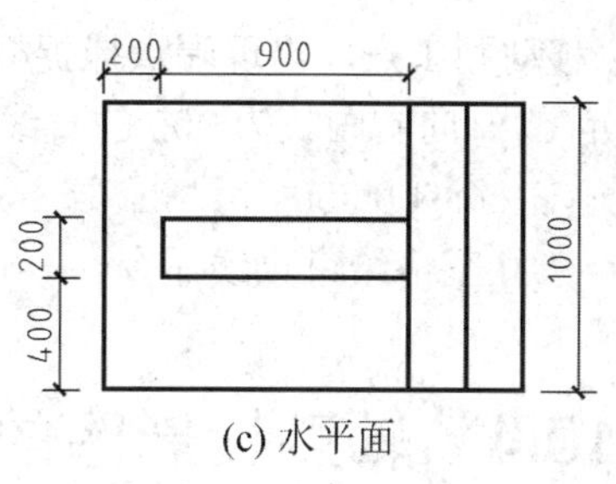

(c) 水平面

图 10-12　(续)

2. 操作过程

为了练习坐标输入方法，绘制外侧墙线时用相对坐标的方法，绘制内墙线时用偏移量输入方法。

本示例只介绍图 10-13(a)所示图形的绘制过程。图 10-13(a)所示图形的绘制这里用偏移量、相对坐标输入过程(打开【极轴】开关按钮，关闭【动态输入】开关按钮)。

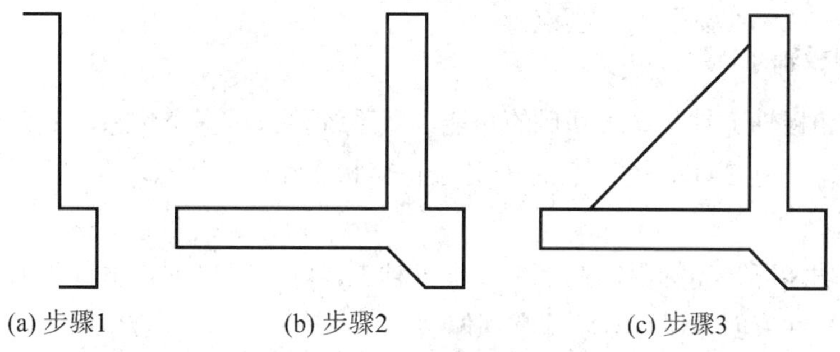

图 10-13　挡土墙绘制示意图

步骤 1，如图 10-13(a)所示。

① 命令：输入 L 空格，激活直线命令。

② 指定第一点:用鼠标单击确定第一点。

③ 指定下一点或 [放弃(U)]: 向右移动鼠标，出现水平极轴，输入 200 回车。

④ 指定下一点或 [放弃(U)]: 向下移动鼠标，出现垂直极轴，输入 1000 回车。

⑤ 指定下一点或 [闭合(C)/放弃(U)]:向右移动鼠标，输入 200 回车。

⑥ 指定下一点或 [闭合(C)/放弃(U)]: 向下移动鼠标，输入 400 回车。

⑦ 指定下一点或 [闭合(C)/放弃(U)]: 向左移动鼠标，输入 200 回车。

步骤 2，如图 10-13(b)所示。

① 指定下一点或 [放弃(U)]:输入@-200,200 回车。

② 指定下一点或 [放弃(U)]:向左移动鼠标，输入 1100 回车。

③ 指定下一点或 [闭合(C)/放弃(U)]:向上移动鼠标，输入 200 回车。

④ 指定下一点或 [闭合(C)/放弃(U)]:向右移动鼠标，输入 1100 回车。

⑤ 指定下一点或 [闭合(C)/放弃(U)]: 输入 c 空格。

步骤 3，如图 10-13(c)所示。

① 命令：输入 L 激活直线命令。

② LINE 指定第一点:移动到 1 点，出现端点捕捉标记，单击左键。

③ 指定下一点或 [放弃(U)]: 向右画长为 200 的直线。

④ 指定下一点或 [放弃(U)]:@900,800。

⑤ 指定下一点或 [放弃(U)]:空格结束直线命令。

10.4 轴测投影图的绘制

轴测投影图的绘制可以有效地帮助我们加深对组合体正投影图的认识，并提高空间立体分析能力。用 AutoCAD 软件绘制轴测投影图比用手工绘图更加准确、方便，因为 AutoCAD 软件有很多辅助工具。本节主要介绍辅助工具的使用，包括正交和极轴功能、对象捕捉、对象追踪和栅格捕捉，这些辅助工具的使用在今后的绘图过程中会提供给极大的便利。

10.4.1 相关知识

1. 正交和极轴

正交工具和极轴工具是一对互斥的功能，即系统要么是正交状态，要么是极轴状态，或者两者都不是，但 CAD 系统不能同时处于正交状态和极轴状态。

1) 正交

利用正交功能可将光标限制在水平或垂直轴上，除了可以创建垂直和水平对齐之外，还可以增强平行性或创建现有对象的常规偏移。

激活正交的方法如下。

(1) 在状态栏上单击【正交】按钮，如图 10-14 所示。

捕捉	栅格	正交	极轴	对象捕捉	对象追踪	DUCS	DYN	线宽	模型

图 10-14 辅助工具栏

(2) 按 F8 键来切换启用或关闭状态。

(3) 输入 ortho 命令按 Enter 键。

2) 极轴

该功能可将光标的移动限制为沿极轴角度的指定增量，并且可显示由指定的极轴角所定义的临时对齐路径。极轴的角度可以任意设置。

(1) 极轴的激活。

① 在状态栏上单击【极轴】按钮。

② 按 F10 键切换极轴状态的打开与关闭，即按一次 F10 键是打开，再次按是关闭。

(2) 参数含义。

① 增量角：系统默认在第一个已知点水平向右是第一条极轴，按照增量角会出现极轴。

例如，增量角为 90°，则在第一个已知点正上方，左侧水平位置和正下方 270°的位置出现极轴。

② 附加角：在增量角的方位有极轴的前提下，再额外增加的极轴角度。

③ 仅正交极轴追踪：指对特殊点进行追踪时，只在水平和垂直方向上有追踪功能，如图 10-15 所示。

图 10-15　【极轴追踪】选项卡

【例 10-5】 绘制一个新的矩形，使这个矩形的左上角和已知矩形的右上角处于同一水平线上，相距为 20mm。

操作过程如下(注意：已知一个矩形已经绘制完毕)：

a. 命令: 输入 rec 空格，激活矩形命令。

b. 指定第一个角点或 [倒角(C)/标高(E)/圆角(F)/厚度(T)/宽度(W)]: 移动光标到已知矩形的右上角点上，使右上角点的端点捕捉变亮，向右移动光标，这时会出现一条虚线，这就是对象的正交极轴追踪，输入 20 回车。

c. 指定另一个角点或 [面积(A)/尺寸(D)/旋转(R)]: 用鼠标单击确定矩形的对角点。

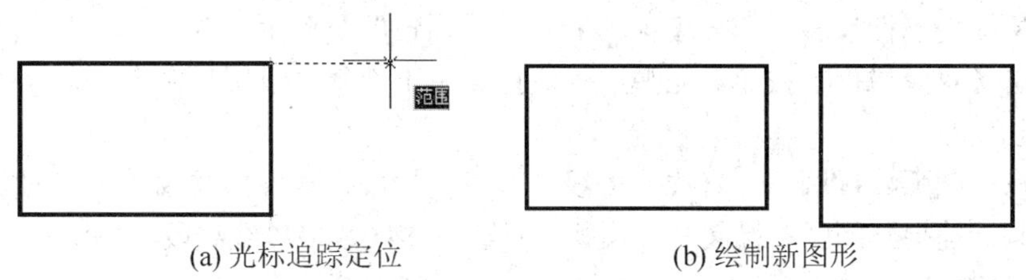

(a) 光标追踪定位　　(b) 绘制新图形

图 10-16　正交极轴追踪示例

④ 用所有极轴角设置追踪：指对特殊点进行追踪时，在设置的各个极轴上都可以进行追踪。

【例 10-6】 用直线命令绘制一个平行四边形。

操作过程如下(先设置好极轴的附加角为 30°):

a. 先绘制一条垂直线段和一条倾斜角为 30° 的线段，如图 10-17 所示；

b. 命令：输入 L 空格，激活直线命令。

c. 指定第一点:捕捉垂直线段的上端点。

d. 指定下一点或 [放弃(U)]:移动鼠标到倾斜直线的右端点上，出现端点捕捉标记后，向上移动鼠标出现垂直极轴，再向上移动鼠标，直到出现 30° 极轴和垂直极轴相交的状态，单击捕捉两极轴交点。

e. 指定下一点或 [放弃(U)]:捕捉倾斜直线的右端点。

f. 指定下一点或 [闭合(C)/放弃(U)]:按空格结束直线命令。

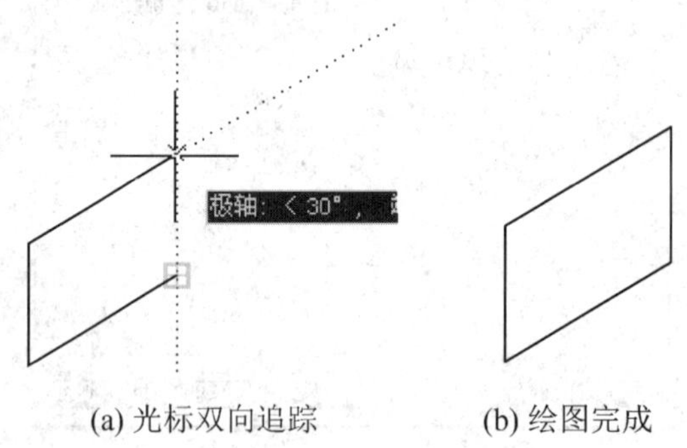

(a) 光标双向追踪　　(b) 绘图完成

图 10-17　所有极轴追踪示例

2. 对象捕捉

为了尽可能提高绘图的精度，可用对象捕捉功能将指定点限制在现有对象的确切位置上，如中点或交点等，以便快速、准确地绘制图形，如图 10-18 所示。可以迅速指定对象上的精确位置，而不必输入坐标值。

1) 对象捕捉的激活

(1) 单击状态栏上的【对象捕捉】按钮。

(2) 右击任意工具栏，弹出工具栏快捷菜单，选择【对象捕捉】工具栏。

(3) 在输入点时，按住 Shift 键，单击右键，弹出对象捕捉快捷菜单。

(4) 对象捕捉属性设置：选择【工具】→【草图设置】菜单命令。

(5) 右击【对象捕捉】按钮，在弹出的快捷菜单上选择【设置】命令。

2) 参数含义

(1) 端点：圆弧、椭圆弧、直线、多线、多段线线段、样条曲线或射线等的端点。

(2) 中心：捕捉到圆弧、椭圆、椭圆弧、直线、多线、多段线线段、面域、实体、样条曲线或参照线的中点。

(3) 节点：指用【点】命令输入的点，或用【等分点命令】输入的点。

(4) 象限点：圆、椭圆对象上的上、下、左、右 4 个特殊点。

(5) 交点：各种对象交叉的点。

(6) 延伸点：直线对象上的端点延长线上的某个点。

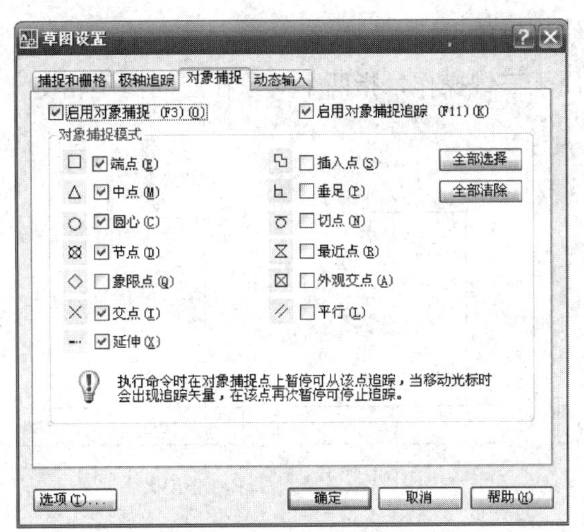

图 10-18　【对象捕捉】选项卡

【例 10-7】 绘制如图 10-19 所示的图形。

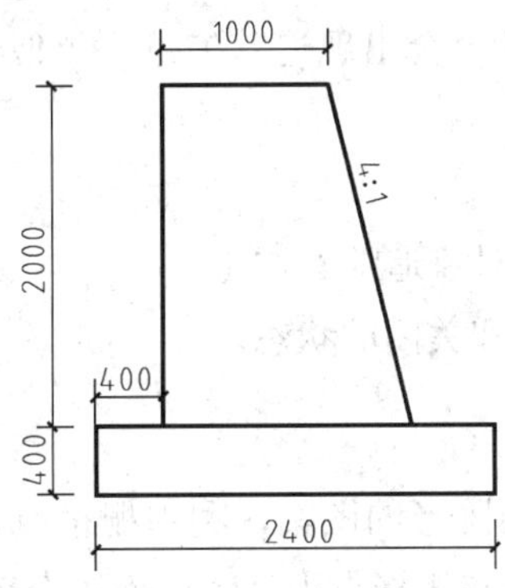

图 10-19　延伸点捕捉示例

绘制过程如下。

① 首先设置对象捕捉，将端点、交点和延伸点都选中。

② 用直线命令按照从 1～7～3 的顺序绘制线段，如图 10-20(a)所示。

③ 用直线命令在 1 点处绘制线段 18，长为 400，再绘制线段 89，长为 100。

④ 激活直线命令，捕捉 9 点，再连接 1 点。

⑤ 然后移动光标到 9 点，出现对象捕捉标记后，沿着线段 19 的延长线方向移动鼠标会出现一条虚线延长线，即延伸点捕捉，直到与下面的线段相交，单击左键捕捉该交点；完成后的图形如图 10-20(d)所示。

(7) 插入点：块或文字对象上的基础点。

(8) 垂足：作某个对象垂线的垂足点。

(9) 切点：圆、椭圆对象的切线的切点。

(10) 最近点：任意对象上距离光标最近的点。

(11) 平行点：某线型对象平行线的特殊点。

(12) 外观交点：用于三维操作，指两个对象在空间内不相交，但在当前平面视图内看上去相交的交点。

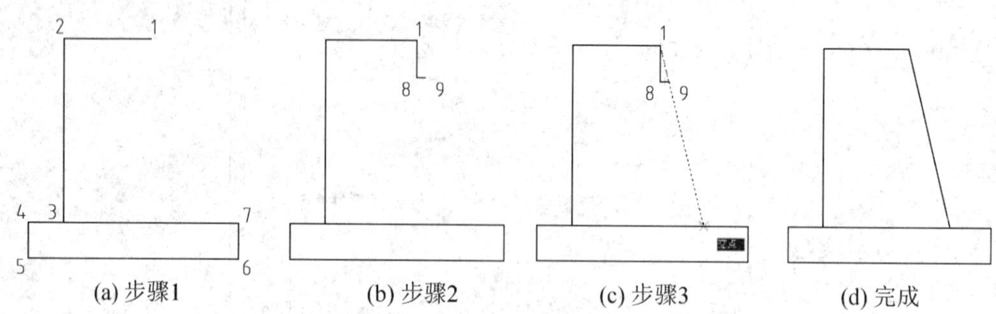

图 10-20　延伸点捕捉应用过程

3. 对象追踪

对象追踪和对象捕捉是配合起来工作的。将光标在已知图形的特殊点上暂停一下，可以从特殊点进行追踪，移动鼠标时会出现追踪矢量，类似于极轴。再次在该特殊点暂停，停止追踪。

对象追踪的激活方法如下。

(1) 单击辅助工具栏上的【对象追踪】按钮。

(2) 按 F11 键可以切换打开和关闭的状态。

4. 栅格捕捉

栅格是由许多点所组成的矩阵形的图案，利用栅格点可有效地精确定位光标。当栅格捕捉打开时，移动鼠标时光标会在栅格点上移动，而不会落到其他位置上。

栅格的范围与图形的界限有直接关系。CAD 系统默认的栅格的范围是在图形界限的整个区域，其作用类似于在图形下方放置了一张坐标纸，以达到对齐对象的目的，并直观显示对象之间的距离，但它是不可打印输出的。

10.4.2　轴测投影图绘制案例

1. 要求

图 10-21 所示的图形是挡土墙轴测投影图，用直线命令、删除命令和辅助工具完成。

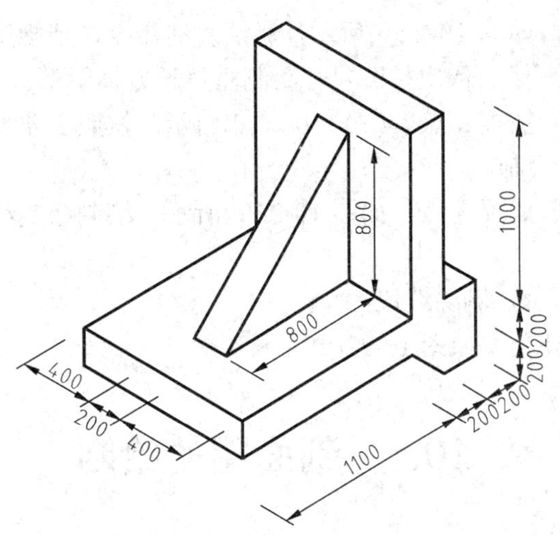

图 10-21　极轴与对象捕捉示例

2. 操作过程

在绘图之前，首先分析一下该投影图的特点，如图 10-22(a)所示，挡土墙投影图是由 4 部分组成的。绘图顺序可以制定为：先绘制一个水平放置的长方体，在长方体上绘制一个垂直放置的长方体，下面放置一个三棱柱体，最后绘制最底下的四棱柱体。绘图过程如下。

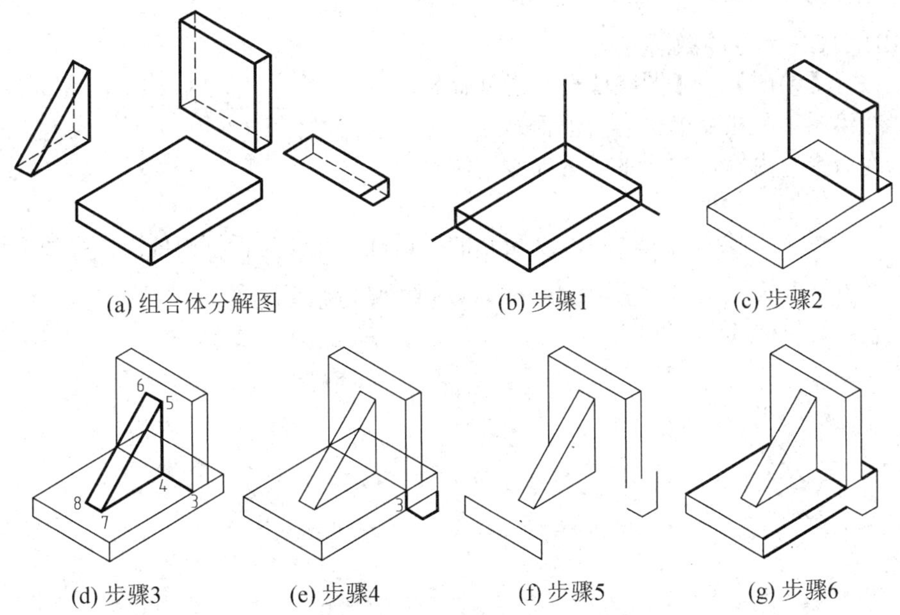

图 10-22　任务执行过程

(1) 打开【极轴追踪】选项卡，设置极轴附加角度为 30°、150°、210°、330°。

(2) 激活直线命令，绘制如图 10-22(b)所示的图形。

(3) 删除辅助线段，如图 10-22(c)所示，激活直线命令，捕捉 1 点，沿着 210° 极轴，绘制线段 200，到 2 点，然后依次按照尺寸绘制垂直长方体图形。

(4) 激活直线命令，捕捉 3 点，如图 10-22(d)所示，按照 3-4-5-6 和 4-7-8 的顺序绘制线段，完成三棱柱体的绘制。

(5) 激活直线命令，捕捉 3 点，如图 10-22(e)所示，绘制粗实线部分，完成最下面的四棱柱体。

(6) 如图 10-22(f)所示，删除线段。

(7) 将缺失的线段补全，如图 10-22(g)所示。

10.5 剖面图的绘制

剖面图的绘制需要学生有较强的空间分析能力。换个角度来说，剖面图的绘制也可以加深组合体的空间分析能力。剖面图和断面图的形成过程非常类似，本节就以剖面图为对象进行讲解。涉及 AutoCAD 的主要命令是图案填充命令和渐变色填充命令。

10.5.1 相关知识

1. 图案填充 BHATCH(快捷键 H)

1) BHATCH 命令的激活方法

(1) 执行【绘图】→【图案填充】菜单命令。

(2) 在绘图工具栏中单击图标按钮。

(3) 在命令行内输入 bhatch 或 h 命令。

2) 命令的执行过程

激活该命令后，会弹出如图 10-23 所示的对话框。在该对话框内依次进行如下设定。

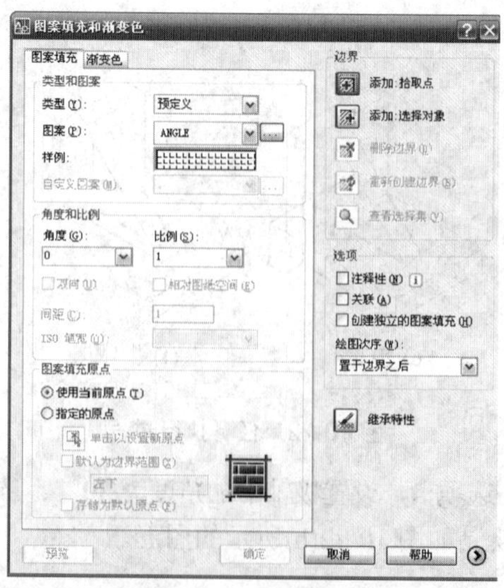

图 10-23 【图案填充】选项卡

① 图案。单击【图案】选项的右侧的按钮[...]，在弹出的对话框中选择填充图案。

② 添加对象。单击【添加：拾取点】图标按钮，然后在绘图区内单击选择填充区域。

③ 预览。单击【预览】按钮，可以预览填充效果。

④ 确定。单击【确定】按钮，完成图案填充。

3) 参数含义

(1) 角度。可以设置所填充图案的倾斜角度。

(2) 比例。设置所填充图案的缩放比例。

(3) 图案填充原点。指填充图案的绘制起点。

(4) 关联。设置填充的图案与填充边界之间的关联性。

(5) 创建独立的图案填充。对于多个填充区域，在同时填充图案时，用该参数设置各个区域之间的独立性。

(6) 继承特性。单击该按钮，光标跳到绘图区域，可以选择已经填充好的图案，作为新填充图案的参照。

2. 渐变色填充 BHATCH(快捷键 H)

渐变色填充与图案填充是同一个命令，激活的方法稍有不同。

1) 渐变色填充命令的激活方法

(1) 执行【绘图】→【渐变色】菜单命令。

(2) 单击绘图工具栏中的图标按钮。

(3) 在命令行内输入 bhatch 或 h 命令。

2) 命令的执行过程

激活渐变色填充后，弹出如图 10-24 所示的对话框。

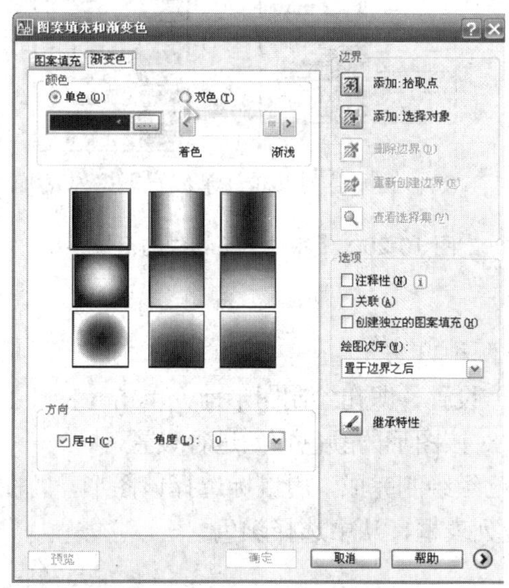

图 10-24　【渐变色】选项卡

颜色填充分单色填充和双色填充两种。

设置过程大致与图案填充类似。

3. 特性设置

图形的特性是指图形所有的颜色、线型、粗细，如图 10-25 所示，该工具栏是 3 个下拉列表框。第一个下拉列表框颜色下拉列表框，单击弹出的下拉列表框。如图 10-26(a)所示。第二个下拉列表框是线型下拉列表框，如图 10-26(b)所示。第三个下拉列表框是线宽下拉列表框，如图 10-26(c)所示。

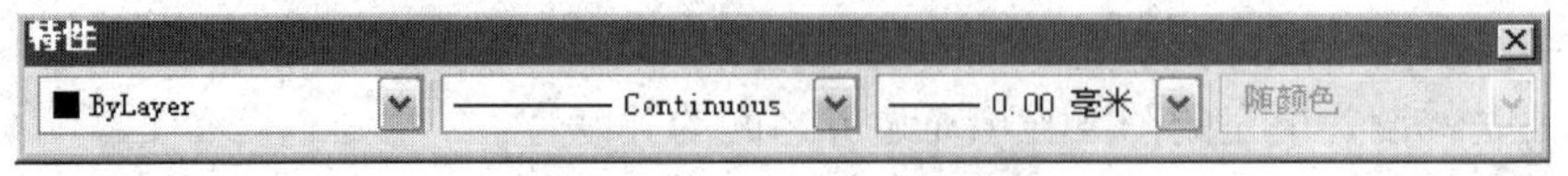

图 10-25 【特性】工具栏

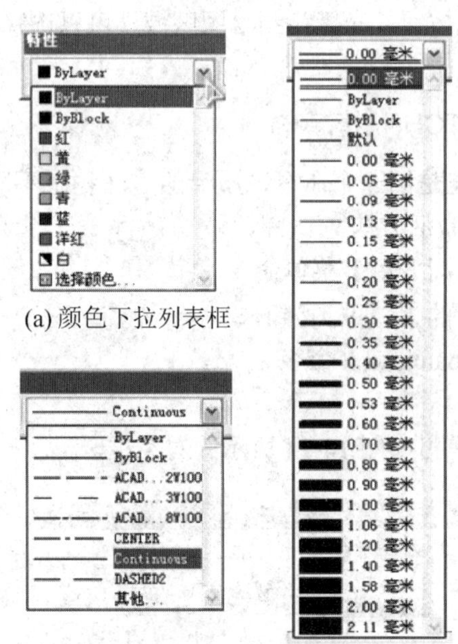

(a) 颜色下拉列表框

(b) 线型下拉列表框 (c) 线宽下拉列表框

图 10-26 【特性】工具栏的下拉菜单

1) 颜色设置方法

图形颜色设置有以下两种方法。

(1) 预先设置。绘图前设置，即在绘制图形前，单击【特性】工具栏上的颜色下拉列表框，从中选择一个颜色，对该图形的颜色预先进行设置。

(2) 事后设置。图形已经绘制完成，用鼠标选择该图形，即图形的状态是带有蓝色点标记的，然后单击颜色下拉列表框，从中选择颜色。

2) 线型的设置

线型的设置方法与颜色的设置方法相同。但在设置线型之前必须先加载线型种类。其设置方法如下。

(1) 单击线型下拉列表框，从中选择【其他】选项，弹出【线型管理器】对话框，如图 10-27 所示。

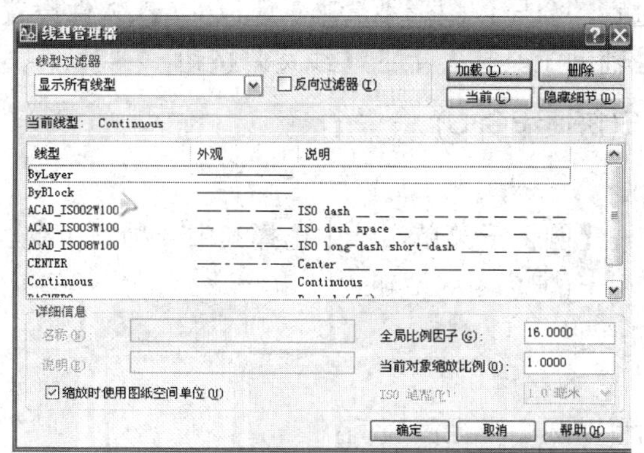

图 10-27 【线型管理器】对话框

(2) 在【线型管理器】对话框中，单击【加载】按钮，会弹出如图 10-28 所示的【加载或重载线型】对话框。

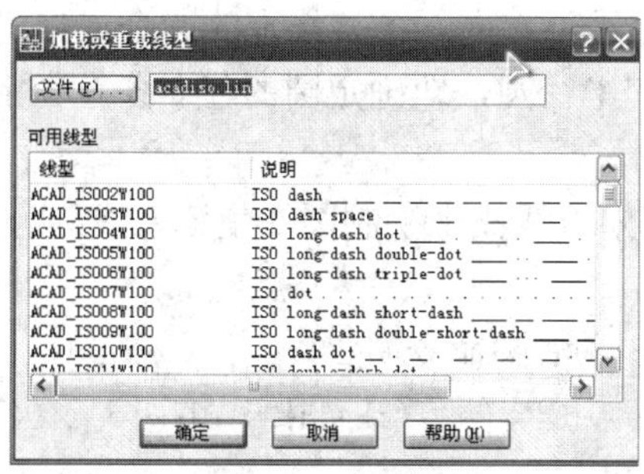

图 10-28 【加载或重载线型】对话框

在该对话框内选择相应的线型，单击【确定】按钮。

(3) 单击【删除】按钮，可以删除已经加载到当前对话框内的线型。

(4) 单击【当前】按钮，可以使某个线型设置为当前的线型，即将绘制的所有图形都是该线型。

(5) 单击【显示细节】按钮，可以打开对话框下半部分的【详细信息】区域的内容，单击该按钮后，该按钮就变成了【隐藏细节】按钮。

(6) 【全局比例因子】，用这个选项可以设置非连续线的非连接间隙大小，如虚线中的空隙大小和虚线上的线段大小。

【全局比例因子】对于将绘制和已经绘制的图形都起作用。

(7) 【当前对象缩放比例】：用这个选项也可以设置非连续线的间隙。区别在于：要让某种线型用当前比例，前提是必须先设置该线型的当前比例因子，然后再将该线型设置为当前线型，这样该选项才能发挥作用。

最终，图形线型被放大倍数=全局比例×当前比例。

3) 线宽设置

线宽的设置与颜色的设置方法相同，可以在绘图前预先设置线宽，也可以在绘图后设置线宽。在 CAD 软件里，由于屏幕显示的问题，导致大多数宽度的线不能正常显示，一般情况是 0.25mm 以下包括 0.25mm 不能显示出宽度，0.30mm 以上的宽度可以显示。

但是显示的宽度过宽，会导致图形不清晰。所以 CAD 软件设置了一个按钮控制屏幕是否显示线的宽度，即【辅助工具栏】上的【线宽】按钮。

4. 圆命令 CIRCLE(快捷命令 C)

1) 命令的激活方法

(1) 执行【绘图】→【圆】子菜单，从中选择其中一种圆命令。

(2) 单击绘图工具栏上的图标按钮。

(3) 输入命令 circle 空格。

(4) 输入快捷键 c 空格。

2) 命令的执行过程(以圆心半径圆为例)

(1) 命令: 输入 c 空格。

(2) 指定圆的圆心或 [三点(3P)/两点(2P)/相切、相切、半径(T)]:用鼠标单击确定圆心。

(3) 指定圆的半径或 [直径(D)]: 输入 100 回车。

3) 参数含义

(1) 三点(3p)：该参数是用不在同一条直线上的 3 个点来确定一个圆的位置和大小。

(2) 两点(2P)：两点相切半径圆，即确定圆的任一条直径上的两个点，来确定圆的半径和位置。

例如：用两点圆法在已知直线段上绘制圆，使该直线称为圆的直径。

命令执行过程如下。

① 命令: 输入 c 空格，激活圆命令。

② 指定圆的圆心或 [三点(3P)/两点(2P)/相切、相切、半径(T)]: 用鼠标点取圆上任意点，确定第一个圆，同时命令结束。

③ 命令:直接按空格键，再次激活圆命令。

④ 指定圆的圆心或 [三点(3P)/两点(2P)/相切、相切、半径(T)]: 输入 2p 空格，激活参数。

⑤ 右击，在弹出的快捷菜单上选择【最近点】命令。

⑥ 指定圆直径的第一个端点:_nea 到 用鼠标移动到圆的右上角附近，出现最近点捕捉标记，单击左键，指定圆直径的第一点。

⑦ 指定圆直径的第二个端点:用鼠标移动到合适位置，点取圆直径的第二点。

(3) 相切、相切、半径(T)：在已知图形上找到两个与圆相切的切点，然后再输入该圆的半径，可以确定一个唯一的圆。

该参数执行过程中，半径的大小要根据已知图形与绘制图形的位置关系而定。

【例 10-8】 绘制一个圆，要求与已知的两个圆相切。

本示例为已知两个圆都已经绘制完成，如图 10-29 所示，命令执行过程直接从第三个圆开始，如图 10-30 所示。

① 命令: 输入 c 空格 CIRCLE。

② 指定圆的圆心或 [三点(3P)/两点(2P)/相切、相切、半径(T)]: 输入 t 空格。

③ 指定对象与圆的第一个切点:用鼠标移动到其中一个圆上并单击。

④ 指定对象与圆的第二个切点:用鼠标移动到另一个圆上并单击。

⑤ 指定圆的半径 <1600.0000>: 输入 1600 回车。

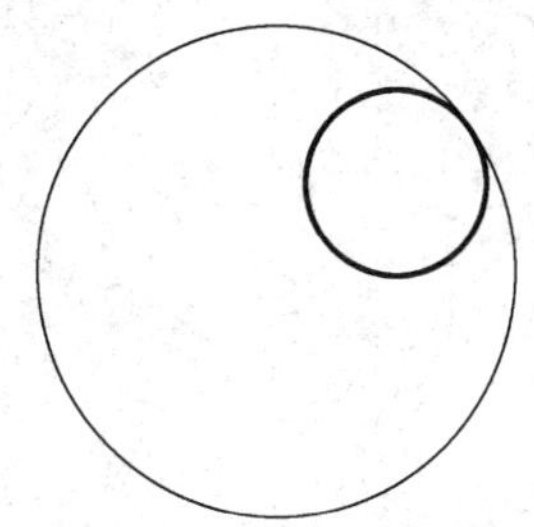

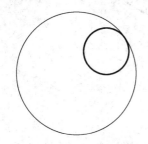

图 10-29　两点圆示例

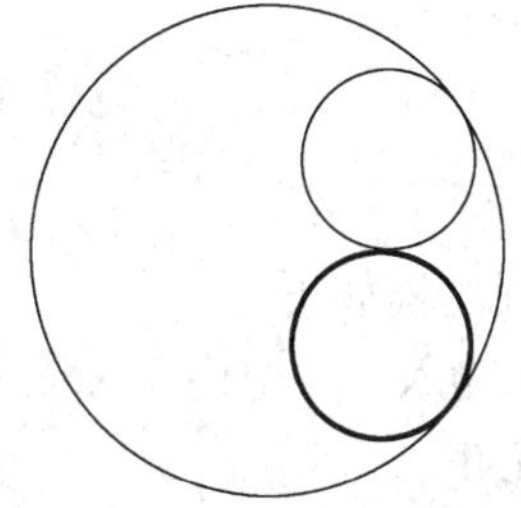

图 10-30　相切、相切、半径圆

(4) 直径(D)：输入该参数可以用确定圆心和直径的方式确定圆。

(5) 三点相切圆：激活该参数，必须在【绘图】→【圆】子菜单中选择，如图 10-31 所示。

① 命令: 依次单击【绘图】→【圆】→【相切、相切、相切】命令_circle。

② 指定圆的圆心或 [三点(3P)/两点(2P)/相切、相切、半径(T)]: _3p 指定圆上的第一个点: _tan 到 移动光标到一个圆上单击。

③ 指定圆上的第二个点: _tan 到 移动光标到第二个圆上单击。

④ 指定圆上的第三个点: _tan 到 移动光标到第三个圆上单击。

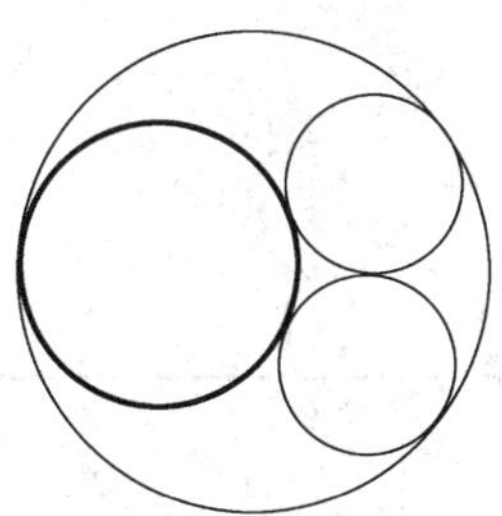

图 10-31　相切、相切、相切圆

5. 样条曲线命令 SPLINE(快捷命令 SPL)

样条曲线是经过或接近一系列给定点的光滑曲线。

1) 命令的激活

(1) 执行【绘图】→【样条曲线】命令。

(2) 单击绘图工具栏上的图标按钮。

(3) 输入命令 spline。

(4) 输入 spl 空格。

2) 命令执行过程

【例 10-9】 用样条曲线绘制如图 10-32 所示的中粗实线部分。

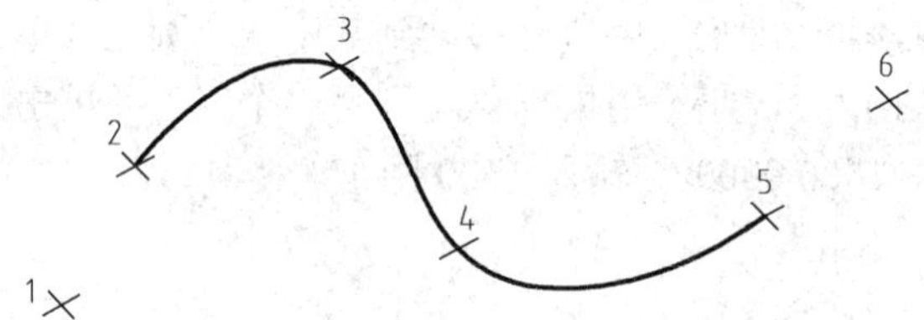

图 10-32　样条曲线示例

命令执行过程如下。

① 命令:输入 spl 空格。
② SPLINE
③ 指定第一个点或 [对象(O)]:用鼠标选取样条曲线的第一个点，即图 10-32 中的 2 点。
④ 指定下一点:在 3 点附近选取第二个点。
⑤ 指定下一点或 [闭合(C)/拟合公差(F)] <起点切向>:选取 4 点。
⑥ 指定下一点或 [闭合(C)/拟合公差(F)] <起点切向>:选取 5 点。
⑦ 指定下一点或 [闭合(C)/拟合公差(F)] <起点切向>:按空格，结束曲线最后一个点。
⑧ 指定起点切向:在 1 点附近单击，确定曲线起点切线方向。
⑨ 指定端点切向:在 6 点附近单击，确定曲线终点切线方向。

10.5.2　线型设置案例

1. 要求

绘制如图 10-33 所示的图形。

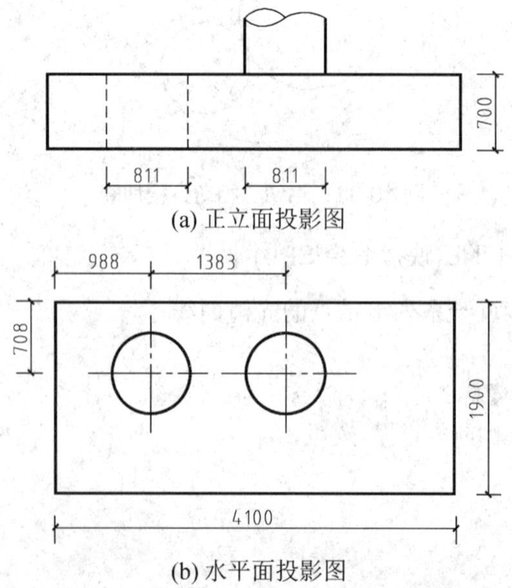

图 10-33　线型设置案例

2. 操作过程

(1) 首先，激活矩形命令，绘制如图 10-34(a)所示图形，尺寸参照图 10-33 所示。

(2) 然后激活直线命令，从 1 点开始向下绘制长 708mm 的线段，再向右绘制长 988mm 的线段到 2 点，向上绘制任意长度的线段，结束直线命令。

(3) 再次激活直线命令，从 2 点向右绘制长为 1383mm 的线段。

(4) 激活圆命令，用【直径】参数以 2 点、3 点为圆心绘制直径为 811mm 的圆，如图 10-34(b)所示。

(5) 激活直线命令，用对象追踪功能，将光标放到 4 点上暂停，向上移动光标追踪到 5 点，单击定位，向上绘制线段。

(6) 用同样的方法，从 6 点追踪到 7 点绘制线段，从 8 点追踪到 9 点，向上绘制长为 700mm 的线段，向左绘制长为 811mm 的线段，在向下绘制长为 700mm 的线段，如图 10-34(b)所示。

(7) 删除图 10-34(b)中的辅助线段，再激活直线命令，从一个圆的圆心向左追踪定位线段左端点，然后向右绘制圆轴线。用同样的方法绘制圆的垂直轴线，如图 10-34(c)所示。

(8) 激活样条曲线命令，绘制如图 10-34(c)所示的截断线。删除截断线处的横向线段。

(9) 调整线型，如图 10-34(d)所示。

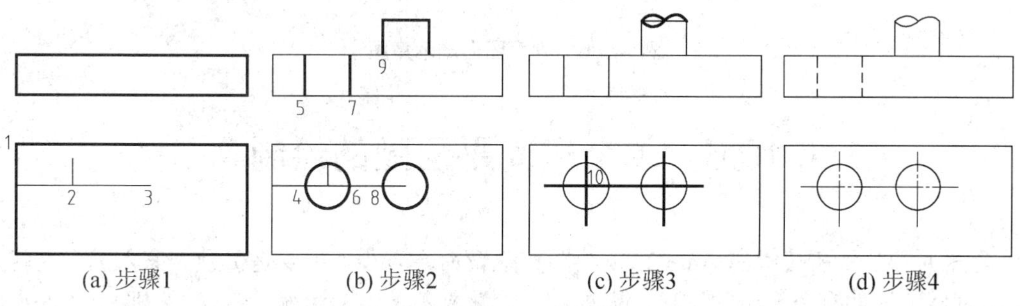

(a) 步骤1　(b) 步骤2　(c) 步骤3　(d) 步骤4

图 10-34　线型设置绘图步骤

10.5.3　剖面图绘制案例

1. 要求

根据给出的组合体的二面投影图，绘制 1-1 剖面图，如图 10-35 所示。

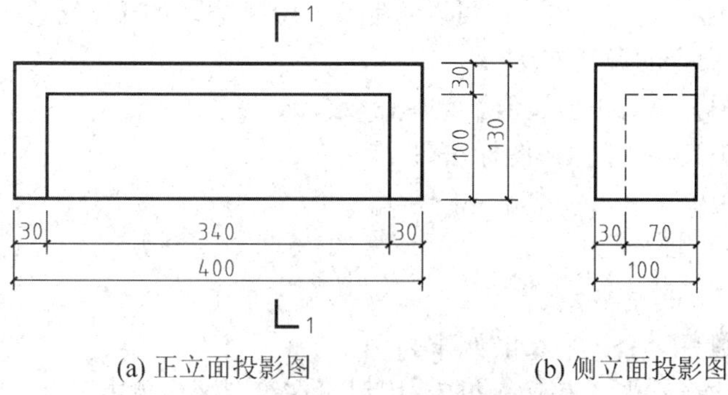

(a) 正立面投影图　(b) 侧立面投影图

图 10-35　组合体二面投影图

2. 操作过程

组合体的轴测投影图，截断面的形状，形成的剖面图如图 10-36 所示。

- 用【直线】命令绘制如图 10-36 所示的剖面图。
- 激活【填充】命令，填充截面。

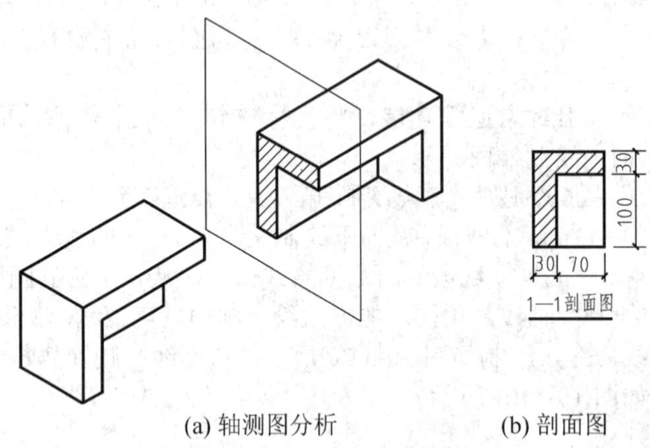

(a) 轴测图分析　　(b) 剖面图

图 10-36　剖面图形成示意图

10.6　单个房间平面图的绘制

前面的各节中所接触的 AutoCAD 绘图和编辑命令较少，主要是引领大家入门，也就是对 AutoCAD 软件有个初步的了解，从本节开始学习各种绘图和编辑命令。按照由浅入深的方式，本节以单个房间平面图为对象讲解 AutoCAD 命令：正多边形命令、矩形命令、移动命令、偏移命令、复制命令、分解命令、倒角命令和圆角命令。

10.6.1　相关知识

1. 正多边形 POLYGON(快捷命令 POL)

该命令用于快速绘制正多边形，可以绘制 3～1024 条边的正多边形。

1) POLYGON 命令的激活方法

(1) 执行【绘图】→【正多边形】菜单命令。

(2) 单击绘图工具栏中的图标按钮。

(3) 在命令行内输入 polygon 或 pol 命令。

2) 命令的执行过程

(1) 命令: 输入 pol 空格。

(2) 输入边的数目 <4>: 输入 4 回车。

(3) 指定正多边形的中心点或 [边(E)]:用鼠标在绘图区内单击。

(4) 输入选项 [内接于圆(I)/外切于圆(C)] <I>:按空格，按<>内的参数执行。

(5) 指定圆的半径: 输入 50 回车，完成图形并结束命令。

3) 参数含义

(1) 边(E)：输入该参数，用边长确定正多边形的大小。

如图 10-37(a)所示，在制定正多边形的中线点之前，输入该参数，首先确定 1 点位置，然后移动鼠标到 2 点单击，即可确定正多边形的大小。

(2) 内接于圆(I)：通过正多边形的外接圆的半径确定其大小。

如图 10-37(b)所示，首先用光标确定 1 点位置，然后输入该参数，用光标指定 2 点位置。

(3) 外切于圆(C)：通过正多边形的内切圆的半径确定其大小。

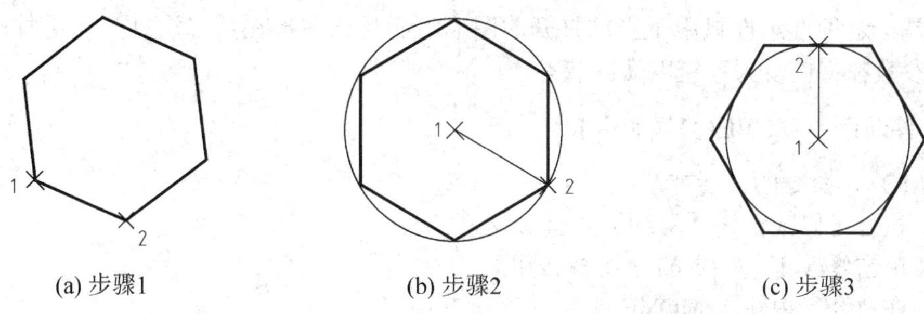

(a) 步骤1　(b) 步骤2　(c) 步骤3

图 10-37　正多边形绘制方法

2. 矩形 RECTANG(快捷命令 REC)

1) RECTANG 命令的激活方法

(1) 执行【绘图】→【矩形】菜单命令。

(2) 单击绘图工具栏上的图标按钮。

(3) 输入命令 RECTANG 或 REC。

2) 命令的执行过程

(1) 命令: rec RECTANG。

(2) 指定第一个角点或 [倒角(C)/标高(E)/圆角(F)/厚度(T)/宽度(W)]:单击击确定矩形的一个角点。

(3) 指定另一个角点或 [面积(A)/尺寸(D)/旋转(R)]:移动光标，单击确定矩形对角点。

3) 参数含义

倒角(C)：可以绘制带有倒角的矩形，如图 10-38(b)所示。

标高(E)：使矩形在 *Z* 轴方向上具有一定的起始标高。

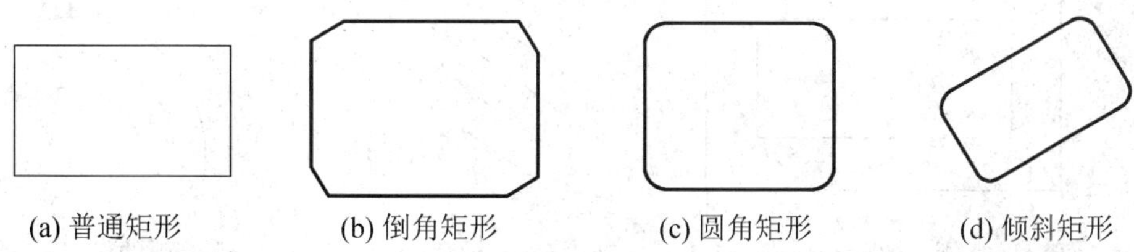

(a) 普通矩形　(b) 倒角矩形　(c) 圆角矩形　(d) 倾斜矩形

图 10-38　矩形的形式

圆角(P)：可以绘制带有倒圆角的矩形，如图 10-38(c)所示。

厚度(T)：设定矩形 Z 轴方向的厚。

宽度(W)：设定矩形的线宽。

面积(A)：按照指定的面积绘制矩形。

尺寸(D)：按照指定的长、宽绘制矩形。

旋转(R)：按照指定的倾斜角度绘制矩形，如图 10-38(d)所示。

注意：在 CAD 软件中，参数的设定有继承的特性。例如，如果第一次设定好矩形的倾斜角度，在第二次绘制矩形时，如果没有设定过旋转参数，那么也会继承第一次设定的参数。

但是，这种继承性只限于当前打开的图形，而且该图形在第二次打开使用时，以前设定好的参数都将恢复到系统默认的状态。

3. 移动命令 MOVE(快捷命令 M)

1) MOVE 命令的激活方法

(1) 执行【修改】→【移动】菜单命令。

(2) 单击修改工具栏中的✥图标按钮。

(3) 在命令行内输入 MOVE 或 M。

2) 命令的执行过程

(1) 命令: MOVE。

(2) 选择对象: (选择对象)。

(3) 找到 21 个

(4) 选择对象:(回车结束对象选择)。

(5) 指定基点或 [位移(D)] <位移>: (用鼠标指定基点)。

(6) 指定第二个点或 <使用第一个点作为位移>:(确定第二点，方法参照复制命令中的参数位移的含义中的方法)。

3) 参数含义

移动命令中的参数与复制命令的参数含义相同。

4. 偏移命令 OFFSET(快捷命令 O)

可以进行偏移的图形有直线、矩形、圆、椭圆、圆弧、多段线、修订云线等，如图 10-39 所示。

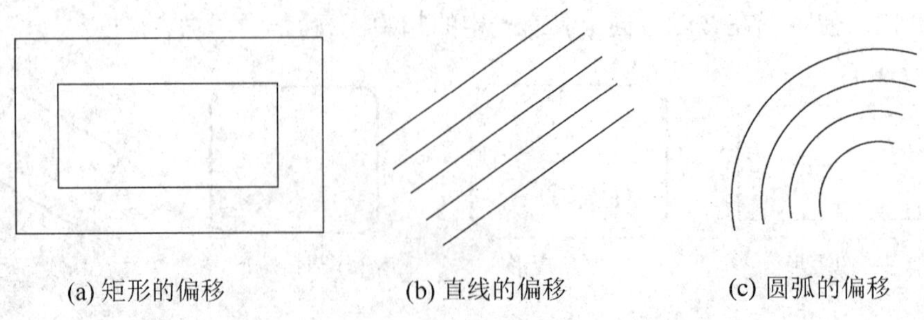

(a) 矩形的偏移　　(b) 直线的偏移　　(c) 圆弧的偏移

图 10-39　偏移图形

1) OFFSET 命令的激活方法

(1) 执行【修改】→【偏移】菜单命令。

(2) 单击【修改】工具栏中的图标按钮。

(3) 在命令行内输入：OFFSET 或 O 命令。

2) 命令的执行过程

(1) 命令: OFFSET。

(2) 当前设置: 删除源=否　图层=源　OFFSETGAPTYPE=0。

(3)指定偏移距离或 [通过(T)/删除(E)/图层(L)] <通过>:　(输入偏移距离值)。

(4) 选择要偏移的对象，或 [退出(E)/放弃(U)] <退出>:(选择偏移对象，只能选择 1 个)。

(5) 指定要偏移的那一侧上的点，或 [退出(E)/多个(M)/放弃(U)] <退出>:(用鼠标在需要生成偏移图形的一侧单击)。

选择要偏移的对象，或 [退出(E)/放弃(U)] <退出>:(继续选择偏移对象或回车退出)。

3) 参数含义

(1) 通过(T)：指通过用鼠标选择的点偏移生成新的图形。

(2) 删除(B)：该参数用来确定偏移新图形后是否删除原图形。

(3) 图层(B)：当存在多个图层时，该参数用来确定是在当前图层还是图形图层上偏移生成的新图形。

5. 复制命令 COPY(快捷命令 CO/CP)

1) COPY 命令的激活方法

(1) 执行【修改】→【复制】菜单命令。

(2) 单击【修改】工具栏中的图标按钮。

(3) 在命令行内输入 COPY 或 CO 或 CP 命令。

2) 命令的执行过程

(1) 命令：COPY。

(2) 选择对象：(选择要复制的对象)。

(3) 选择对象：(继续选择对象或回车确认选择完成)。

(4) 指定基点或 [位移(D)/模式(O)]<位移>：(指定复制的基点)。

(5) 指定第二个点或<使用第一个点作为位移>：(确定第二点，其方法有 4 种，参照后面参数位移的含义)。

(6) 指定第二个点或[退出(E)/放弃(U)]<退出>：(继续拾取点或者回车退出)。

3) 参数含义

(1) 位移(D)：选择该参数表示要使用坐标指定位置，这个位置指的是新生成图形和原图形的相对位置，这个坐标输入方式有以下 3 种。

① $(x，y)$形式，即直接输入 x 方向新图形与原图形的相对距离值和 y 方向的相对距离值，如图 10-40(a)所示。

② $(x<y)$形式，即输入新图形与原图形的直线距离 x 和两图形中心的连线与水平方向的夹角 y，如图 10-40(b)所示。

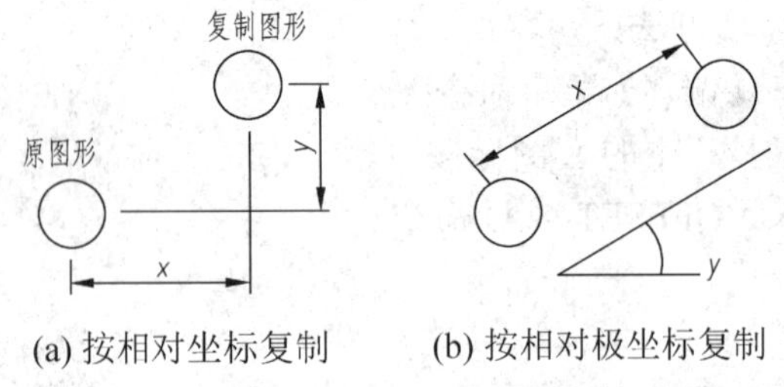

(a) 按相对坐标复制　　(b) 按相对极坐标复制

图 10-40　复制位移示意图

③ 鼠标+*x* 形式，即先用鼠标确定一个方向，然后输入新图形与原图形的直线距离 *x*，如图 10-41 所示。

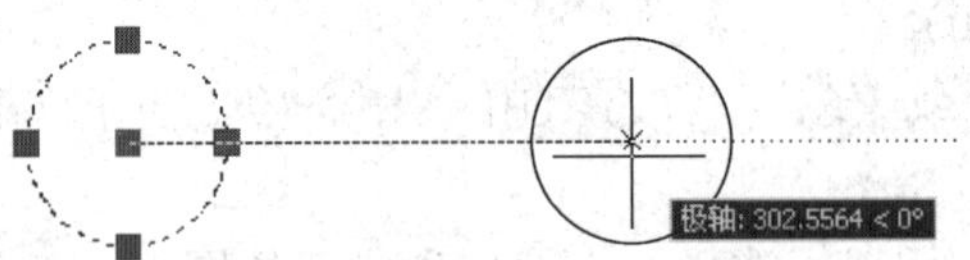

图 10-41　鼠标+*x* 复制形式示意图

④ 直接用鼠标在绘图区捕捉拾取点，如图 10-42 所示。

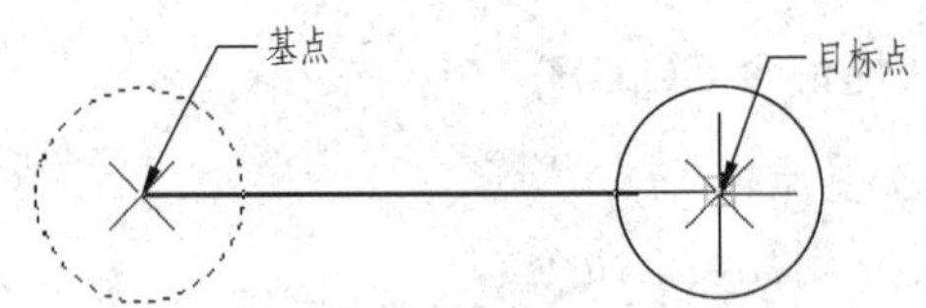

图 10-42　用鼠标捕捉复制形式示意图

(2) 模式(O)：设置 COPY 命令执行模式，这里有单个和多个两种模式，单个指复制一个对象后命令自动结束，多个指可以连续复制对象直到回车结束。

(3) 退出(E)：退出 COPY 命令。

(4) 放弃(U)：放弃上一个复制的图形。

(5) <使用第一点作为位移>：尖括弧里的选项或数据表示默认值，即直接回车即可执行该默认值，“使用第一点作为位移”指用基点的坐标作为新图形与原图形间的相对坐标。

6. 分解命令 EXPLODE(快捷命令 X)

分解命令可以将一个整体对象，进行如矩形、正多边形、块、尺寸标注、多段线及面域等分解成一个独立的对象，以便于进行修改操作。

注意：多段线被分解后，其线宽会丢失，圆环分解后，圆环的厚度也会丢失。而且所有的对象一旦被分解后，便不可再复原。

1) EXPLODE 命令激活方法

(1) 执行【修改】→【分解】菜单命令。

(2) 单击【修改】工具栏中的图标按钮。

(3) 在命令行内输入 EXPLODE 或 X 命令。

2) 命令的执行过程

(1) 命令: EXPLODE。

(2) 选择对象: (选择要分解的对象)。

(3) 找到 1 个

(4) 选择对象:(回车结束选择对象，命令结束)。

7. 倒角命令 CHAMFER(快捷命令 CHA)

1) CHAMFER 命令的激活方法

(1) 执行【修改】→【倒角】菜单命令。

(2) 单击【修改】工具栏中的图标按钮。

(3) 在命令行内输入 CHAMFER 或 CHA 命令。

2) 命令的执行过程

(1) 命令:CHAMFER。

(2) (【修剪】模式) 当前倒角距离 1 = 0.0000，距离 2 = 0.0000。

(3) 选择第一条直线或 [放弃(U)/多段线(P)/距离(D)/角度(A)/修剪(T)/方式(E)/多个(M)]: (输入参数 d 设置倒角距离)。

(4) 指定第一个倒角距离 <0.0000>: (输入第一倒角距离 10)。

(5) 指定第二个倒角距离 <10.0000>:(输入第二倒角距离 20)。

(6) 选择第一条直线或 [放弃(U)/多段线(P)/距离(D)/角度(A)/修剪(T)/方式(E)/多个(M)]:(选择倒角的第一条直线)。

(7) 选择第二条直线，或按住 Shift 键选择要应用角点的直线:(选择倒角的第二条直线)。

3) 参数含义

(1) 放弃(U)：如果倒角模式是多个倒角时，放弃前一个倒角。

(2) 多段线(P)：直接在多段线上生成倒角。

(3) 距离(D)：按照第一倒角距离和第二倒角距离进行倒角。第一倒角距离指的是沿第一次选择的直线上的倒角距离，第二倒角距离指定的是沿第二次直线上的倒角距离。

(4) 角度(A)：按照倒角距离和角度值的方式进行倒角，如图 10-43 所示。

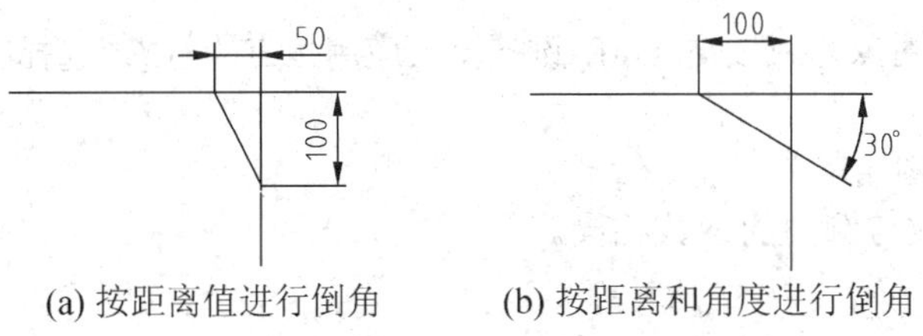

(a) 按距离值进行倒角　　(b) 按距离和角度进行倒角

图 10-43　倒角模式示意图

(5) 修剪(T)：设置修剪模式，倒角命令有修剪模式和不修剪模式，不修剪模式指的是执行倒角命令后保留原图形不变，如图 10-44 所示。

(6) 方式(E)：设置倒角模式是距离模式或角度模式，如图 10-45 所示。

(7) 多个(M)：设置命令连续进行多个倒角。

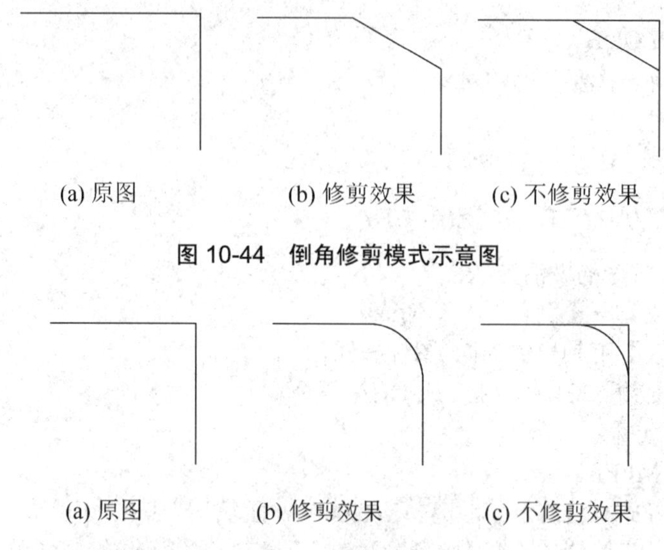

(a) 原图　(b) 修剪效果　(c) 不修剪效果

图 10-44　倒角修剪模式示意图

(a) 原图　(b) 修剪效果　(c) 不修剪效果

图 10-45　倒圆角模式示意图

8. 圆角命令 FILLET(快捷命令 F)

1) 命令的激活方法

(1) 执行【修改】→【圆角】菜单命令。

(2) 单击【修改】工具栏中的图标按钮。

(3) 在命令行内输入 FILLET 或 F 命令。

2) 命令的执行过程

(1) 命令: FILLET。

(2) 当前设置: 模式 = 不修剪，半径 = 0.0000。

(3) 选择第一个对象或 [放弃(U)/多段线(P)/半径(R)/修剪(T)/多个(M)]: (输入参数 r)。

(4) 指定圆角半径 <0.0000>: (输入圆角半径值 10)。

(5) 选择第一个对象或 [放弃(U)/多段线(P)/半径(R)/修剪(T)/多个(M)]:(选择圆角第一条直线)。

(6) 选择第二个对象，或按住 Shift 键选择要应用角点的对象:(选择圆角的第二条直线)。

3) 参数含义

半径(R)：设置圆角的半径值。

圆角的其他参数与倒角的参数相同。

10.6.2　用矩形绘制房间平面图案例

1. 要求

用矩形命令完成单个房间平面图，尺寸为 3600mm×4500mm，墙厚为 240mm，如图 10-46 所示。

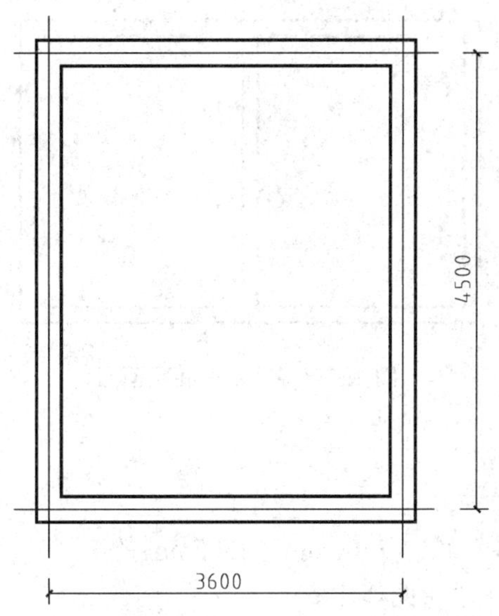

图 10-46　单个房间平面图

2. 操作过程

(1) 命令: REC。

(2) 指定第一个角点或 [倒角(C)/标高(E)/圆角(F)/厚度(T)/宽度(W)]:用光标制定矩形的第一个角点。

(3) 指定另一个角点或 [面积(A)/尺寸(D)/旋转(R)]: 输入相对坐标@3840,4740 回车。

(4) 直接按空格，再次激活矩形命令。

(5) 指定第一个角点或 [倒角(C)/标高(E)/圆角(F)/厚度(T)/宽度(W)]:用光标捕捉第一个矩形的坐标角点。

(6) 指定另一个角点或 [面积(A)/尺寸(D)/旋转(R)]: 输入相对坐标@3360,4260 回车。

(7) 命令:输入 M 空格，激活移动命令。

(8) 选择对象: 单击第二个矩形。

(9) 找到 1 个

(10) 选择对象:按空格键，表示对象选择完毕。

(11) 指定基点或 [位移(D)] <位移>: 在绘图区内任意单击作为基点。

(12) 指定第二个点或 <使用第一个点作为位移>: 输入@240,240 回车，完成。

10.6.3　用偏移、复制命令绘制平面图案例

1. 要求

用偏移命令、复制命令、分解命令等完成两个房间的平面图，单个房间尺寸为 3600mm ×4500mm，墙厚为 240mm，如图 10-47 所示。

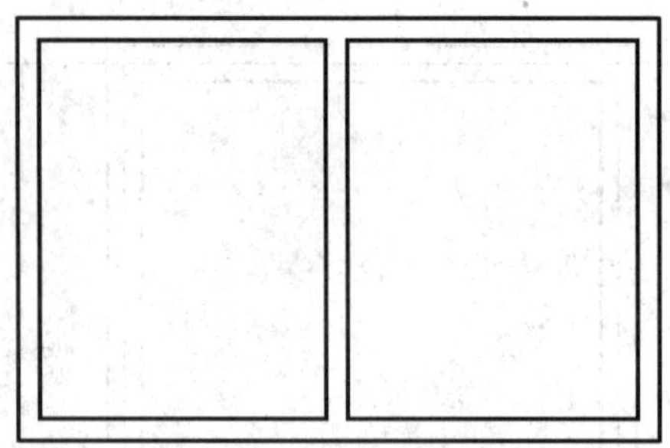

图 10-47　两个房间平面图

2. 操作过程提示

1) 绘制单个房间

(1) 首先激活矩形命令，绘制 3600mm×4500mm 的矩形。

(2) 命令:输入 o 空格，激活偏移命令。

(3) 当前设置: 删除源=否　图层=源　OFFSETGAPTYPE=0

(4) 指定偏移距离或 [通过(T)/删除(E)/图层(L)] <120.0000>:输入 120 回车。

(5) 选择要偏移的对象，或 [退出(E)/放弃(U)] <退出>:单击选择矩形。

(6) 指定要偏移的那一侧上的点，或 [退出(E)/多个(M)/放弃(U)] <退出>:在矩形的外侧单击。

(7) 选择要偏移的对象，或 [退出(E)/放弃(U)] <退出>:选择第一个矩形。

(8) 指定要偏移的那一侧上的点，或 [退出(E)/多个(M)/放弃(U)] <退出>:在矩形的内部单击。

(9) 选择要偏移的对象，或 [退出(E)/放弃(U)] <退出>:按空格键，结束命令。

(10) 删除第一个矩形。

2) 复制生成第二个房间

(1) 命令: 输入 co 空格，激活复制命令。

(2) 选择对象: 将两个矩形都选中。

(3) 找到 2 个

(4) 选择对象:按空格键结束对象选择。

(5) 当前设置: 复制模式 = 多个

(6) 指定基点或 [位移(D)/模式(O)] <位移>: 任意单击左键确定基点。

(7) 指定第二个点或 <使用第一个点作为位移>: 向右移动光标出现极轴，输入 3600 回车。

(8) 指定第二个点或 [退出(E)/放弃(U)] <退出>:按空格键结束复制命令。

3) 删除多余线段

(1) 命令:输入 x 激活分解命令。

(2) 选择对象: 将 4 个矩形都选中。

(3) 找到 4 个

(4) 选择对象:按空格键结束选择对象，并结束分解命令。

(5) 删除多余线，完成。

10.6.4　倒墙角案例

1. 要求

绘制两个房间平面图，要求四周的墙角为圆角形式，圆角的半径为 500mm。

2. 操作过程

(1) 首先用前面的方法绘制两个房间平面图。

(2) 命令: 输入 f 空格，激活倒圆角命令。

(3) 当前设置: 模式 = 修剪，半径 = 250.0000。

(4) 选择第一个对象或 [放弃(U)/多段线(P)/半径(R)/修剪(T)/多个(M)]: 输入 r 空格。

(5) 指定圆角半径 <250.0000>: 输入 500 回车。

(6) 选择第一个对象或 [放弃(U)/多段线(P)/半径(R)/修剪(T)/多个(M)]: 选择墙角的一条边。

(7) 选择第二个对象，或按住 Shift 键选择要应用角点的对象: 单击选择另一条边；倒圆角命令结束，一个圆角生成。

(8) 其他墙角的圆弧用同样的方法完成，结果如图 10-48 所示。

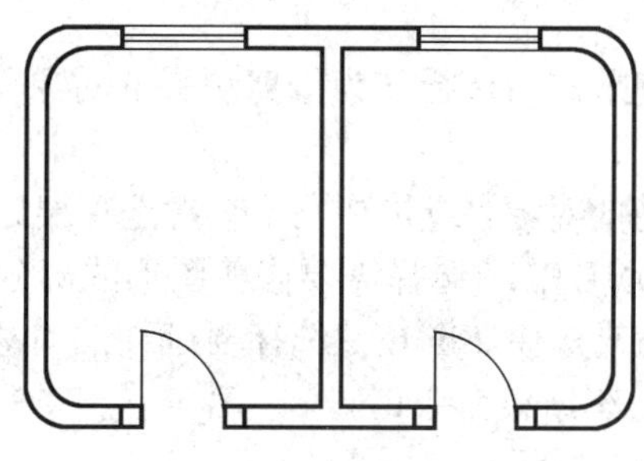

图 10-48　倒角模式示意图

10.7　门窗的绘制

单个房间平面图的绘制还是对基本线型的绘制命令的学习。本节以门窗的插入为对象，介绍在 AutoCAD 软件中作辅助线、细节的调整、修改的方法。学习新的 AutoCAD 命令有修剪命令、延伸命令和圆弧命令。其中，修剪命令在绘图过程中是最常用的命令之一，用它可以从整体图形上剪掉部分图形，非常方便。

10.7.1　相关知识

1. 修剪命令 TRIM(快捷命令 TR)

利用修剪命令可以将图形上的一部分去掉，在删除不需要的部位时，需要一个边界，也就是说，沿着哪一条边将图形剪掉。这个边界有两种形式，如图 10-49 所示，一种是边界与所修剪的图形实际上是相交的，另一种是边界的延长线与所修剪的图形相交。

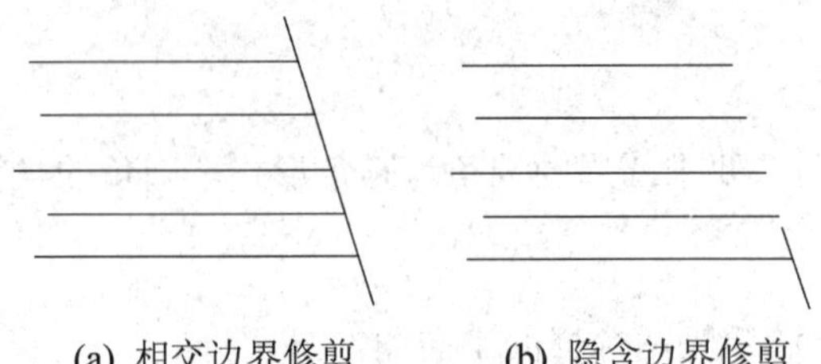

(a) 相交边界修剪　　(b) 隐含边界修剪

图 10-49　修剪边界示意图

1) TRIM 命令的激活方法

(1) 执行【修改】→【修剪】菜单命令。

(2) 单击【修改】工具栏中的 图标按钮。

(3) 在命令行内输入 TRIM 或 TR 命令。

2) 命令的执行过程

(1) 命令: TRIM。

(2) 当前设置:投影=UCS，边=无

(3) 选择剪切边...

(4) 选择对象或 <全部选择>: (选择作为修剪边界的对象)。

(5) 找到 1 个

(6) 选择对象:选择要修剪的对象，或按住 Shift 键选择要延伸的对象，或[栏选(F)/窗交(C)/投影(P)/边(E)/删除(R)/放弃(U)]: (选择需要修剪图形的部分)。

(7) 选择要修剪的对象，或按住 Shift 键选择要延伸的对象，或[栏选(F)/窗交(C)/投影(P)/边(E)/删除(R)/放弃(U)]:(回车结束命令)。

修剪命令示意图如图 10-50 所示。

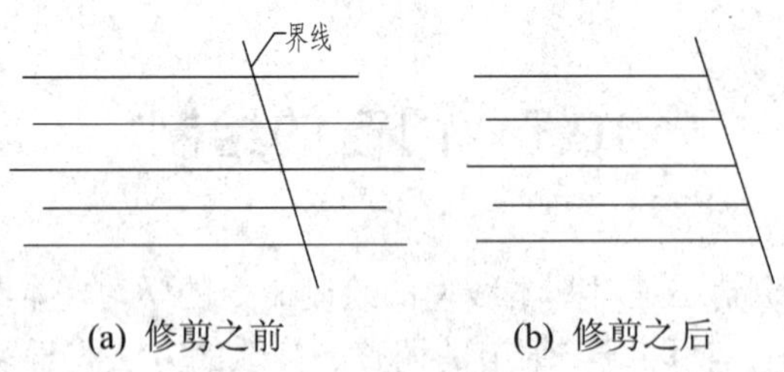

(a) 修剪之前　　(b) 修剪之后

图 10-50　修剪命令示意图

3) 参数含义

(1) 栏选(F)：选择图形方式中的一种，用鼠标一次单击，拾取点，各个点间形成的连线或接触到的图形被选中。

(2) 窗交(C)：选取图形方式中的一种，用鼠标拾取两个点，形成一个矩形框，框体接触到的图形都被选中。

(3) 投影(P)：主要用于三维绘图操作，这里不做详述。

(4) 边(E)：确定隐含边界模式，隐含边界模式有延伸和不延伸两种，延伸指的是其他图形如果延伸到需要修剪的图形上时，也作为修剪的边界；不延伸则反之。

(5) 删除(R)：当图形修剪到只剩下一段时，可以用这个参数删除，相当于删除命令。

(6) 放弃(U)：放弃刚修剪过的图形。

2. 延伸命令 EXTEND(快捷命令 EX)

1) EXTEND 命令的激活方法

(1) 执行【修改】→【延伸】菜单命令。

(2) 单击【修改】工具栏中的--/图标按钮。

(3) 在命令行内输入 EXTEND 或 EX 命令。

2) 命令的执行过程

(1) 命令: EXTEND。

(2) 当前设置:投影=UCS，边=无

(3) 选择边界的边...

(4) 选择对象或 <全部选择>: (选择作为延伸边界的对象，可以不选择图形)。

(5) 找到 1 个

(6) 选择对象:选择要延伸的对象，或按住 Shift 键选择要修剪的对象，或[栏选(F)/窗交(C)/投影(P)/边(E)/放弃(U)]:(选择要延伸的图形部分)。

(7) 选择要延伸的对象，或按住 Shift 键选择要修剪的对象，或[栏选(F)/窗交(C)/投影(P)/边(E)/放弃(U)]: (回车结束命令)。

延伸命令示意图如图 10-51 所示。

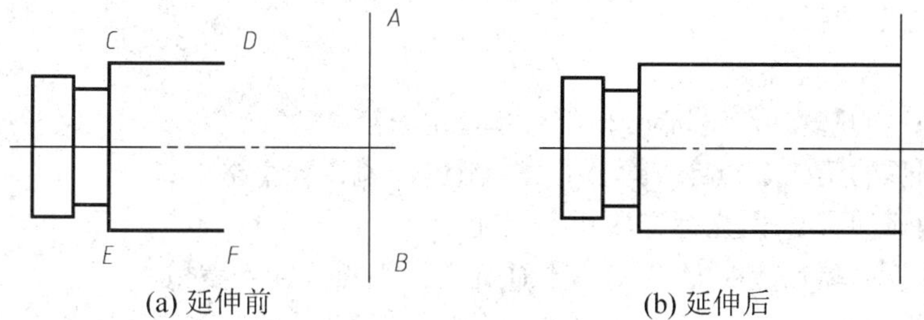

(a) 延伸前　　　　(b) 延伸后

图 10-51　延伸命令示意图

3) 参数含义

延伸命令中的参数与修剪命令中的参数相同，且两个命令在执行过程中可以按住 Shift 键相互转换。

3. 圆弧命令 ARC(快捷命令 A)

1) 命令的激活

(1) 执行【绘图】→【圆弧】子菜单(见图 10-52)，选择一个命令。

(2) 单击绘图工具栏上图标按钮。

(3) 输入 ARC 命令或按快捷键 A。

2) 命令的执行过程

以 3 点圆弧为例：

(1) 命令: a ARC。

(2) 指定圆弧的起点或 [圆心(C)]:用光标选取圆弧起点。

(3) 指定圆弧的第二个点或 [圆心(C)/端点(E)]:用光标选取圆弧上的第二点。

(4) 指定圆弧的端点:选取圆弧端点。

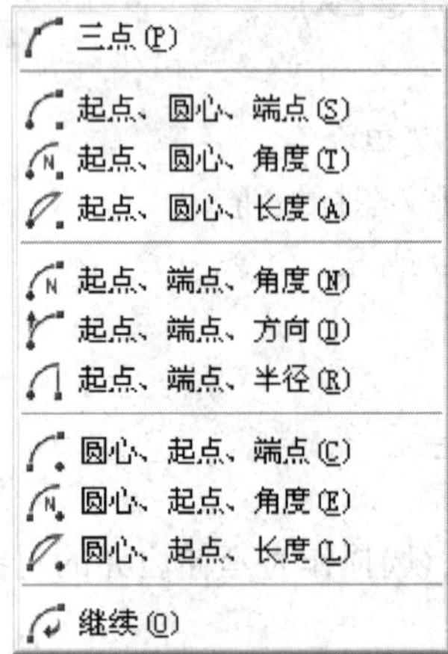

图 10-52 圆弧子菜单

3) 参数含义

(1) 起点-圆心弧。

该方法绘制圆弧，是先确定圆弧起点，再确定圆弧的圆心，最后根据圆弧的端点、角度或者弦长来确定圆弧。

① 命令: 输入 a 空格。

② 指定圆弧的起点或 [圆心(C)]:用光标指定起点。

③ 指定圆弧的第二个点或 [圆心(C)/端点(E)]: 输入 c 空格。

④ 指定圆弧的圆心:用光标选取圆心位置。

⑤ 指定圆弧的端点或 [角度(A)/弦长(L)]:选取端点或输入参数。

(2) 起点-端点弧。

先确定圆弧的起点，再确定圆弧的端点，最后确定圆弧的圆心、角度、方向或者半径。

① 命令: 输入 a 空格。

② 指定圆弧的起点或 [圆心(C)]:指定圆弧的起点。

③ 指定圆弧的第二个点或 [圆心(C)/端点(E)]:输入参数 e 空格。

④ 指定圆弧的端点:指定圆弧端点。

⑤ 指定圆弧的圆心或 [角度(A)/方向(D)/半径(R)]:指定圆心或者输入参数。

(3) 圆心-起点弧。

先确定圆弧的圆心，再指定圆弧的起点，最后确定圆弧的端点、角度或弦长。

① 命令: 输入 a 空格。

② 指定圆弧的起点或 [圆心(C)]: 输入 c 空格。

③ 指定圆弧的圆心:指定圆弧的圆心。

④ 指定圆弧的起点:指定圆弧的起点。

⑤ 指定圆弧的端点或 [角度(A)/弦长(L)]:指定圆弧的端点或输入参数。

10.7.2 门窗绘制案例

1. 要求

在单个房间平面图的基础上完成如图 10-53 所示门窗的绘制。

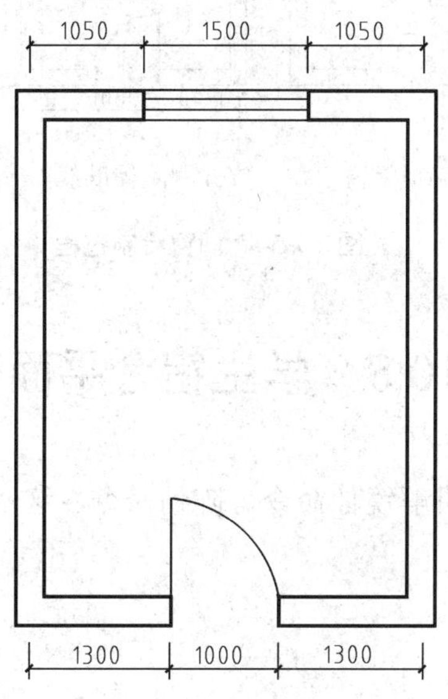

图 10-53 绘制门窗案例

2. 操作过程

(1) 首先绘制单个房间平面图。

(2) 激活直线命令，绘制辅助线如图 10-54(a)所示。在上面从一条直线的中点出发，向上绘制任意长度线段，向左绘制长为 750mm 的线段，向下穿过墙体绘制任意长度线段，向右绘制长为 1500mm 的线段，最后向上绘制任意长度的线段。

(3) 在下面也从中点出发，用同样的方法，最后得到两条竖向线段，间距为 1000mm；

(4) 激活直线命令，在上面绘制窗体，即用直线命令沿着辅助线的交点绘制。中间两条横线间距为 80mm，居中。

(5) 激活修剪命令，将辅助线间的墙体剪掉，如图 10-54(b)所示。

(6) 删除辅助线。

(7) 执行如下操作。

① 命令:输入 a 空格，激活圆弧命令。

② 指定圆弧的起点或 [圆心(C)]: 输入 c 空格。

③ 指定圆弧的圆心:用光标捕捉如图 10-54(d)所示的 1 点。

④ 指定圆弧的起点:捕捉 2 点。

⑤ 指定圆弧的端点或 [角度(A)/弦长(L)]:移动光标到 3 点，出现垂直极轴后单击，完成圆弧绘制。

(8) 激活直线命令，在 13 点之间绘制线段。

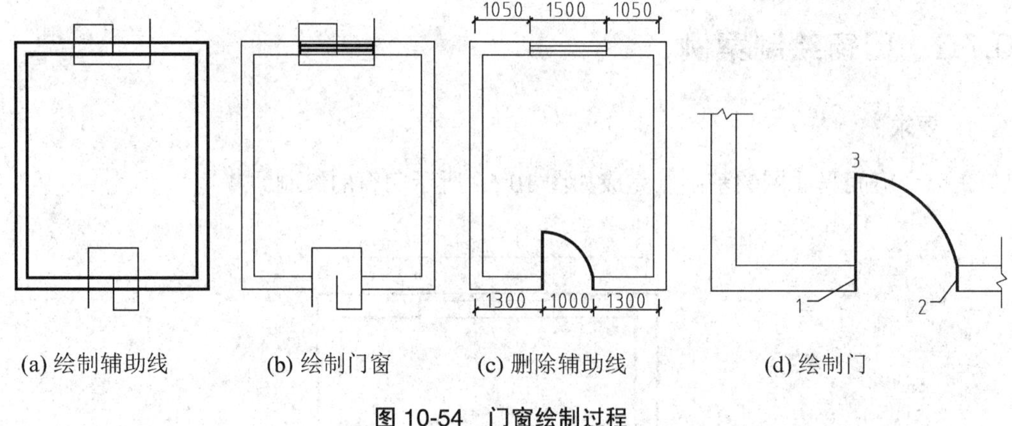

(a) 绘制辅助线　(b) 绘制门窗　(c) 删除辅助线　(d) 绘制门

图 10-54　门窗绘制过程

10.8　学生宿舍平面图

本节以学生宿舍为案例讲解镜像命令、阵列命令，这两个命令也是常用的编辑图形的命令，用途广泛。

10.8.1　相关知识

1. 阵列命令 ARRAY(快捷命令 AR)

阵列命令有两种方式，即矩形阵列和环形阵列。矩形阵列有两种效果，如图 10-55 所示：一种是倾斜角度为 0 的阵列；另一种是带有一定倾斜角度的阵列。环形阵列有 3 种效果，如图 10-56 所示：第一种是阵列时旋转对象；第二种是阵列时不旋转对象；第三种是在一定角度内阵列。

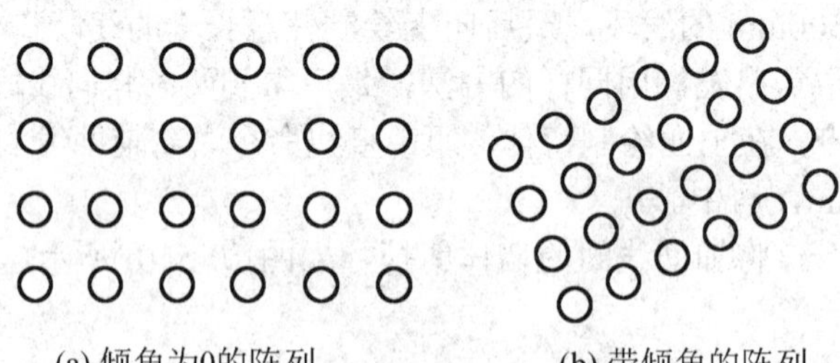

(a) 倾角为0的阵列　(b) 带倾角的阵列

图 10-55　矩形阵列示意图

1) ARRAR 命令的激活方法

(1) 执行【修改】→【阵列】菜单命令。

(2) 单击【修改】工具栏中的图标按钮。

(3) 在命令行内输入 ARRAY 或 AR 命令。

2) 命令的执行过程

激活命令，弹出如图 10-57 所示的对话框，图形的阵列有两种方式。

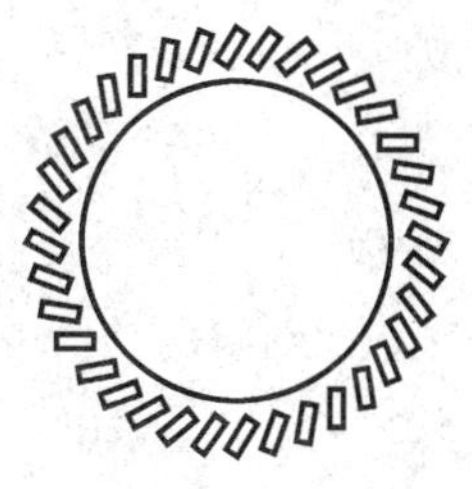

(a) 阵列时旋转对象

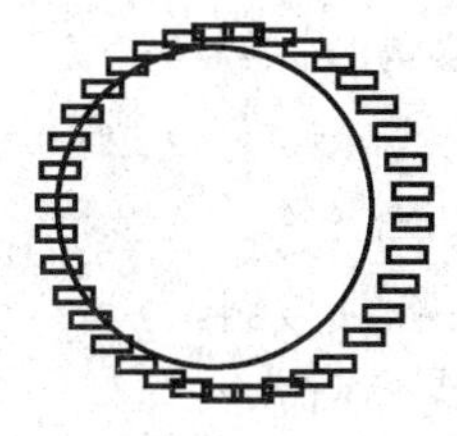

(b) 阵列时不旋转对象

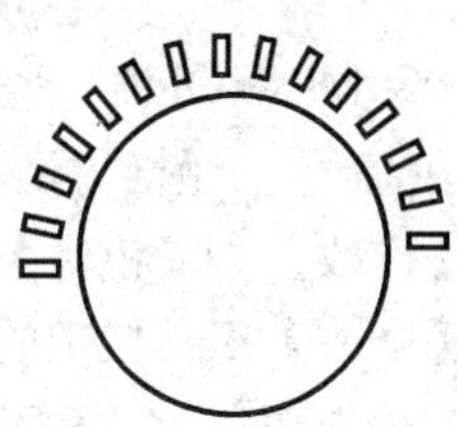

(c) 在一定角度内阵列

图 10-56　环形阵列示意图

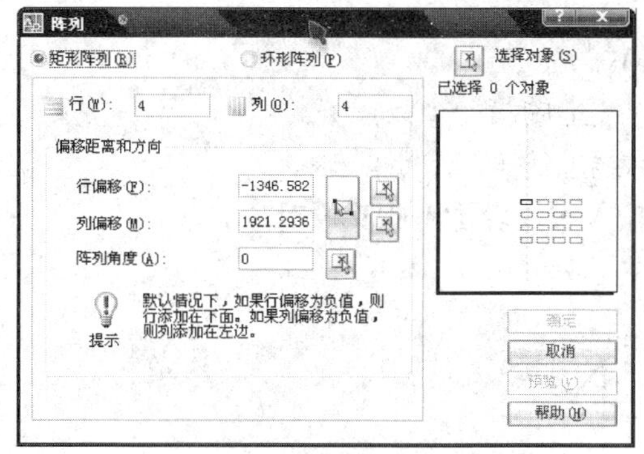

(a) 矩形阵列对话框

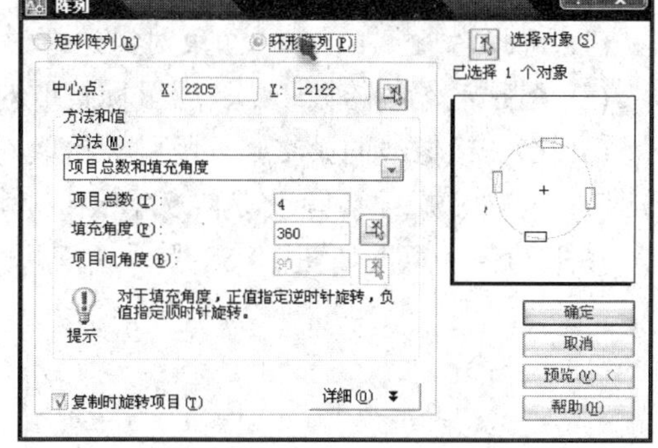

(b) 环形阵列对话框

图 10-57　【阵列】对话框

(1) 矩形阵列。

- 【行】和【列】：在文本框内分别输入需要阵列的行数和列数。
- 【行偏移】和【列偏移】：在文本框内输入，或单击它右面的按钮，在绘图区内用鼠标拾取点确定行和列的偏移距离。
- 【阵列角度】：设置阵列生成图形与水平方向的角度。
- 【选择对象】按钮：单击该按钮，在绘图区内选择要阵列的图形，对象选择后，会在对话框右侧的白色预览区内显示阵列的样式。
- 【预览】按钮：单击该按钮，可以在绘图区内看到生成的阵列图形；如果不需要修改，即可单击【确定】按钮结束阵列命令。
- 【确定】按钮：结束命令完成阵列。

(2) 环形阵列。

- 【中心点】：可以在文本框内输入环形阵列的中心点坐标，或激活右侧的按钮，用鼠标在绘图区内拾取点。
- 【方法】：即环形阵列的阵列方法，有 3 种，【项目总数】和【填充角度】，【项目总数】和【项目间角度】，【填充角度】和【项目间角度】。
- 【项目总数】【填充角度】【项目间角度】：根据上面选择的阵列方法，在相应的文本框内输入数据。
- 【选择对象】按钮：与矩形阵列相同。
- 【预览】【确定】按钮：与矩形阵列相同。

2. 镜像命令 MIRROR(快捷命令 MI)

1) MIRROR 命令的激活方法

(1) 执行【修改】→【镜像】菜单命令。

(2) 单击【修改】工具栏中的图标按钮。

(3) 在命令行内输入 MIRROR 或 MI 命令。

2) 命令的执行过程

(1) 命令: MIRROR。

(2) 选择对象: (选择图形，可以选择多个) 。

(3) 找到 5 个

(4) 选择对象: (回车，结束对象选择过程)。

(5) 指定镜像线的第一点: (用鼠标拾取对称线上的第一个点)。

(6) 指定镜像线的第二点: (用鼠标拾取对称线上的第二个点)。

(7) 要删除源对象吗？[是(Y)/否(N)] <N>:输入 N，表示不删除原对象。

图形镜像示意图如图 10-58 所示。

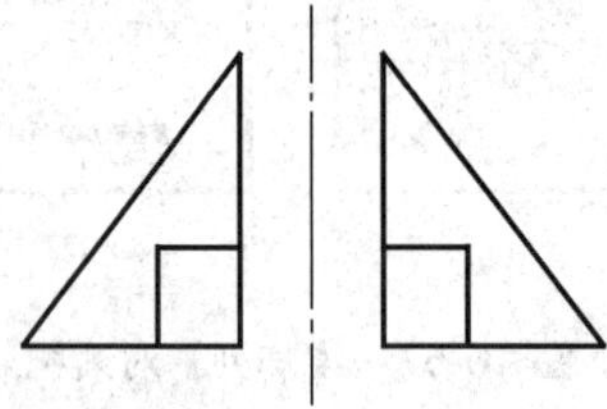

图 10-58 图形镜像示意图

10.8.2 学生宿舍平面图案例

1. 要求

用阵列命令、镜像命令完成多个房间平面图，如图 10-59 所示，单个房间尺寸和门窗尺寸与前面的例子相同。

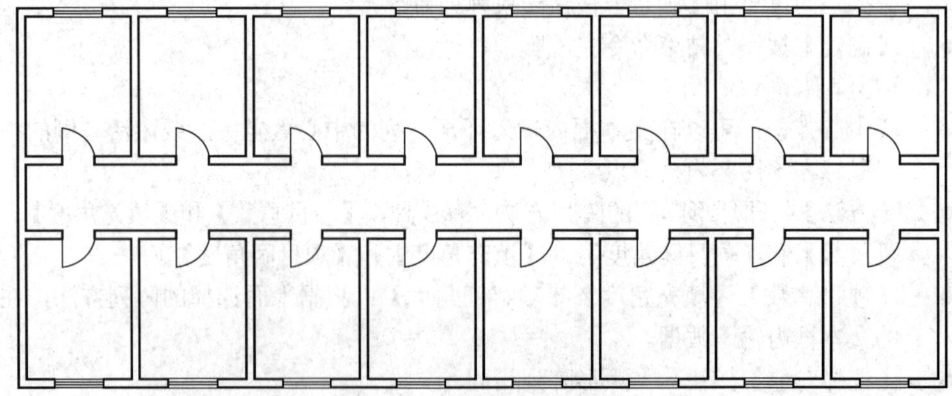

图 10-59 多个房间平面图

2. 操作过程

(1) 首先绘制单个房间平面图，如图 10-60(a)所示。

(2) 激活分解命令将房间分解成线段。

(3) 将房间两侧的外墙线删除，如图 10-60(b)所示。

(4) 激活阵列命令，设置参数：行为 1，列为 8，列距为 3600，其他参数保持默认；然后单击【选择对象】按钮，在绘图区内将图 10-60(b)选中，单击【确定】按钮完成，如图 10-60(c)所示。

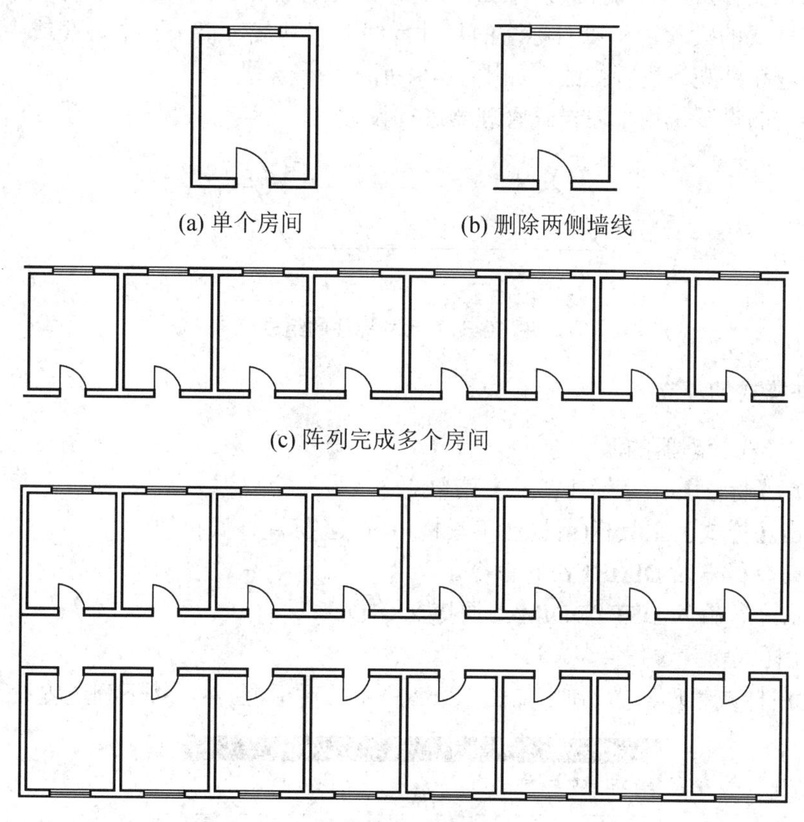

(a) 单个房间　(b) 删除两侧墙线

(c) 阵列完成多个房间

(d) 镜像完成对面房间

图 10-60　多个房间平面图绘制过程

(5) 激活直线命令，将房间两侧缺失的线段补上；在左下角再绘制一段长为 2000mm 的线段。

(6) 激活镜像命令，将图形镜像，如图 10-60(d)所示。

(7) 激活直线命令将楼道两侧的墙体补上。

(8) 最后用修剪命令将多余线段剪掉，完成绘制。

10.9　平面图的文字标注和尺寸标注

工程绘图中，图形完成以后还需要进行尺寸的标注和文字的注释，本节工程图纸必须准确地反映结构的尺寸，这时需要尺寸标注。本节以房间平面图的标注为案例讲解标注的过程，主要讲解的 AutoCAD 命令有标注样式的建立、线性标注、对齐标注、连续标注和基线标注。

10.9.1 相关知识

标注样式控制着标注的格式和外观。通常情况下，AutoCAD 使用当前的标注样式来创建标注。如果没有指定当前样式，AutoCAD 将使用默认的 STANDARD 样式来创建标注。通过对标注样式的设置，可以对标注的尺寸界线、尺寸线、箭头、中心线或中心标记及标注文字的内容和外观等进行修改，如图 10-61 所示。

标注样式的设置是用标注样式管理器进行设置的。

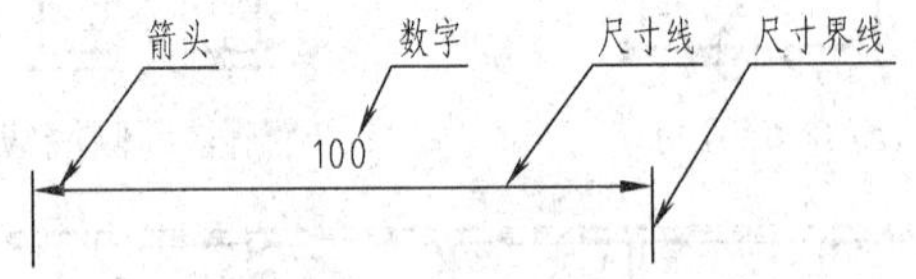

图 10-61 尺寸标注的组成

1. 标注样式的建立

1) 标注样式管理器的激活方法

(1) 执行【标注】→【标注样式】菜单命令。

(2) 单击【样式】工具栏(或标注工具栏)中的标注样式按钮。

(3) 在命令行输入 DIMSTYLE 命令。

(4) 在命令行输入 DST / DDIM 或快捷命令 D。

2) 标注样式设置过程

激活标注样式管理器后，弹出如图 10-62 所示的对话框。然后按下列过程设置标注样式。

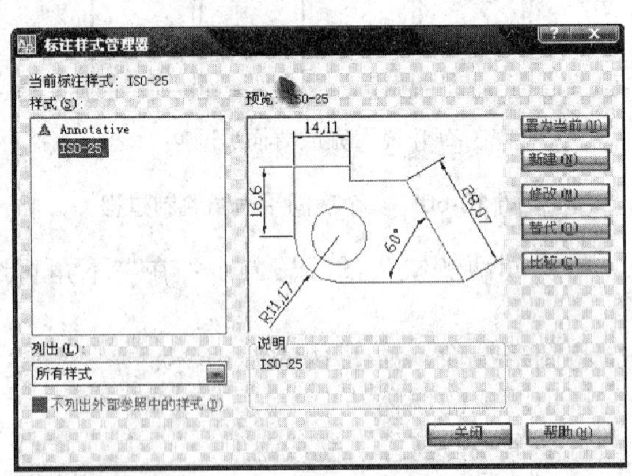

图 10-62 【标注样式管理器】对话框

(1) 单击【新建】按钮，弹出如图 10-63 所示的【创建新标注样式】对话框。

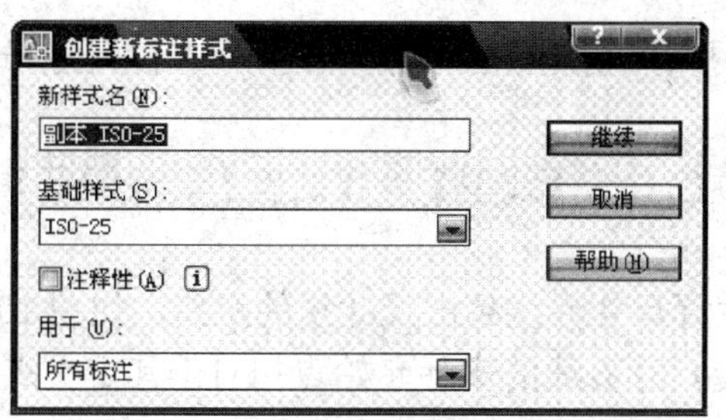

图 10-63　创建新标注样式对话框

① 【新样式名】：在文本框内输入新建样式的名称。

② 【基础样式】：在下拉列表框内选择作为基础的样式。

③ 【用于】：在下拉列表框内选择该样式的适用范围。

(2) 单击【继续】按钮，即可打开【新建标注样式】对话框，如图 10-64 所示。

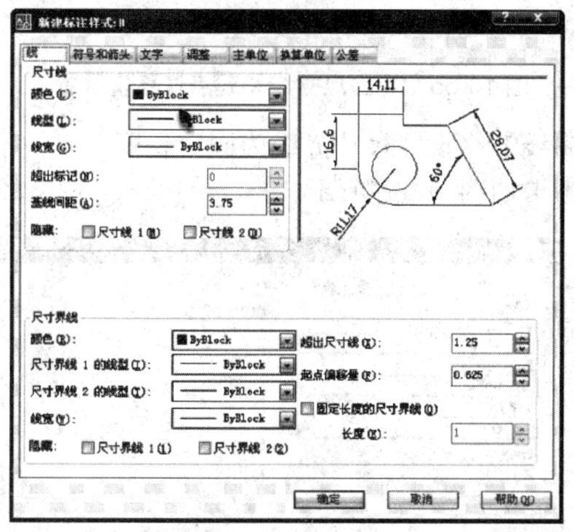

图 10-64　【线】选项卡

该对话框包括【线】、【符号和箭头】、【文字】、【调整】、【主单位】、【换算单位】和【公差】7 个选项卡。

下面对各个选项卡的选项设置作详细介绍。

【线】选项卡用来设置尺寸线、尺寸界线的格式和属性，如图 10-64 所示。

① 尺寸线。

【颜色】：该选项用来设置尺寸线和箭头的颜色。

【线型】：该选项用来设置尺寸线的线型。

【线宽】：该选项用来设置尺寸线的宽度。

【超出标记】：当尺寸箭头使用倾斜、建筑标记、小点、积分或无标记时，使用该选项来确定尺寸线超出尺寸界线的长度。

【基线间距】：该选项用来设置基线标注中各尺寸线间的距离。在该文本框中输入数值或通过单击上下箭头按钮来进行设置。

【隐藏】：该选项用来控制是否省略第一段、第二段尺寸线及相应的箭头。

② 尺寸界线。

对于尺寸界线的【颜色】、【线型】、【线宽】、【隐藏】的设置与尺寸线的设置相同，在此不再介绍。

【超出尺寸线】：设置尺寸界线超出尺寸线的距离，如图 10-65(a)所示。

【起点偏移量】：设置尺寸界线的实际起始点相对于其定义点的偏移距离，如图 10-65(b)所示。

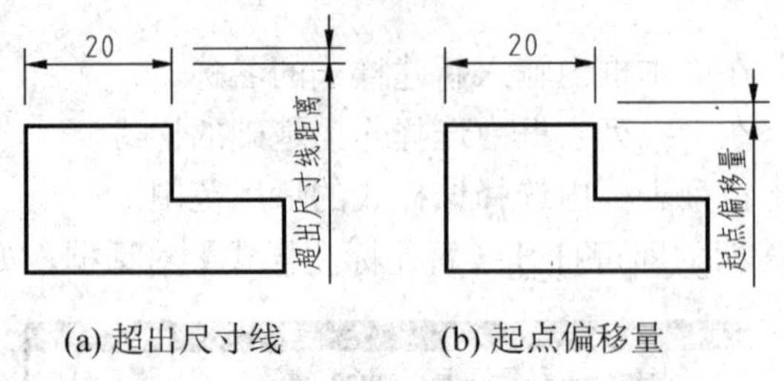

(a) 超出尺寸线　　(b) 起点偏移量

图 10-65　超出尺寸线和起点偏移量示意图

【固定长度的尺寸界线】：设置尺寸界线为固定长度。

【符号和箭头】选项卡如图 10-66 所示。

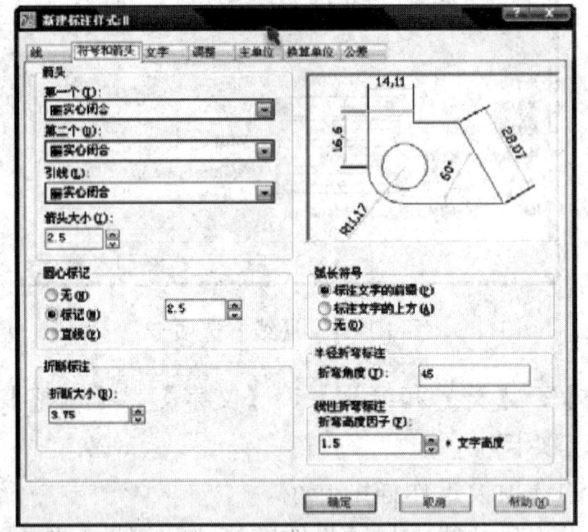

图 10-66　【符号和箭头】选项卡

① 箭头。

【第一个】、【第二个】：用于确定尺寸线上两端箭头的样式。

【引线】：用于设置引线标注起点的样式。

【箭头大小】：在文本框内输入数值，或调整数值大小，以确定尺寸箭头的大小。

② 圆心标记。

【圆心标记】：当圆或圆弧的圆心需要标记时，可以用这一组选项设置标记。

③ 折断标注。

【折断标注】：在做标注时，当受到图纸限制不能充分显示尺寸标注时，一般要用折断来表示。折断的标记大小用该选项显示。

④ 弧长符号。

【弧长符号】：设置弧长符号(︵)是在标注文字的前方、上方，或不加标记。

⑤ 半径折弯标注。

【半径折弯标注】：设置半径折弯角度。

⑥ 线性折弯标注。

【线性折弯标注】：设置线性折弯的大小。注意它是用标注文字高度×设置的倍数。

【文字】选项卡如图 10-67 所示。

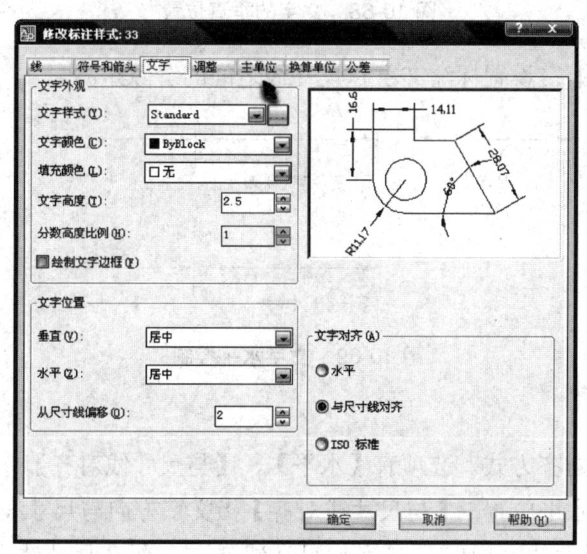

图 10-67　【文字】选项卡

① 文字外观。

【文字样式】：从下拉列表框中选择已经设置好的文字样式，或者单击右侧的按钮[...]，从弹出的【文字样式】对话框中进行设置，具体设置过程详见上一章关于文字的样式设置。

【文字颜色】：设置文字的颜色。

【填充颜色】：设置文字的背景填充颜色。

【文字高度】：设置文字的高度。

【分数高度比例】：设置标注文字中的分数相对于其他标注文字的缩放比例。AutoCAD 将该比例值与标注文字高度的乘积作为分数的高度。

【绘制文字边框】：选中该复选框，将给标注文字加上边框。

② 文字位置。

【垂直】：设置标注文字在垂直方向上的位置，如图 10-68 所示。【上方】，即标注文字始终在尺寸线的上方；【外部】，即文字始终处在尺寸线的外侧；【居中】，即文字始终处在尺寸线中间位置；【JIS】，指的是标注文字按照 JIS 规则放置。

【水平】：控制标注文字相对于尺寸线和尺寸界线在水平方向上的位置。下拉列表框中的选项有【居中】、【第一条尺寸界线】、【第二条尺寸界线】、【第一条尺寸界线上方】和【第二条尺寸界线上方】。各个选项含义如图 10-69 所示。

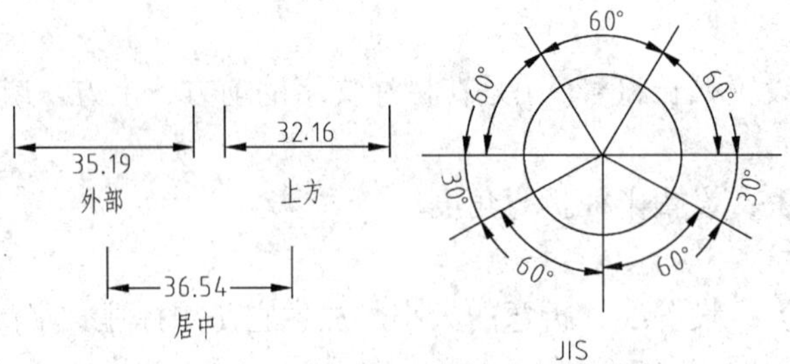

图 10-68　文字的垂直位置

【从尺寸线偏移】：设置标注文字和尺寸线之间的缝隙距离。

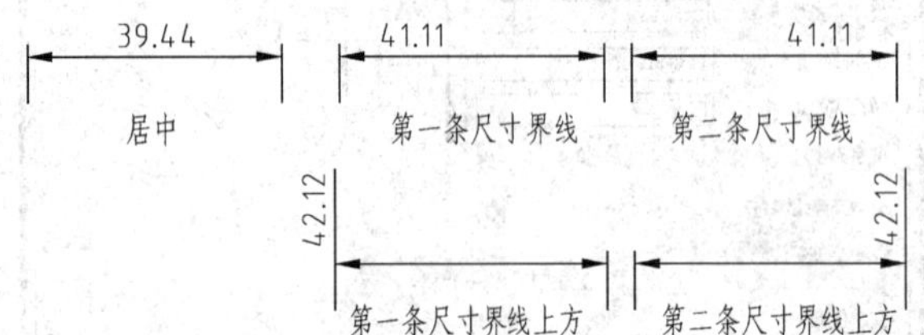

图 10-69　文字水平控制

③ 文字对齐。

设置标注文字的对齐方式。选项有【水平】、【与尺寸线对齐】、【ISO 标准】。【水平】指标注文字始终水平放置；【与尺寸线对齐】指文字方向与尺寸线方向一致；【ISO 标准】是指当文字在尺寸线之内时，文字与尺寸线一致，而在尺寸线之外时水平放置，如图 10-70 所示。

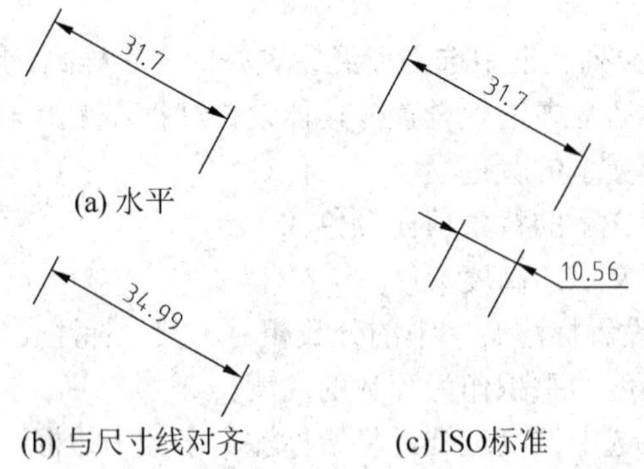

图 10-70　文字对齐方式

【调整】选项卡如图 10-71 所示，该选项卡用于控制标注文字、尺寸线和尺寸箭头的位置。

① 调整选项。

如果没有足够的空间放置标注文字和箭头时，可通过该选项组进行调整，以决定先移出标注文字还是箭头。

② 文字位置。

当文字不在默认位置上时，设置文字在【尺寸线旁】、【尺寸线上方，带引线】或【尺寸线上方，不带引线】。

③ 标注特征比例。

【使用全局比例】：用于给尺寸标注所有元素的尺寸设置缩放比例。比如全局比例为 2，则箭头大小、文字大小、超出尺寸线距离等都乘以 2 倍。

【将标注缩放到布局】：根据当前模型空间视口与图纸空间之间的缩放关系设置比例。

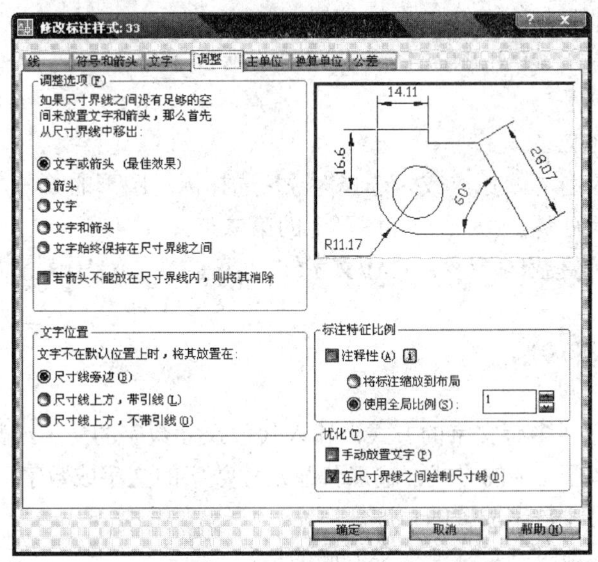

图 10-71 【调整】选项卡

④ 优化。

用于对标注尺寸进行附加调整。

【手动放置文字】：使用该选项，则在做标注时，最后手动放置文字。

【在尺寸界线之间绘制尺寸线】：该选项决定是否绘制尺寸线，如图 10-72 和图 10-73 所示。

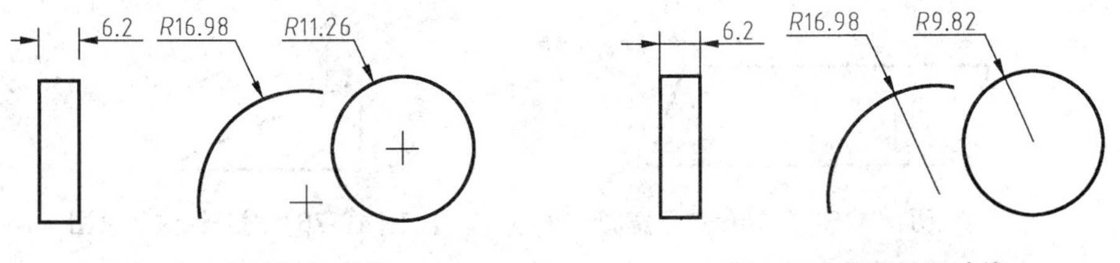

图 10-72 未绘制尺寸线　　　　图 10-73 绘制尺寸线

2. 尺寸标注

1) 线性标注 DIMLINEAR

线性标注用于标注水平方向、垂直方向的尺寸，如图 10-74 所示。

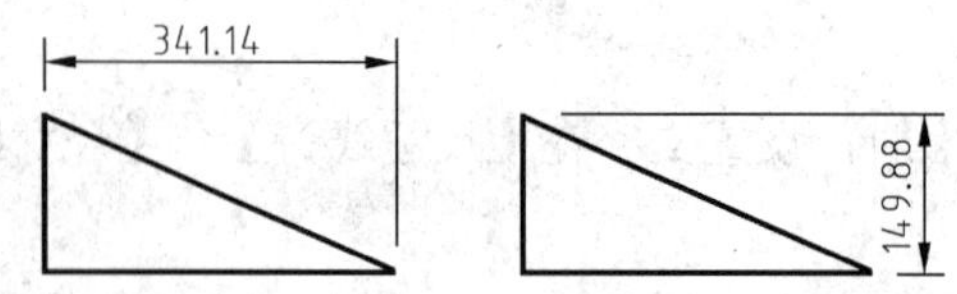

图 10-74　线型标注示意图

(1) 命令的激活方法

① 执行【标注】→【线性】菜单命令。

② 单击【标注】工具栏中的图标按钮。

③ 在命令行内输入 DIMLINEAR 或 DIMLIN 或 DLI 命令。

(2) 命令的执行过程

① 命令: DIMLINEAR。

② 指定第一条尺寸界线原点或 <选择对象>:选择标注图形的第一点。

③ 指定第二条尺寸界线原点:选择图形上的第二点。

④ 指定尺寸线位置或[多行文字(M)/文字(T)/角度(A)/水平(H)/垂直(V)/旋转(R)]:用鼠标确定标注尺寸线的位置。

⑤ 标注文字 =286.01

(3) 参数含义

多行文字(M)：激活多行文字的方式，输入代替尺寸数字的文字或数字。

文字(T)：激活单行文字的方式，输入代替尺寸数字的文字或数字。

角度(A)：确定尺寸数字放置的角度。

水平(H)：执行该项时，只标注水平方向的标注。

垂直(V)：执行该项时，只标注垂直方向的标注。

旋转(R)：指定尺寸标注的旋转角度，如图 10-75 所示。

2) 对齐标注 DIMALIGNED

对齐标注用于标注倾斜直线的尺寸，如图 10-76 所示。

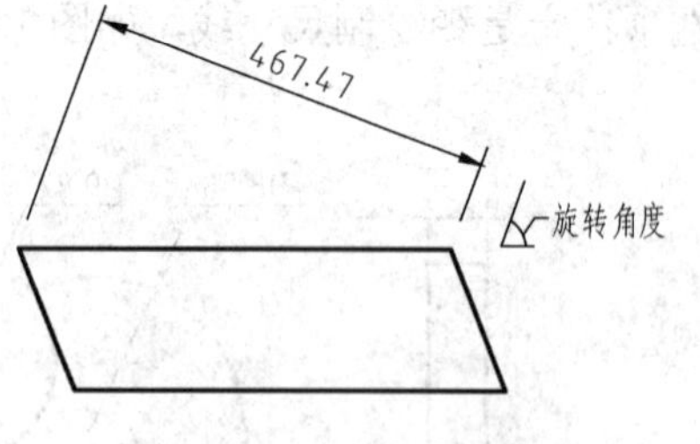

图 10-75　旋转参数示意图

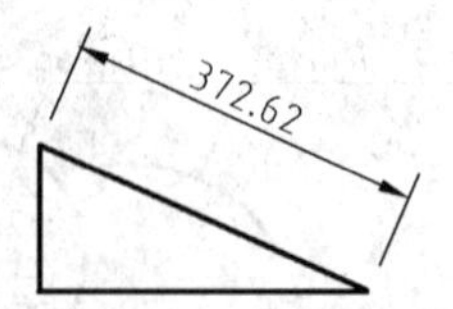

图 10-76　对齐标注示意图

(1) 命令的激活方法

① 执行【标注】→【对齐】菜单命令。

② 单击【标注】工具栏中的图标按钮。

③ 在命令行内输入 DIMALIGNED 或 DAL 命令。

(2) 命令的执行过程

① 命令: DIMALIGNED。

② 指定第一条尺寸界线原点或 <选择对象>:选择标注图形上的第一点。

③ 指定第二条尺寸界线原点:选择图形上的第二点。

④ 指定尺寸线位置或[多行文字(M)/文字(T)/角度(A)]:指定尺寸线的位置。

⑤ 标注文字 ＝3710.62

(3) 参数含义

本命令参数含义与线性标注命令相同。

3) 基线标注 DIMBASELINE

基线标注是在其他尺寸标注的基础上进行的，如图 10-77 所示，如线性标注、对齐标注、角度标注等。如果进行了线性标注，立即激活基线标注，那么在刚进行的线性标注基础上进行基线标注；如果两个命令之间有其他命令，基线标注命令执行时要选择该线性标注才可以对它进行基线标注。

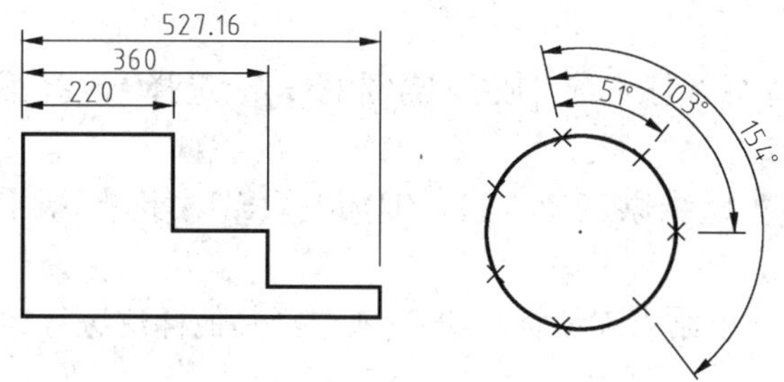

图 10-77　基线标注示意图

(1) 命令的激活方法

① 执行【标注】→【基线】菜单命令。

② 单击【标注】工具栏中的图标按钮。

③ 在命令行内输入 DIMBASELINE 或 DBA 命令。

(2) 命令的执行过程

① 命令: _dimbaseline

② 指定第二条尺寸界线原点或 [放弃(U)/选择(S)] <选择>:选择标注的第二个界线点。

③ 标注文字 ＝282.86

④ 指定第二条尺寸界线原点或 [放弃(U)/选择(S)] <选择>:选择标注的第二个界线点。

⑤ 标注文字 ＝431.02

⑥ 指定第二条尺寸界线原点或 [放弃(U)/选择(S)] <选择>:回车结束当前标注的基线标注。

⑦ 选择基准标注:回车结束基线标注命令(或再次选择其他标注来进行基线标注)。

4) 连续标注 DIMCONTINUE

连续标注示意图如图 10-78 所示。

(1) 命令的激活方法

① 执行【标注】→【连续】菜单命令。

② 单击【标注】工具栏中的图标按钮。

③ 在命令行内输入 DIMCONTINUE 或 DCO 命令。

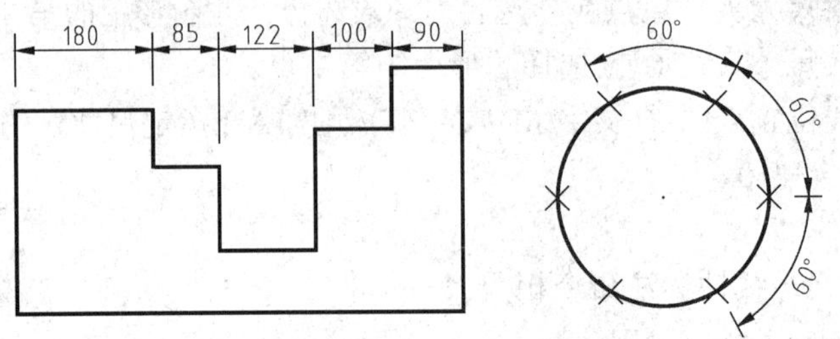

图 10-78　连续标注示意图

(2) 命令的执行过程

① 令: _dimcontinue

② 指定第二条尺寸界线原点或 [放弃(U)/选择(S)] <选择>:选择第二标注的界限点。

③ 标注文字 =85

④ 指定第二条尺寸界线原点或 [放弃(U)/选择(S)] <选择>:选择第三标注的界限点。

⑤ 标注文字 =122

⑥ 指定第二条尺寸界线原点或 [放弃(U)/选择(S)] <选择>:回车结束当前标注的连续标注。

⑦ 选择连续标注:回车结束连续标注命令(或选择其他标注进行连续标注)。

3. 尺寸标注的修改

1) 用夹点编辑尺寸标注

夹点是指对象上的一些特征点。如图 10-79 所示，不用的图形其夹点的多少也不同，利用夹点可以对图形对象进行编辑，这种编辑与前面讲述的 AutoCAD 修改命令的编辑方式不同。夹点功能是一种非常灵活快捷的编辑功能，利用它可以实现对象的【拉伸】、【移动】、【旋转】、【镜像】和【复制】5 种操作。通常利用夹点功能来快速实现对象的拉伸和移动。在不输入任何命令的情况下拾取对象，被拾取的对象其上将显示夹点标记。夹点标记就是选定对象上的控制点。如图 10-79 所示，不同对象其控制的夹点是不一样的。

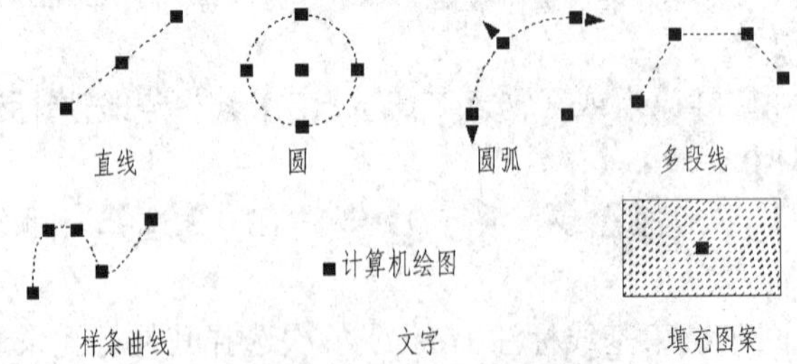

图 10-79　图形夹点示意图

当对象被选中时夹点是蓝色的，称为冷夹点。如果再次单击对象某个夹点，则变为红色，称为暖夹点。

当出现暖夹点时，命令行提示：(1)

(1) 命令：

(2) “拉伸”

(3) 指定拉伸点或[基点(B)/复制(C)/放弃(U)/退出(X)]：(用鼠标指定拉伸位置)。

通过按 Enter 键可以在拉伸、移动、旋转、缩放和镜像编辑方式中进行切换。

也可以在暖夹点上单击右键，则弹出如图 10-80 所示的快捷菜单。

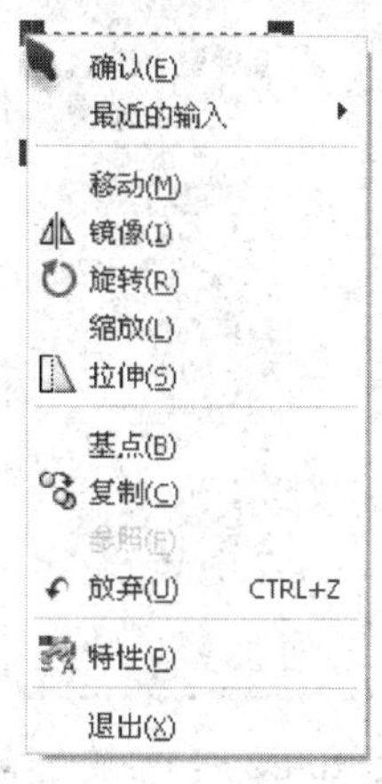

图 10-80　夹点编辑的右键快捷菜单

一般地，尺寸标注上有 3 类夹点。分别是：尺寸线控制夹点，用于控制尺寸线位置；尺寸文字控制夹点，用于控制文字的左右位置；尺寸界线控制夹点，用于控制尺寸界线的位置。

使用夹点的拉伸功能，也可以编辑尺寸标注。具体夹点编辑方法参照上一章知识。

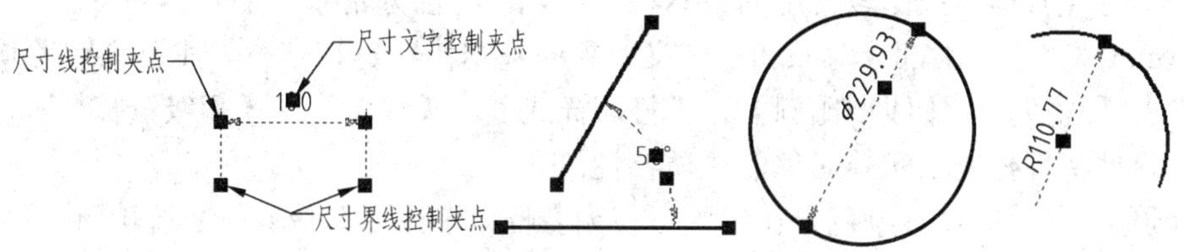

图 10-81　尺寸标注的夹点

2) 对象特性管理器

对象特性管理器如图 10-82 所示。

(1) 对象特性管理器的激活方法

① 执行【工具】→【特性】菜单命令。

② 单击【标准】工具栏中的【特性】按钮。

③ 选择对象并单击右键，在弹出的快捷菜单中选择【特性】命令。

④ 在命令行内输入 PROPERTIES 命令。

⑤ 在命令行内输入快捷命令 mo 或 ch 或 pr。

⑥ 按 Ctrl+1 组合键。

⑦ 双击需要编辑的图形。

将鼠标放在特性管理器的左侧深色标题栏上，按住左键拖动鼠标可以将它置于绘图区的任意位置。在标题栏上单击右键，将弹出控制管理器的快捷菜单，在菜单里可以选择【允许固定】或【自动隐藏】命令。

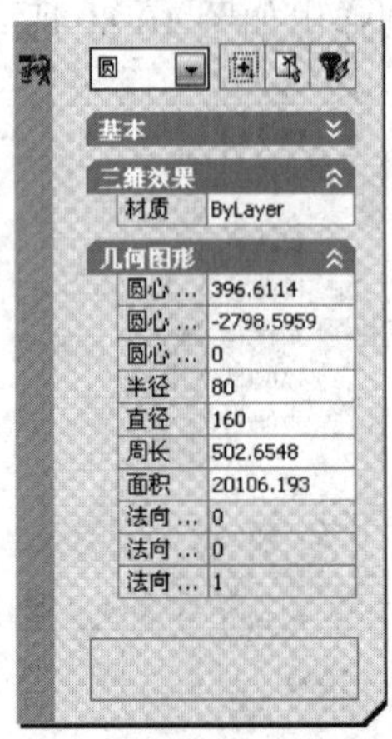

图 10-82 特性管理器

(2) 特性管理器的使用

使用特性管理器修改对象特性时，在管理器的窗体里会显示对象的所有特性。如果选择了多个对象，那么管理器会显示所选对象的共有特性。

图形特性一般分为基本特性、几何特性、打印样式特性和视图特性等。一般地，经常通过修改对象的基本特性和几何特性来编辑图形。

下面对特性管理器中比较常用的基本特性和几何特性分别做一下介绍。

在 AutoCAD 中，大部分对象和自定义对象的基本特性是共有的，其中包括【颜色】、【图层】、【线型】、【线型比例】、【打印样式】、【线宽】、【超级链接】和【厚度】共 8 项，这些特性控制了实体对象的本质特性。

① 颜色：显示或设置颜色。在颜色下拉列表框中选择【选择颜色】选项时，可从打开的【选择颜色】对话框中选择新的颜色。

② 图层：显示或设置图层。在图层下拉列表中选择一个图层，为所选对象指定新的图层。

③ 线型：显示或设置线型。从该下拉列表框中选择一种线型，为所选对象指定新的线型。

④ 线型比例：显示或设置线型缩放比例。

⑤ 打印样式：显示或设置打印样式。

⑥ 线宽：显示或设置线宽。从该下拉列表框中选择一种线宽，为所选对象指定线宽。

⑦ 超级链接：选择该选项后，单击其右侧的按钮打开【插入超级链接】对话框，然后将超级链接附着到图形对象。

⑧ 厚度：该选项只针对三维实体，设置当前三维实体的厚度。

(3) 【几何】和【其他】特性

基本特性是所有对象共有的，但【几何】特性和【其他】特性则根据所选对象类型的不同而不同。在编辑对象特性时，修改与所选对象相应的选项，进而达到编辑对象的目的。

10.9.2 平面图标注案例

1. 要求

如图 10-83 所示，根据前面完成的两个房间的平面图，建立标注样式，并对图形进行标注。

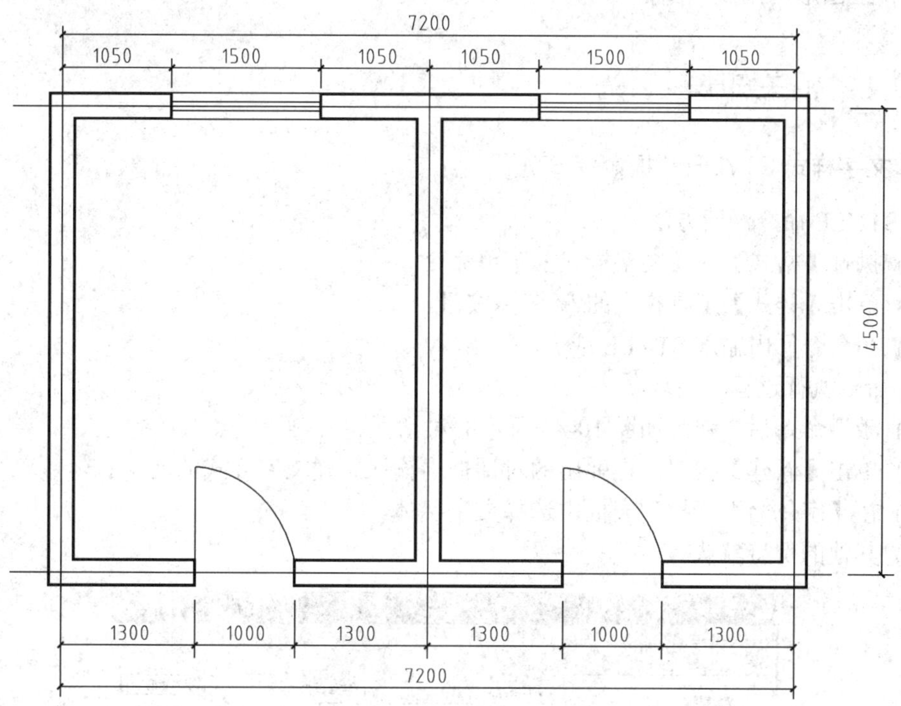

图 10-83 房间平面图的尺寸标注

2. 操作过程

1) 建立标注样式

(1) 执行【标注】→【标注样式】菜单命令，激活标注样式管理器。

(2) 单击【新建】按钮，打开创建标注样式对话框，在【新样式名】文本框内输入 22，单击【继续】按钮。

(3) 打开【线】选项卡，设置【超出尺寸线】为 2，【起点偏移量】为 4。

(4) 打开【符号和箭头】选项卡，设置【箭头大小】为 3。

(5) 打开【文字】选项卡，设置【文字高度】为 5，文字位置，【垂直】为上方，【水平】为居中，【从尺寸线偏移】为 1，【文字对齐】为与尺寸线对齐。

(6) 打开【调整】选项卡，设置【使用全局比例】为 35。

(7) 打开【主单位】选项卡，设置【精度】为 0.00，【小数分隔符】为“.”。

2) 标注尺寸

用【线性标注】命令进行标注。

10.10 图 纸 打 印

在图形和标注都完成的状态下，还需要在图纸上加入适当的说明文字，还有在图纸周围加上带有标题栏的图框，这样打印出来的图形才更加美观和规范。本节中主要介绍文字的输入和给图形周围加上图框线。

10.10.1 相关知识

1. 文字样式 STYLE(快捷命令 ST)

1) STYLE 命令激活方法

(1) 执行【格式】→【文字样式】菜单命令。

(2) 单击【样式】工具栏上的 A 图标按钮。

(3) 在命令行内输入 STYLE 或 ST 命令。

2) 命令执行过程

(1) 激活命令后，弹出如图 10-84 所示的对话框。

(2) 单击【新建】按钮，在弹出的对话框内输入新建文字样式的名字。

(3) 在【字体名】下拉列表框中选择文字字体。

(4) 其他的保持默认。

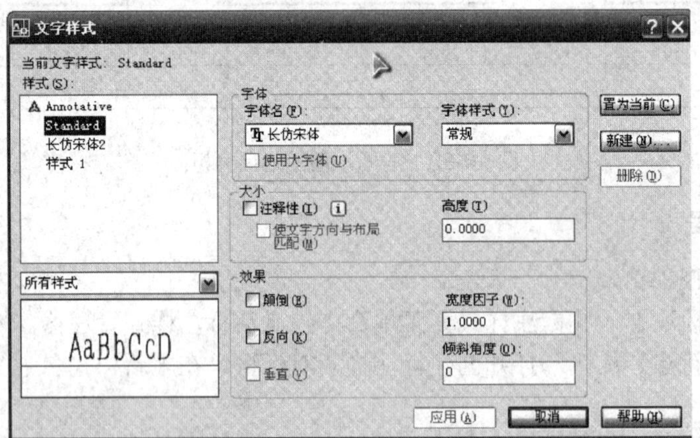

图 10-84 【文字样式】对话框

2. 单行文字 TEXT(快捷键 DT)

1) TEXT 命令激活方法

(1) 执行【绘图】→【文字】→【单行文字】菜单命令。

(2) 在命令行内输入 TEXT 或 DT 命令。

2) 命令执行过程

(1) 命令: 输入 dt 空格激活单行文字命令。

(2) 当前文字样式: 【Standard】 文字高度: 7310.0397 注释性: 否

(3) 指定文字的起点或 [对正(J)/样式(S)]:用光标单击输入文字的起点。

(4) 指定高度 <733.0397>: 输入 500 回车。

(5) 指定文字的旋转角度 <0>:空格。

(6) 输入文字：建筑单位。

(7) 回车(换行可以继续输入文字)，再次回车结束命令。

3) 参数含义

(1) 对正(J)：用于确定文字输入时的定位方式，当激活该参数时，系统又列出一系列参数，如对齐(A)、调整(F)、中心(C)、中间(M)等。可以选择这些参数，设置文字定位方式。

(2) 样式(S)：用于选择文字的样式。

3. 多行文字 MTEXT(快捷命令 T)

1) MTEXT 命令激活方法

(1) 执行【绘图】→【文字】→【多行文字】菜单命令。

(2) 在【绘图】工具栏上单击 A 图标按钮。

(3) 在命令行内输入 MEXT 或 T 命令。

2) 命令执行过程

(1) 命令: 输入 t 空格。

(2) 当前文字样式: "Standard" 文字高度: 500 注释性: 否

(3) 指定第一角点:用光标单击确定输入文字区域的一个角点。

(4) 指定对角点或 [高度(H)/对正(J)/行距(L)/旋转(R)/样式(S)/宽度(W)/栏(C)]:移动光标到一定位置，单击确定输入文字区域的对角点。

(5) 绘图区内出现如图 10-85 所示的对话框。

(6) 在对话框内输入位置，单击【确定】按钮，结束多行文字输入。

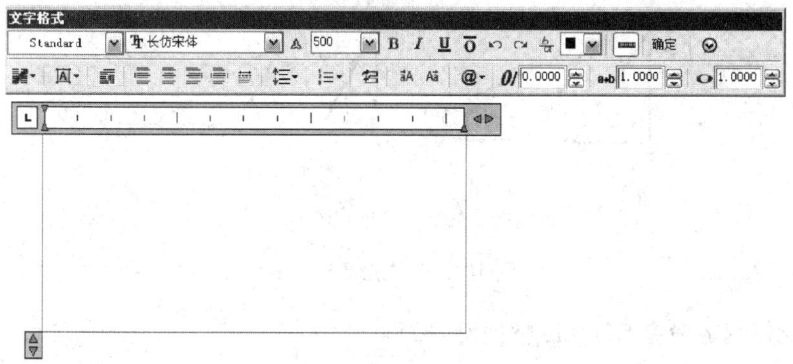

图 10-85　多行文字输入对话框

4. 旋转命令 ROTATE(快捷命令 RO)

图形旋转后从效果上有两种形式，如图 10-86 所示，一种是旋转后不保留原图，另一种是旋转后保留原图。

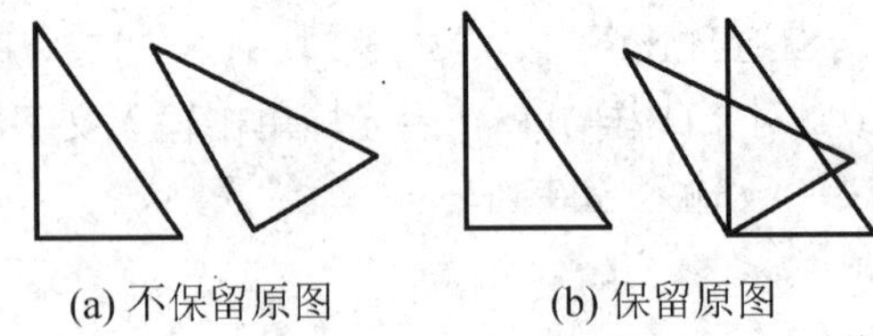

图 10-86　图形旋转效果图

1) ROTATE 命令激活方法

(1) 执行【修改】→【旋转】菜单命令。

(2) 单击【修改】工具栏中的图标按钮。

(3) 在命令行内输入 ROTATE 或 RO 命令。

2) 命令执行过程

(1) 命令: ROTATE。

(2) UCS 当前的正角方向:　ANGDIR=逆时针　ANGBASE=0

(3) 选择对象: (选择旋转对象)。

(4) 找到 3 个

(5) 选择对象:(回车结束选择对象)。

(6) 指定基点:(用鼠标指定基点)。

(7) 指定旋转角度，或 [复制(C)/参照(R)] <0>:(输入旋转角度，以逆时针为默认正角度方向，或者用鼠标拾取点进行旋转)。

3) 参数含义

(1) 复制(C)：选择该参数，表示保留原图形。

(2) 参照(R)：重新指定参照线方向，默认参照线方向是水平向右的。例如，如图 10-87 所示，指定参照时，依次捕捉 1 点、2 点，即以三角形下面的边为新参照线，最后捕捉 3 点，则新参照线旋转到 3 点。

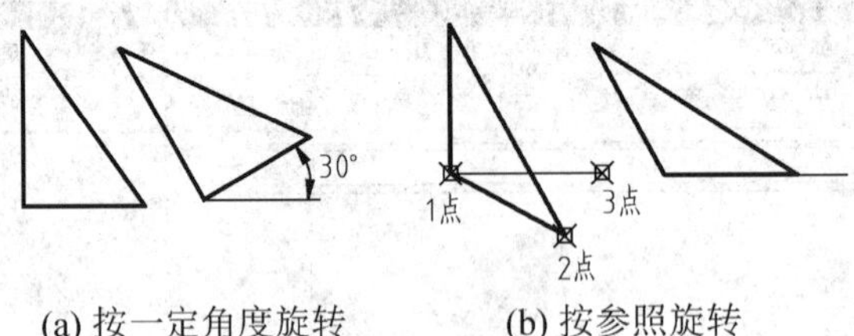

图 10-87　图形复制形式

5. 等比例缩放命令 SCALE(快捷键 SC)

图形缩放后从效果上有两种形式，如图 10-88 所示，一种是缩放后不保留原图，另一种是缩放后保留原图。

1) SCALE 命令的激活方法

(1) 执行【修改】→【缩放】菜单命令。

(2) 单击【修改】工具栏中的图标按钮。

(3) 在命令行内输入 SCALE 或 SC 命令。

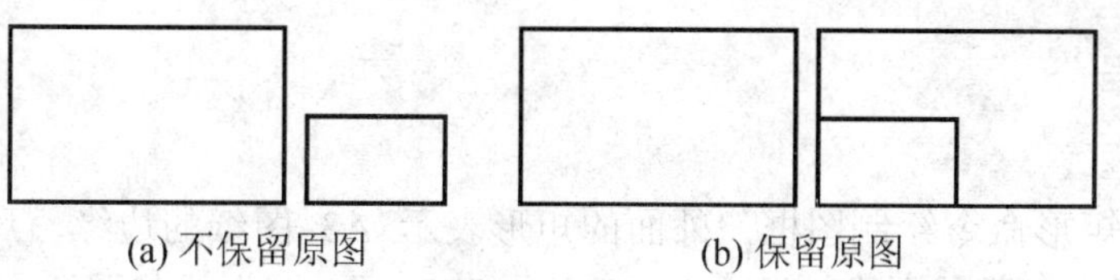

图 10-88　等比例缩放效果图

2) 命令的执行过程

(1) 命令: SCALE。

(2) 选择对象:(选择缩放的对象) 。

(3) 找到 4 个

(4) 选择对象:(回车结束选择)。

(5) 指定基点:(用鼠标指定基点)。

(6) 指定比例因子或 [复制(C)/参照(R)] <1.0000>: (输入比例因子)。

3) 参数含义

比例缩放命令参数复制和参照与旋转命令参数含义相同。

10.10.2　案例

1. 要求

绘制好两个房间平面图，再给图形加上图框，如图 10-89 所示。

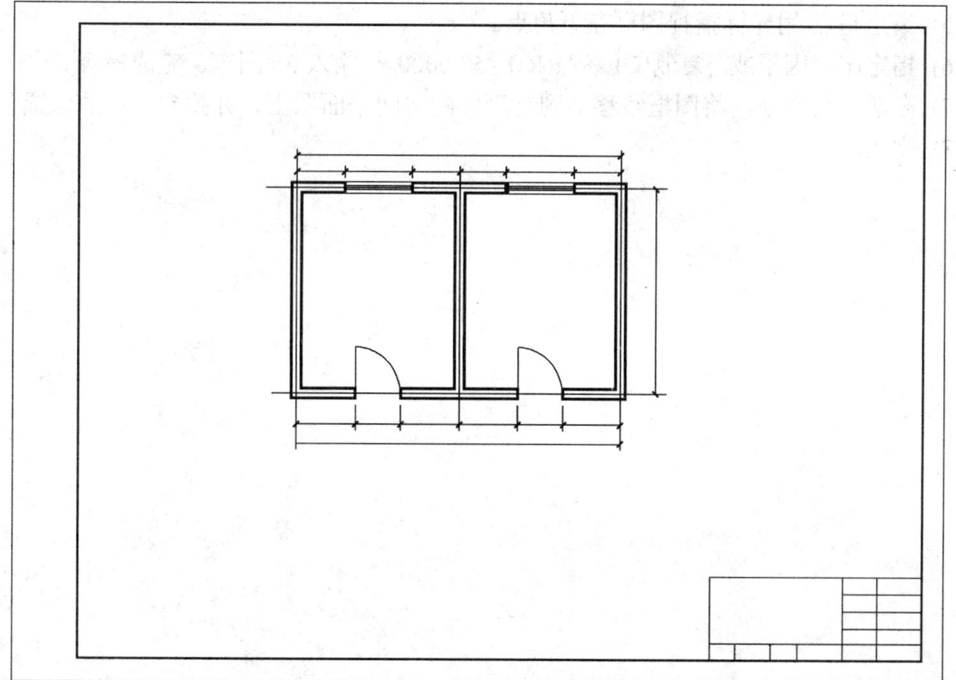

图 10-89　图框线的绘制

2. 操作过程

1) 绘制图框线

(1) 首先用矩形命令绘制图框，外面的矩形表示 A3 图纸的边缘，尺寸为 420mm×297mm，内部矩形表示图框线，尺寸为 380mm×277mm；图框线与图纸边缘线的位置关系是：左侧距离为 30mm，其他 3 个边距离为 10mm。

(2) 用直线命令在图框线下面加上标题栏，尺寸如图 10-90 所示。

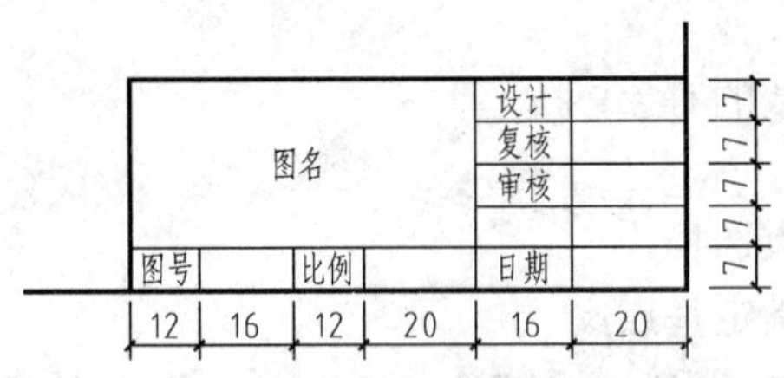

图 10-90 标题栏尺寸

2) 输入文字

文字的高度为 3.5mm，用【复制】命令辅助完成。

3) 给图形加上图框线

(1) 命令:输入 sc 空格，激活缩放命令。

(2) 选择对象:将图框整体选中。

(3) 找到 17 个

(4) 选择对象:按空格键，结束对象选择。

(5) 指定基点:用光标捕捉图框左下角点。

(6) 指定比例因子或 [复制(C)/参照(R)] <50.0000>: 输入 50 回车，完成命令。

(7) 激活移动命令，将图框线移动到绘制好的房间平面图上，并找到合适的位置。

(8) 完成。

附　　录

【附录内容】

- 图纸目录
- 门窗统计表
- 首层平面图
- 标准层平面图
- 顶层平面图
- 屋顶平面图
- 正立面图
- 背立面图
- 1－1剖面图
- 墙体
- 墙体大样图
- 楼梯大样图

为配合本教材的学习使用，更好地掌握房屋建筑施工图和房屋建筑的构造原理，附录选取了一套房屋施工图的部分内容(见附图)，介绍了某多层单元式住宅楼的建筑施工图和结构施工图，作为本课程综合实训的参考资料，不得照此施工。

该建筑为某小区住宅楼工程项目，由某建筑设计研究院设计。

该建筑为某小区一栋6层三单元住宅楼，6层上设阁楼，1～6层层高均为 2.9m，该建筑平面外围尺寸：总长为 43.50 m，总宽为 16.60m，建筑总高度 20.70m。该住宅楼设计合理，功能完善，美观大方。

为了提高学生对施工图的识图能力、制图技能及对建筑构造综合分析的应用能力，提出以下实训要求。

1) 施工图识读练习

(1) 认真识读附图中建筑施工图的全部内容，要求做好识读记录。

(2) 在读懂建筑施工图后，仔细识读附图中结构施工图，并做好识读记录。

2) 施工图绘制练习

(1) 参照绘制附图建筑施工图中的主要平面图、立面图和剖面图。

(2) 参照绘制附图结构施工图中的基础平面图、主要的结构平面图和配筋图。

(3) 要求图幅为 2 号图纸，比例为 1∶100，汉字用长仿宋字体，严格按照相关标准、规范绘制。

3) 建筑构造做法分析练习

(1) 在认真识读附图中施工图的基础上，全面了解分析该住宅楼建筑的构造组成与构造做法，并重点识读附图中建筑详图。

(2) 参照绘制附图建筑施工图中的建筑详图。

要求通过对这套图纸的识读、绘制与分析等多环节的练习，来逐步提高学生对房屋施工图识读水平和房屋建筑构造理解应用能力，以全面实现本课程的教学目标。

建筑设计总说明

一、工程概况

1. 工程名称：顾和家园住宅小区D-12#楼
2. 建设单位：四野房地产开发有限责任公司
3. 建设地点：锡林郭勒盟西乌珠穆沁旗
4. 建筑类别：二类建筑
5. 建筑使用性质：住宅楼
6. 建筑设计使用年限：50年
7. 结构形式：砌体结构
8. 结构抗震设防烈度：6度
9. 建筑耐火等级：二级

屋面防水等级：Ⅱ级

经济技术指标：

（1）总建筑面积：7860.15㎡

（2）建筑层数：6层

（3）建筑高度：19.75米

设计标高：

（1）本工程±0.000标高为本工程假定标高0.150m，假定原点标高详见竖向设计图。

（2）各层标注标高为完成面标高（建筑面标高），屋面标高为结构面标高。

（3）本工程标高以m为单位，总平面尺寸以“米”（m）为单位。

二、工程做法及设计要求：

1. 墙体工程：

（1）墙体的基础部分详见结构施工图

（2）外墙：370厚多孔砖和80厚挤塑聚苯板

保温层组成的复合墙体，做法参见NMT2005-03《外墙外保温构造详图》。

（3）内墙：内墙为240厚多孔砖。多孔砖强度等级不低于MU7.5，

砌筑砂浆应用水泥砂浆，强度等级不低于M5、

（4）风道、管道井隔墙处采用100厚GRC隔墙板（耐火极限不低于1.00h）

（5）墙体留洞及封堵：

①钢筋混凝土墙上留洞见结施和设备图。

②砌筑墙预留洞见平面图。

③砌筑墙预留洞过梁见结施图。

④预留洞的封堵：混凝土墙预留洞的封堵见结施，用C20细石混凝土填实。

⑤洞口砌体小于150厚浇注时均用素混凝土带出

（6）室内所设竖井、水井等墙砌筑时灰缝砂浆必须饱满，采用1：2.5水泥砂浆随砌随抹光。

（7）厨房及卫生间所设烟道、风道采用预制成品。

（8）消火栓，配电箱等墙上留洞遇有穿透墙体情况时，其背面（墙面）要求加设

钢板网（2厚20×45）抹灰，钢板网尺寸较洞口尺寸每边大150mm。

2. 屋面工程：

（1）本工程屋面防水等级Ⅱ级，防水层合理使用年限15年，屋面防水层采用两层SBS

防水卷材组合：SBS防水卷材为聚脂胎。

（2）屋面构造做法见室外工程做法表；雨蓬等见各层平面图及有关详图。

（3）屋面排水组织见屋顶平面图，雨水管位置见屋顶平面图，雨水管为DN100

镀锌钢管雨水管

（4）卫生间、厨房排气道出屋面见屋顶平面图，做法参见05J5-2-29-2

（5）屋面防水工程应严格按照《屋面工程技术规范》GB 50345-2004进行施工。

3. 楼、地面工程：

（1）卫生间、厨房地面防水涂膜2.5厚，墙面1.5厚，墙面上翻1800；构造做法见工程做法表。

（2）管道穿过有防水要求的楼面应按规定做防水套管，套管突出面层30mm，管道间的

间隙采用油麻灰添塞密实。

（3）本工程中所选用的防水材料需采用有关部门认证的合格产品，防水施工应严格

执行相关的施工验收规范。

（4）设有防水层的楼、地面，防水层做完后应按要求做闭水实验，合格后方可做下道工序。

4. 门窗工程：

（1）单块面积大于1.5平米时采用钢化玻璃，窗框除注明外均采用隔热断桥铝合金，

表面氟碳喷涂，颜色见效果图。窗开启扇设置隐形纱窗。

（2）建筑外门窗抗风压性能分级为6级，气密性能分级为4级，水密性能分级为3级，

保温性能分级为8级，隔声性能分级为3级。

（3）门窗玻璃选用应遵照《建筑玻璃应用技术规范》JGJ113-2003和当地的相关规定。

外窗采用三层中空玻璃，且有厂家计算复核，入口处及

单块面积大于1.5平米时采用钢化玻璃，窗框除注明外均采用隔热断桥铝合金，

表面氟碳喷涂，颜色见效果图。窗开启扇设置隐形纱窗。

（4）所有门窗应按标准图要求配齐五金件；门窗五金件应为优质产品。

（5）门窗洞口尺寸在下料前，应进行现场复核。

5. 外装修工程：

（1）本工程外墙立面装饰材料、颜色及做法等见立面注释及墙身详图。

（2）外装修选用的各项材料其材质、规格、颜色等，均由施工单位提供样板，经建设

和设计单位确认后进行封样，并据此验收。

6. 内装修工程：

（1）内装修做法详见“室内装修做法表”并应执行《建筑内部装修设计防火规范》

GB50222-95、《建筑地面设计规范》GB50037-96、

（2）所有靠墙木构件、预埋木砖应先刷防腐剂两道，再刷防火漆一遍。

（3）所有明露铁件、管道挂件、预埋铁件、屋面雨水口等均刷防锈漆两遍。

（4）卫生间、厨房的楼地面均低于相邻房间20mm，并向地漏方向找1%坡。

（5）各专业应熟悉图纸预留孔洞，密切配合施工，避免后凿后打，严禁随意开洞、剔凿。

（6）内装修选用的各项材料应按照本图提供的做法、重量、厚度进行施工，并提供

样板，经建设和设计单位确认后进行封样，并据此验收。

7. 油漆涂料工程：

（1）本工程建设地点在内蒙古自治区锡林郭勒盟西乌珠穆沁旗，所在气候分区为严

寒地区B区。居住建筑与公共建筑节能设计严格遵循内蒙古地方标准。

《居住建筑节能设计标准》节能率为65%。

（2）本工程采用外墙外保温体系。

（3）按规定性方法进行节能设计。

（4）建筑的体形系数:0.3、

（5）本工程选用的有关节能设计标准图集名称、编号：《外墙外保温》05J3-1。

8. 室外工程：

（4）油漆涂料工程在施工时应先做小样，经确认后方可大面积施工。

9. 建筑设备、设施工程：

（1）室外台阶、坡道、散水等见“工程做法表”。

（1）建设方订货前需让厂家提供土建条件图，与本设计尺寸核实，经确认后再订货和施工。

三. 节能设计：

（2）灯具等影响美观的器具需经过建设单位和设计单位的确认后方可大批加工、安装。

1. 设计依据：

《民用建筑热工设计规范》DBJ03-35-2008；

内蒙古地方标准《居住建筑节能设计标准》

2. 节能设计概况：

注：同级别数字大小、格式应一致。

××设计研究院	
××小区住宅楼	建施-1
目录·设计总说明	

材料做法表

编号	做法
墙1	满刮腻子
	1、满刮腻子两遍
	2、2厚麻刀抹面
	3、9厚1：3石灰膏砂浆
	4、5厚1:3:9 水泥石灰膏砂浆打底划出纹理
	5、刷一道界面处理剂
墙2	釉面砖墙面
	1、5厚釉面砖，白水泥擦缝
	2、20 厚聚合物水泥砂浆结合层。
	3、9厚1：3水泥砂浆打底扫毛或划出纹道
	4、刷界面剂一道
棚1	满刮腻子
	1、满刮腻子两道
	2、3厚1:0.2：2.5 水泥石膏找平
	3、5厚1:0.2：2.5 水泥石膏打底或划出纹道
	4、刷素水泥浆一道（内掺建筑胶）
	5、现浇钢筋混凝土板底
棚2	铝合金板吊顶
	1、铝合金方形板
	2、配套金属龙骨
	3、现浇钢筋混凝土板底
外墙	面砖墙面
	1、20厚1：3水泥砂浆找平
	2、10厚1：1水泥专用胶黏剂刮于板背面
	3、80厚聚苯板加压黏牢，板面打磨成细麻面
	4、1.5厚专用胶粘标准网于整个墙面
	6、4～5厚1：1水泥砂浆加水重20%建筑胶镶贴
	7、8～10厚面砖，1：1水泥砂浆勾缝或水泥浆擦缝

编号	做法
屋面1	不上人屋面
	1、块瓦。
	2、1：3水泥砂浆（配 6@500×500钢筋网）。
	3、1：3水泥砂浆。
	4、100厚挤塑聚苯乙烯泡沫塑料保温板(密度≥30kg/m^3)。
	5、两道4厚 SBS 防水卷材防水层，带页岩。
	6、1：3水泥砂浆，砂浆中掺聚丙烯或锦纶-6纤维0.75—0.9kg/m。
	7、现浇钢筋混凝土楼板
屋面2	不上人屋面
	1，绿色着色保护层
	2,SBS 防水卷材防水层，带页岩
	3、20 厚1：3水泥砂浆找平层
	4、最薄处20厚1：8水泥火山灰找% 坡
	5、100厚挤塑聚苯乙烯泡沫塑料保温板(密度≥30kg/m)。
	6、2mm厚聚氨脂隔气层
	7、20 厚1：3水泥砂浆找平层
	8、现浇钢筋混凝土楼板
地1	防滑地砖地面
	1、铺10厚地砖，稀水泥浆擦缝(面层由用户自理）
	2、撒素水泥面（洒适量清水）
	3、20厚1：2.5干硬性水泥砂浆结合层
	4、70（60）厚挤塑板保温层 （ρ>30kg/m^3）
	5、刷素水泥浆一道
	6、60厚C15混凝土随打随抹平
	7、150厚卵石灌M2.5混合砂浆
	8、素土夯实

编号	做法
地2	防滑地砖地面有防水要求
	1、铺10厚地砖，稀水泥浆擦缝 面层由用户自理
	2、撒素水泥面（洒适量清水）
	3、35厚C15细石混凝土随打随抹平
	4、聚氨脂两遍涂抹防水层厚 1.5-1.8 防水层周边卷起150 高
	5、最薄处30厚C15细石混凝土，找1%坡向排水沟，随打随抹光。
	6、70（60）厚挤塑板保温层（ρ>30kg/m^3）
	7、60厚C15混凝土随打随抹平
	8、150厚卵石灌M2.5混合砂浆垫层，平板振捣器振捣密实
	9、素土夯实
楼1	防滑地砖楼面面层由用户自理
	1、铺10厚地砖，稀水泥浆擦缝
	2、素水泥浆一道（撒适量清水）
	3、20厚1：2.5干硬性水泥砂浆粘结层
	4、50厚C15细石混凝土垫层随打随抹平
	5、现浇钢筋混凝土楼板
楼2	防滑地砖楼面面层由用户自理（有防水要求
	1、10厚铺地砖，1：1水泥砂浆擦缝
	2、撒素水泥面（洒适量清水）
	3、20厚1：2干硬性水泥砂浆粘结层
	4、聚氨脂两遍涂抹防水层厚1.5-1.8防水层周边卷起150高
	5、20厚1：3水泥砂浆找平，四周沿竖管根部抹八字角
	6、素水泥浆结合层一道（内掺建筑胶）
	7、最薄处30厚C15细石混凝土从门口向地漏找1%坡
	8、现浇钢筋混凝土楼板

××设计研究院	
××小区住宅楼	建施-2
地下室平面图	

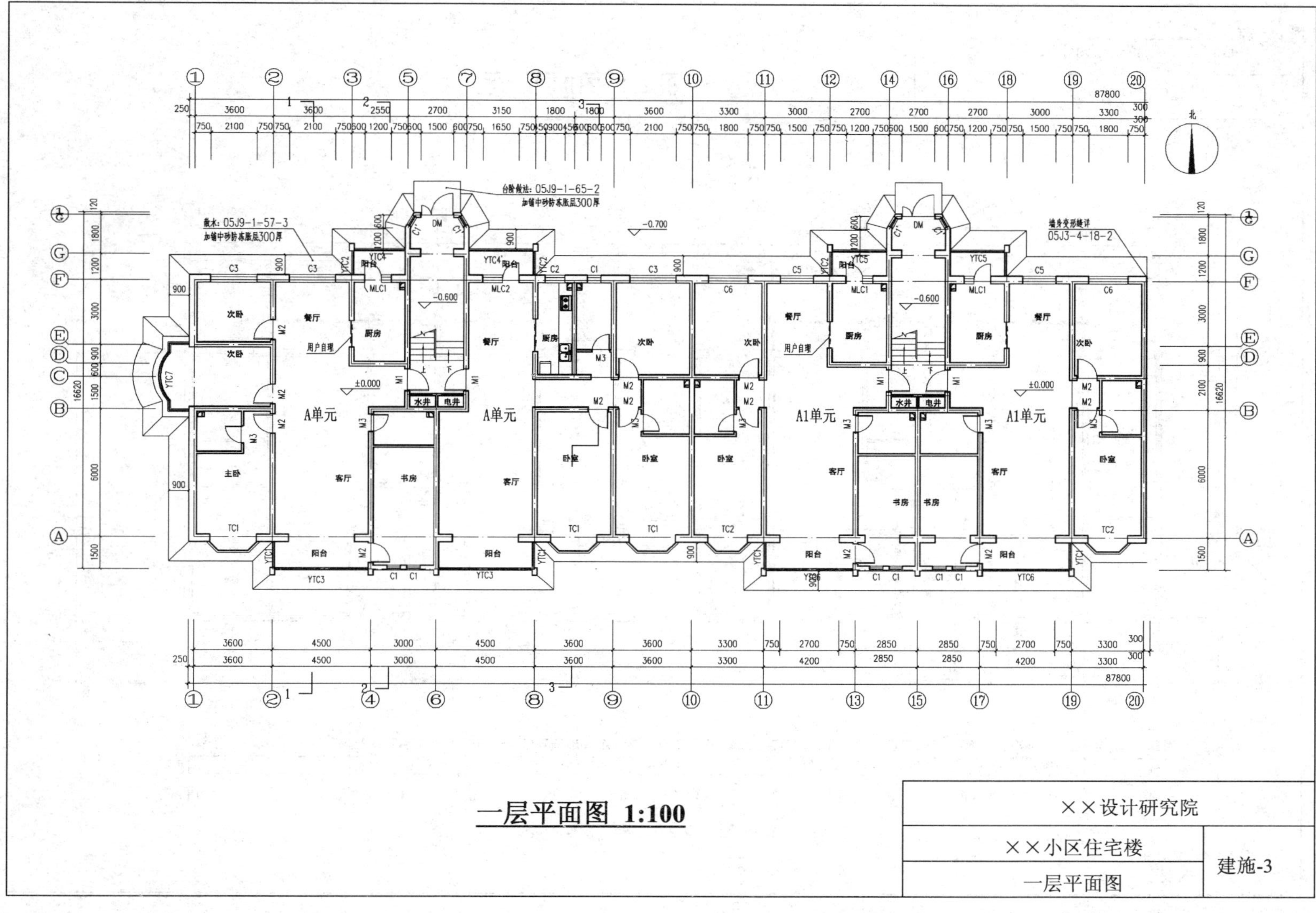

一层平面图 1:100

××设计研究院	
××小区住宅楼	建施-3
一层平面图	

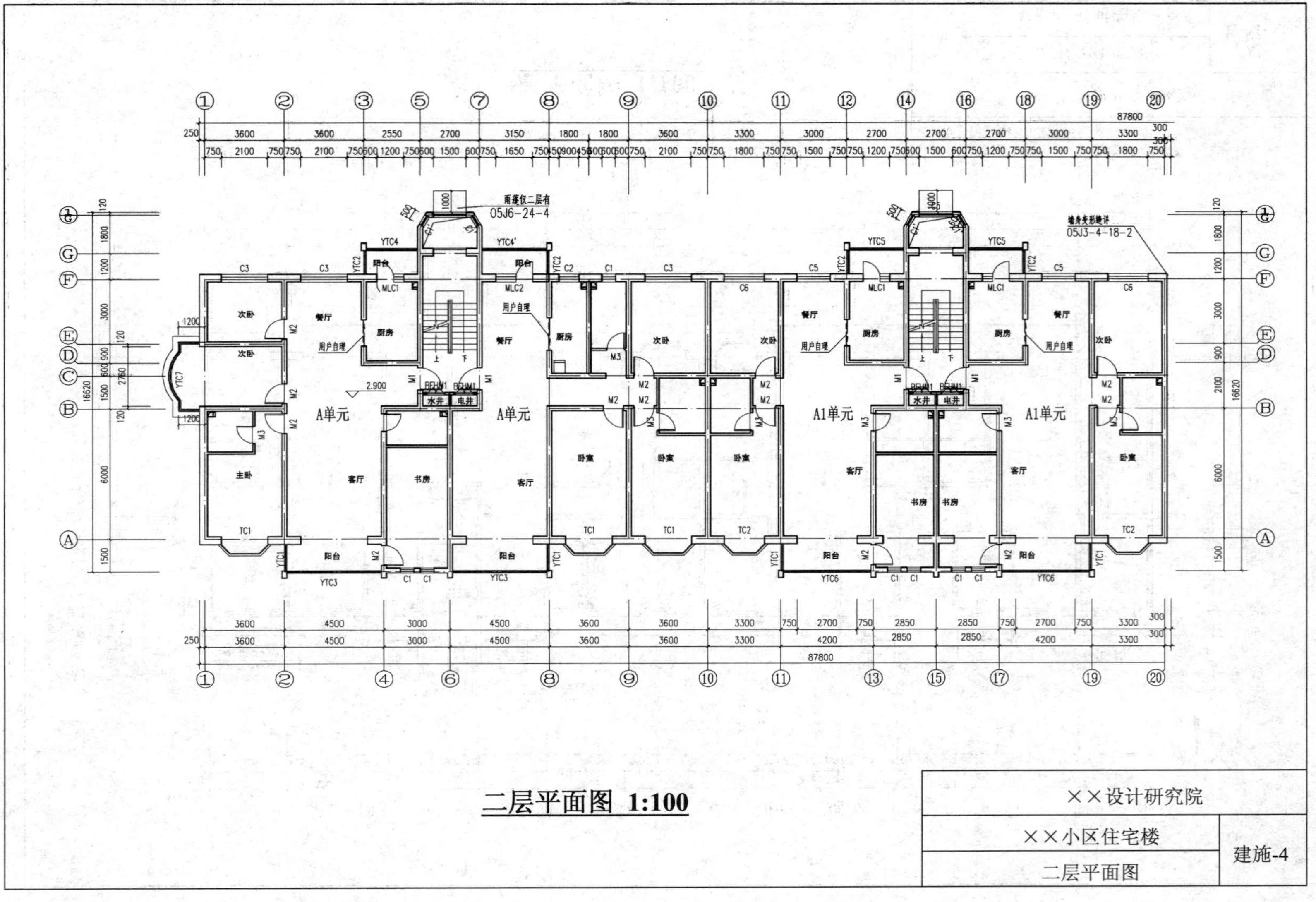
A单元
A1单元
05J6-24-4
05J3-4-18-2
二层平面图 1:100
××设计研究院
××小区住宅楼
二层平面图
建施-4

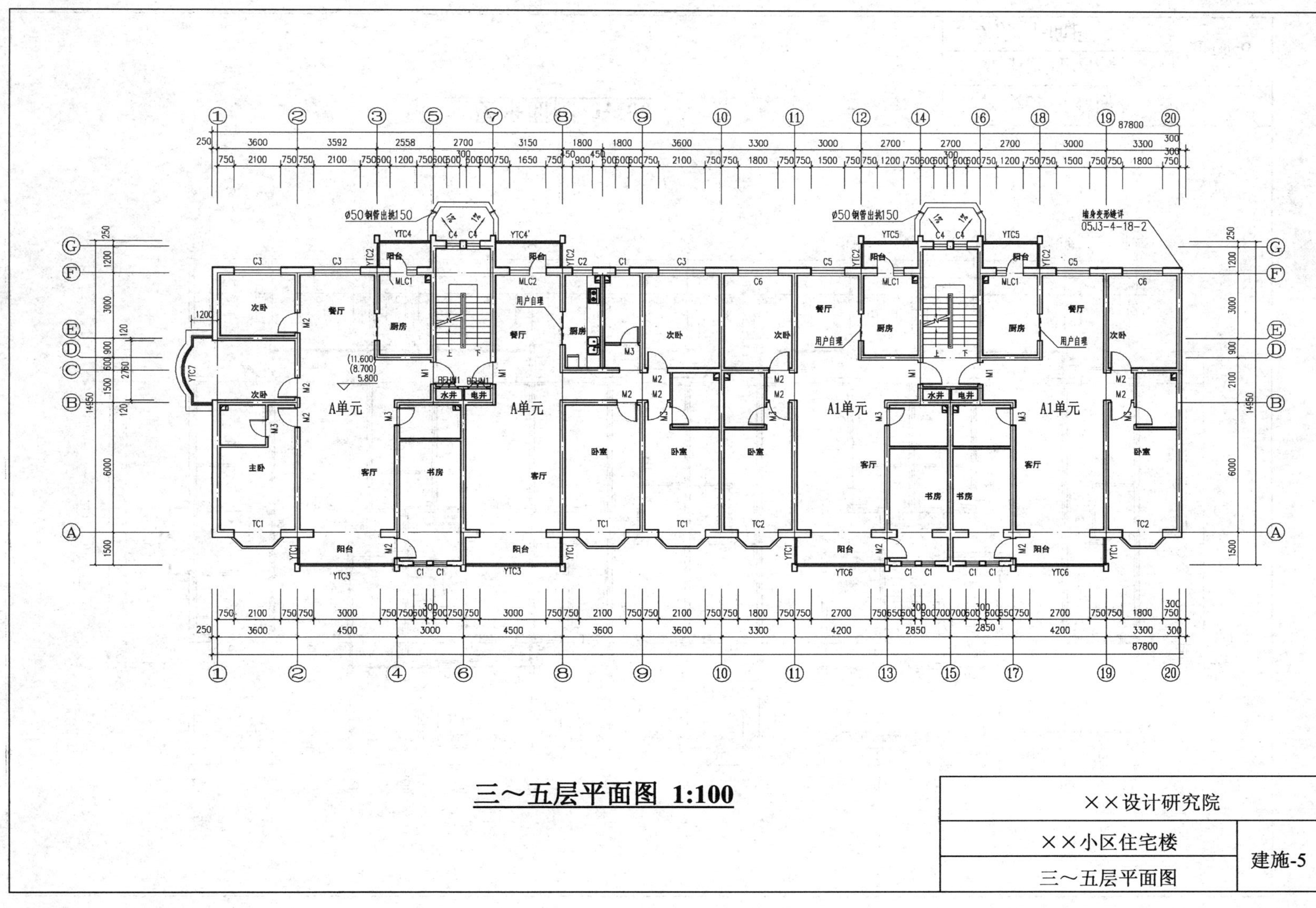
三~五层平面图 1:100
××设计研究院
××小区住宅楼
三~五层平面图
建施-5

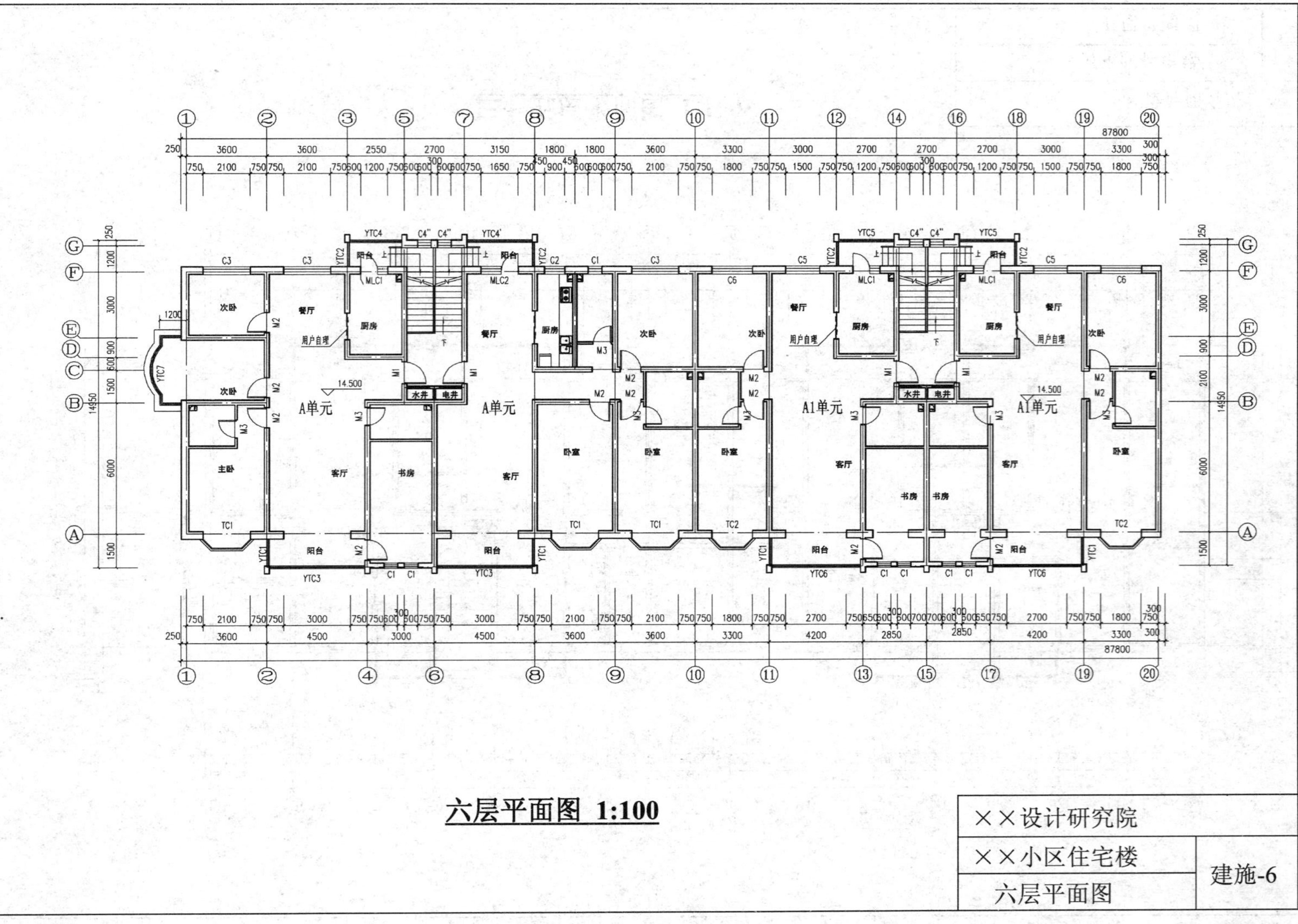
六层平面图 1:100
××设计研究院
××小区住宅楼
六层平面图
建施-6

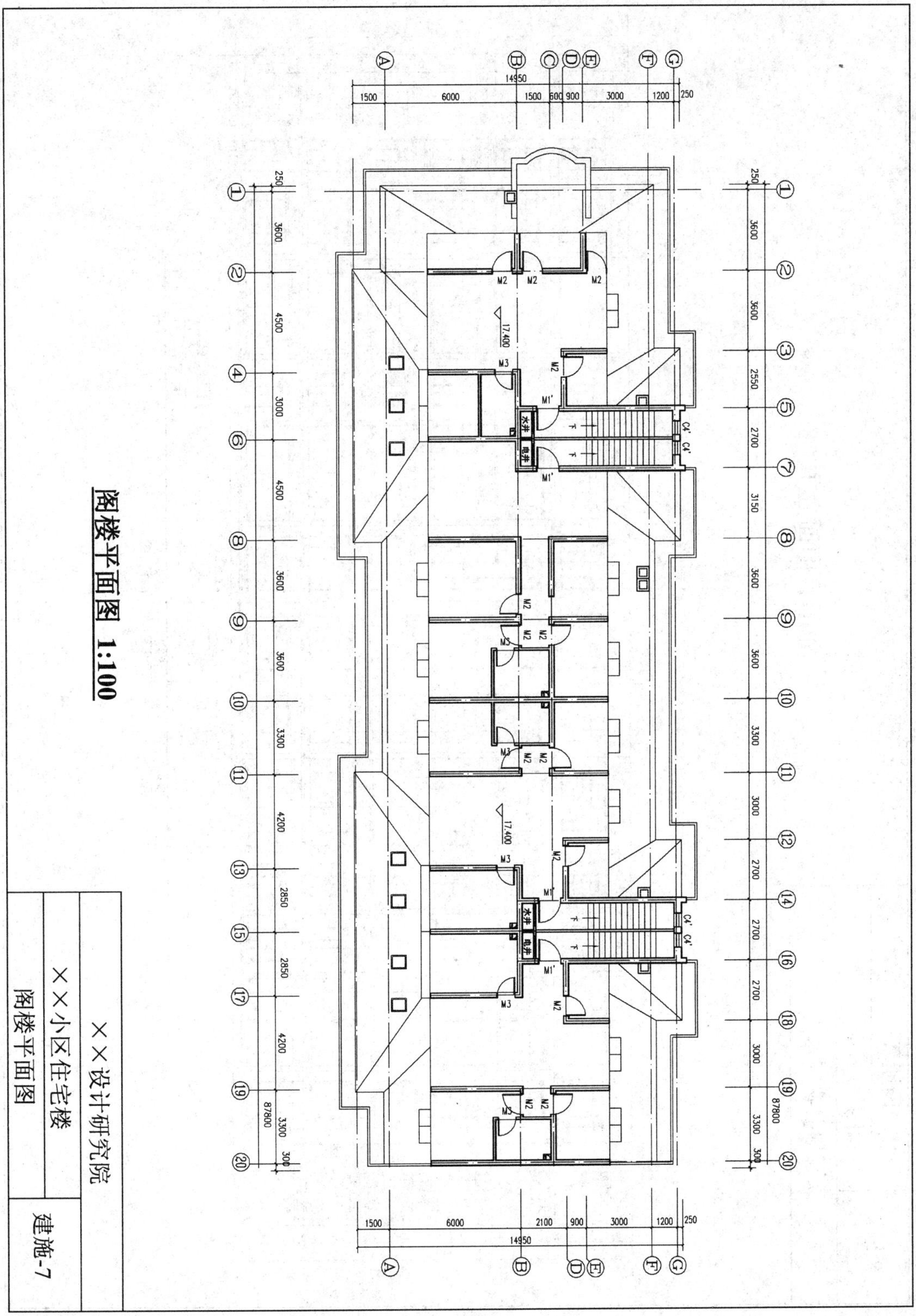

阁楼平面图 1:100

××设计研究院	
××小区住宅楼	建施-7
阁楼平面图	

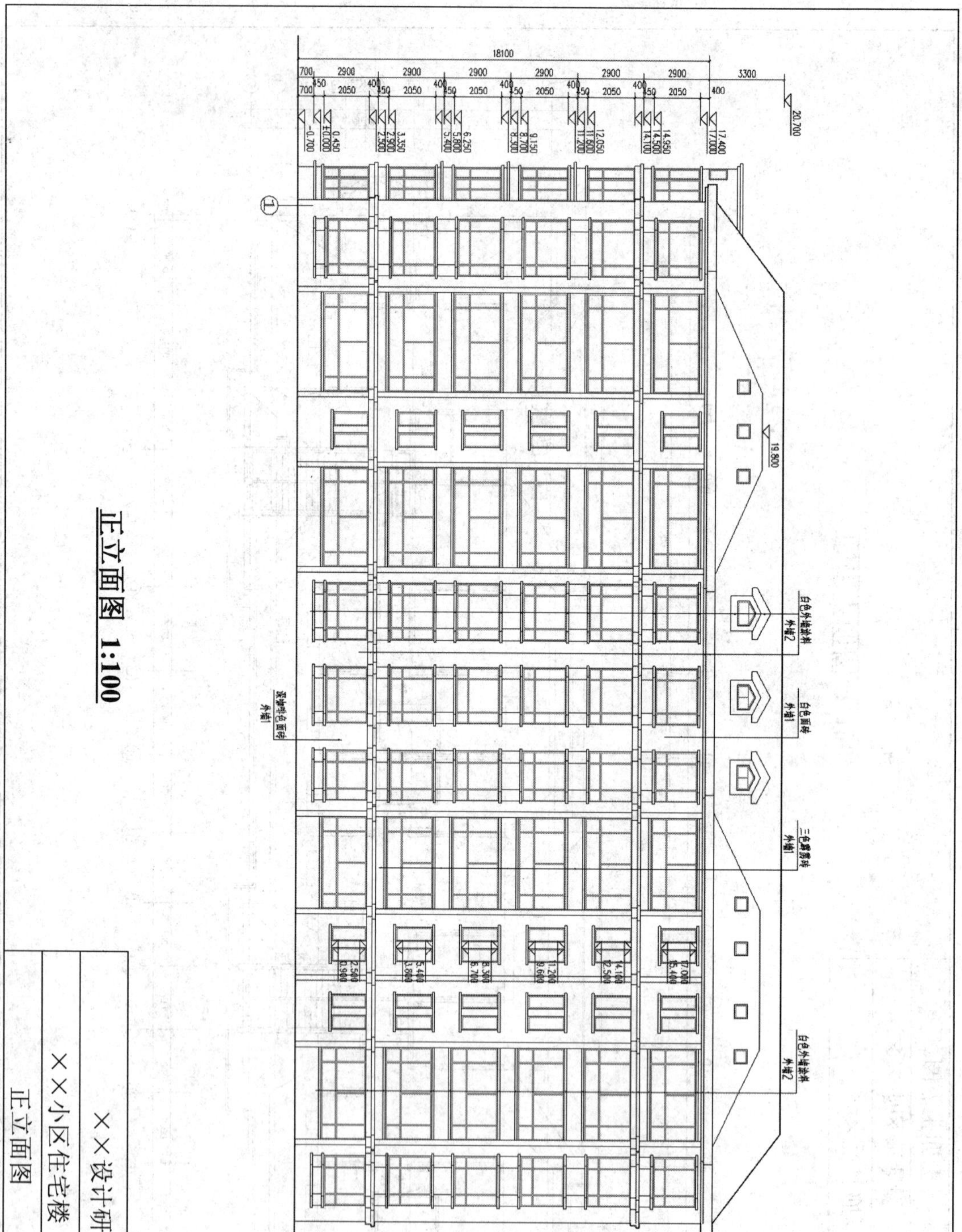

正立面图 1:100

××设计研究院	
××小区住宅楼	
正立面图	建施-8

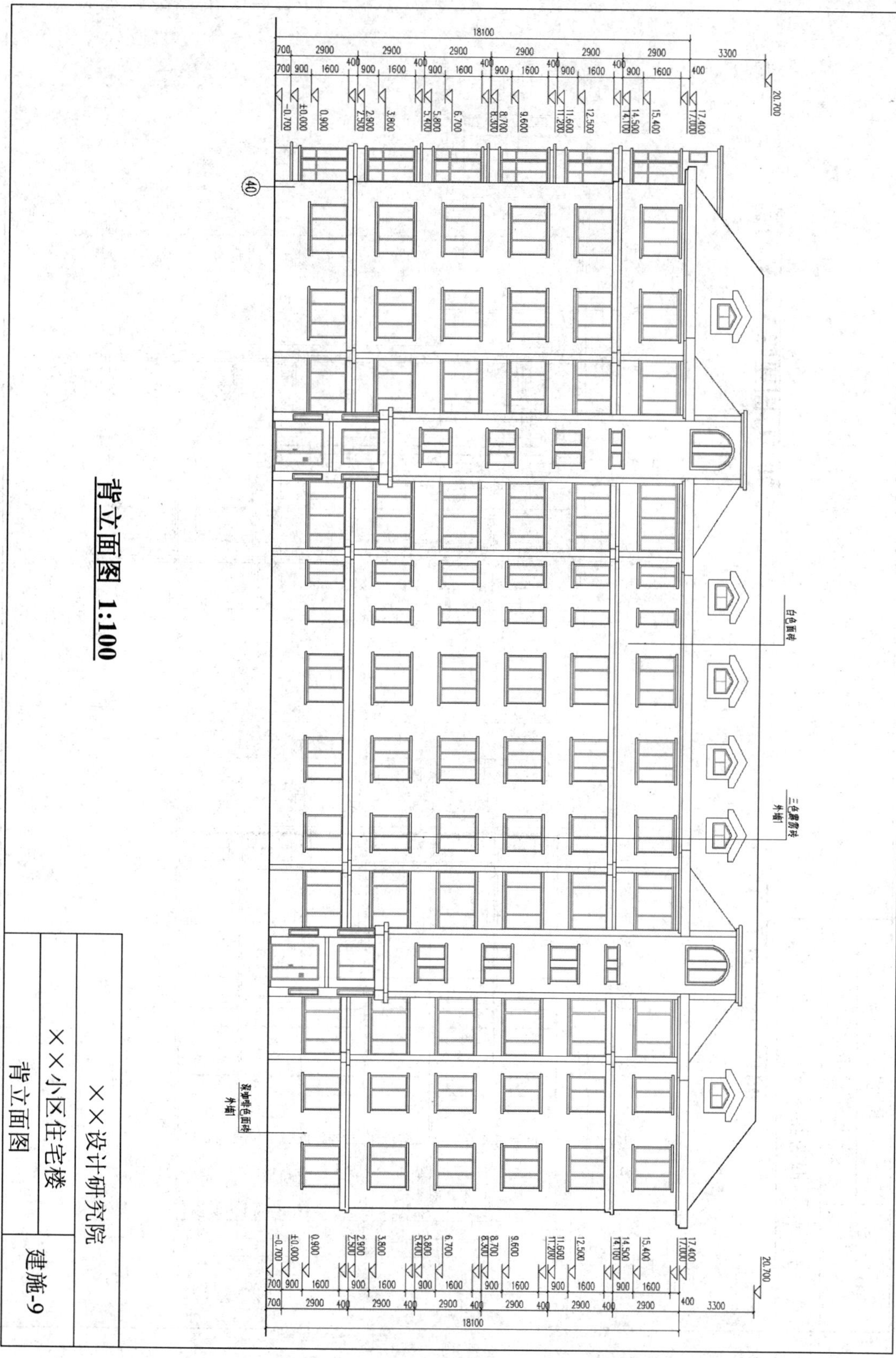

白色面砖

三色露雾砖
外墙1

深咖啡色面砖
外墙1

背立面图 1:100

××设计研究院	
××小区住宅楼	建施-9
背立面图	

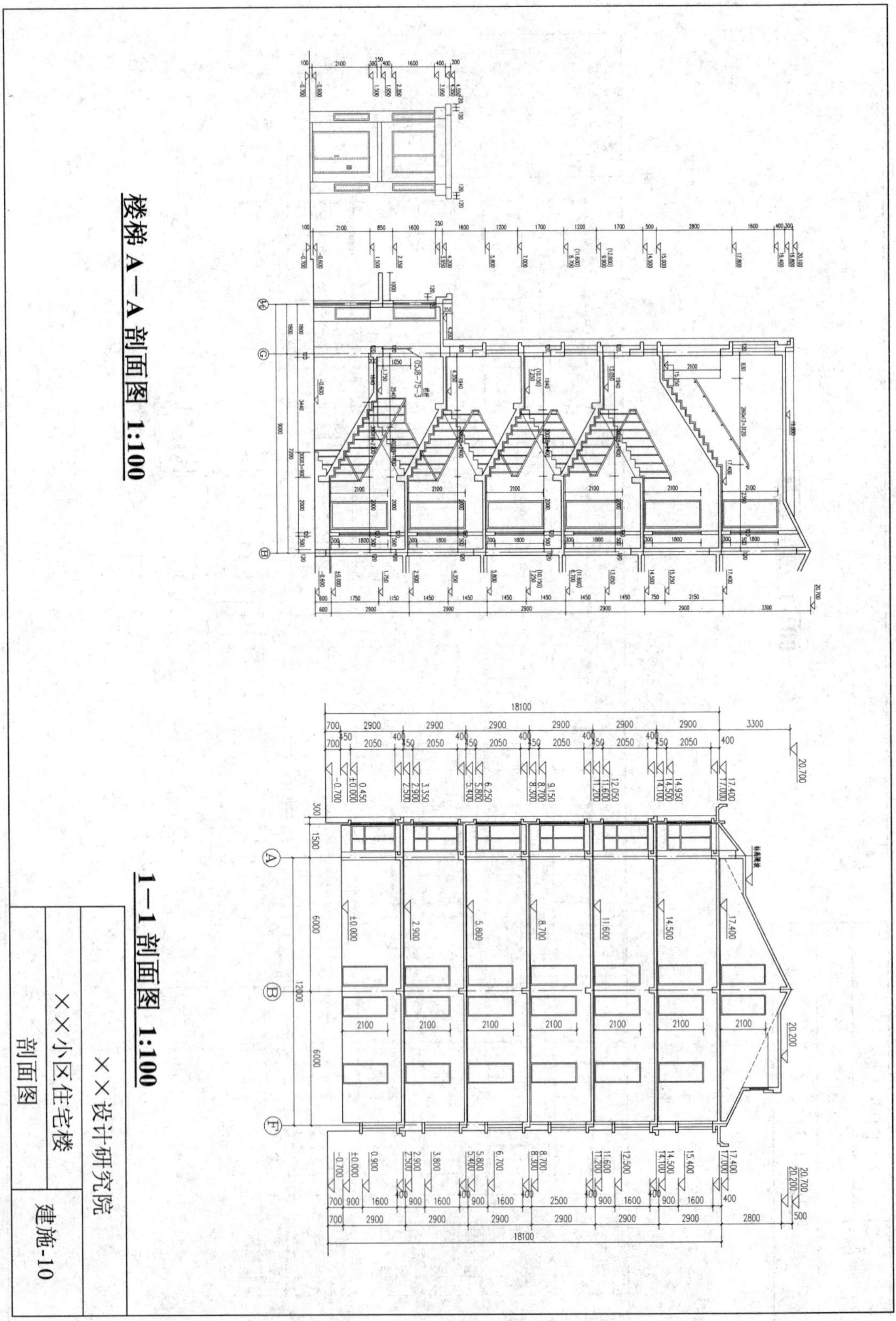

楼梯 A－A 剖面图 1:100

1－1 剖面图 1:100

××设计研究院	
××小区住宅楼	建施-10
剖面图	

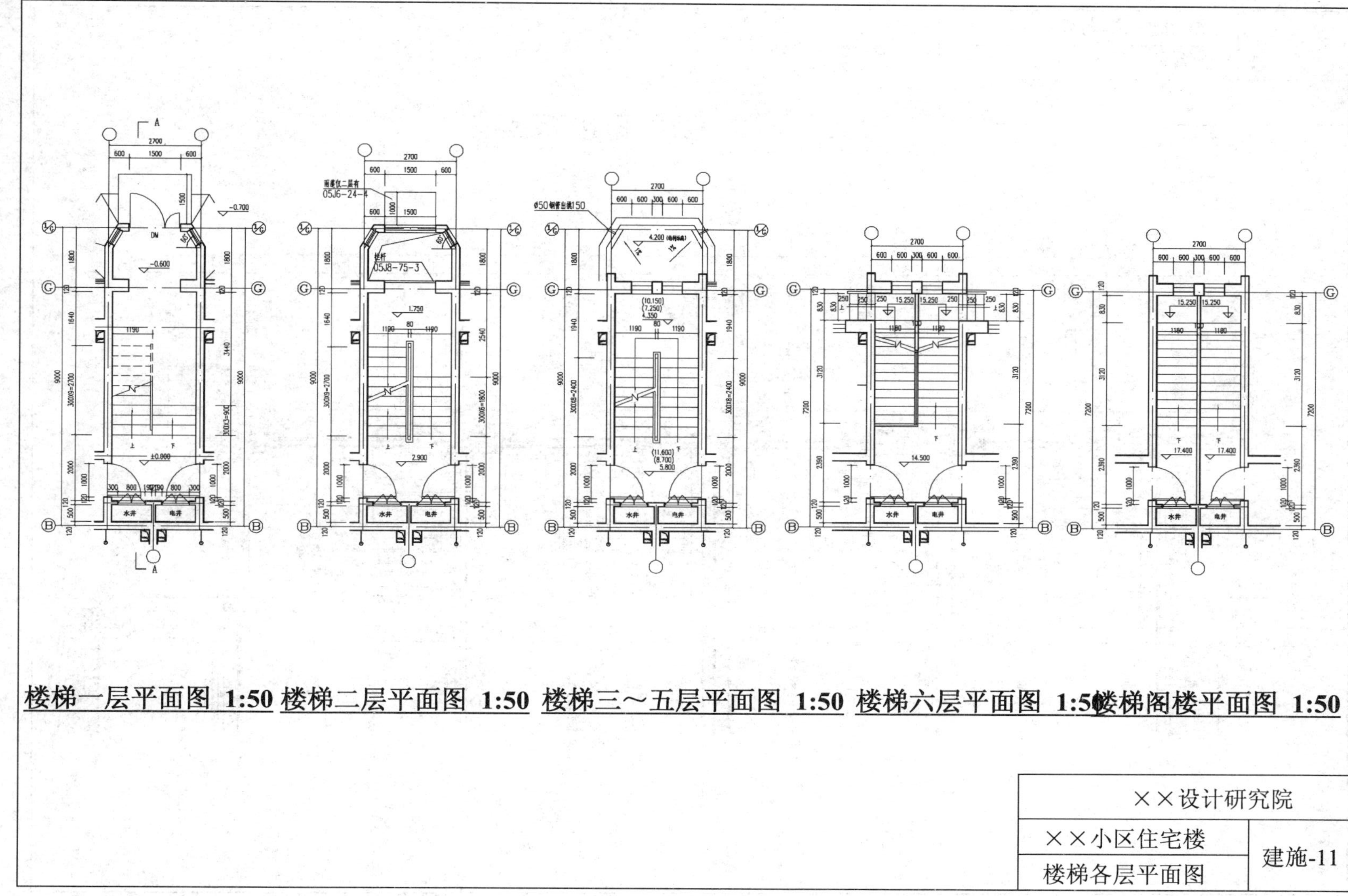
楼梯一层平面图 1:50
楼梯二层平面图 1:50
楼梯三～五层平面图 1:50
楼梯六层平面图 1:50
楼梯阁楼平面图 1:50
××设计研究院
××小区住宅楼
楼梯各层平面图
建施-11

墙体大样图 1:100
××设计研究院
××小区住宅楼
墙体大样图
建施-12
室内装修见室内装修做法表
护窗栏杆
05J8-75-3
滴水
02J121-1-A8-A
02J121-1-A9-1
02J121-1-A9-2
05J5-1-2-E
吊顶示意
沥青砂浆嵌缝
散水
05J9-1-57-3
勒脚参
05J3-1-A10-5
i=4%
1:20

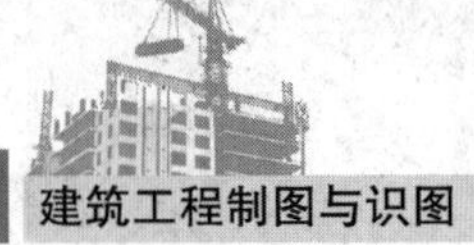

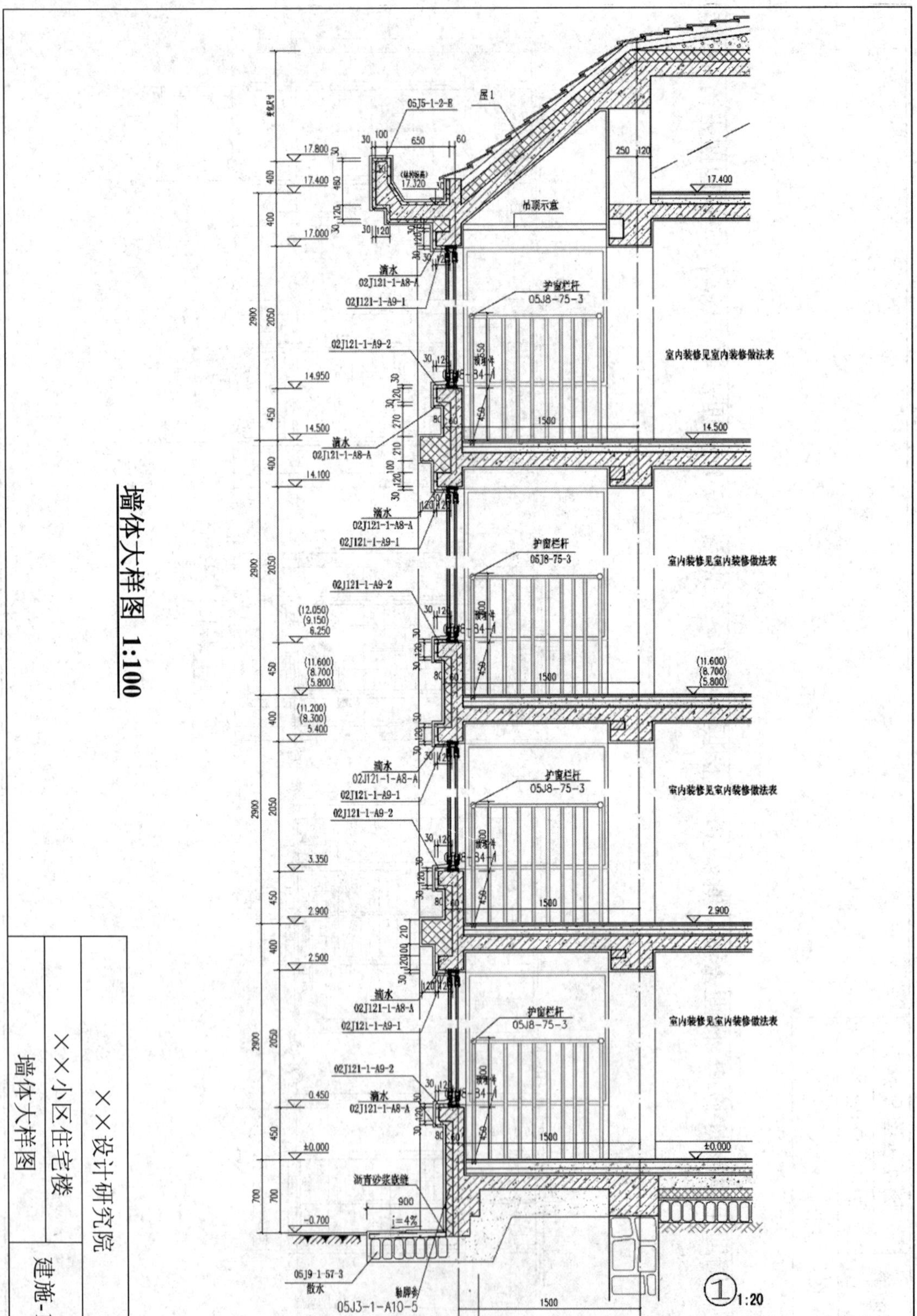

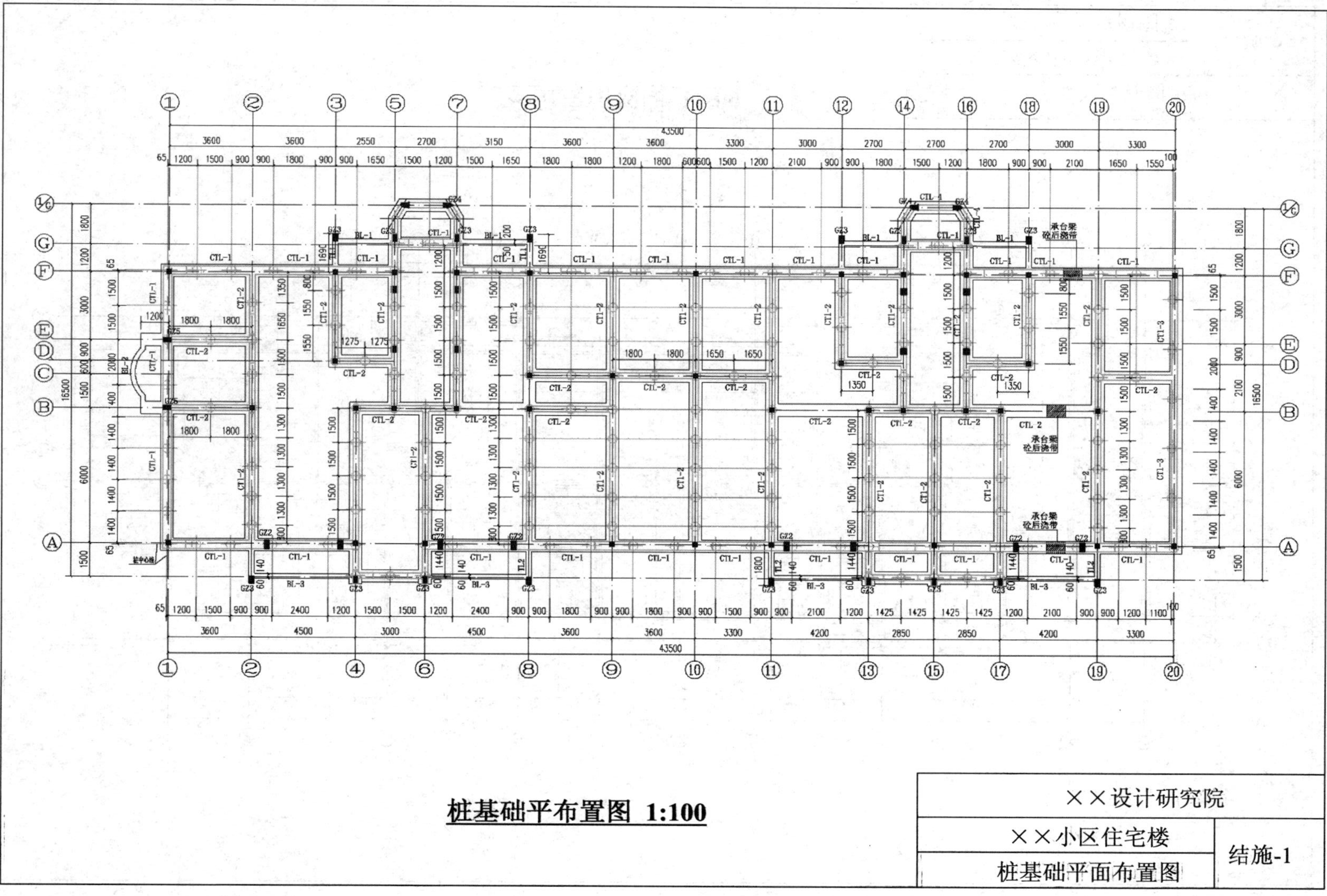
桩基础平布置图 1:100
××设计研究院
××小区住宅楼
桩基础平面布置图
结施-1

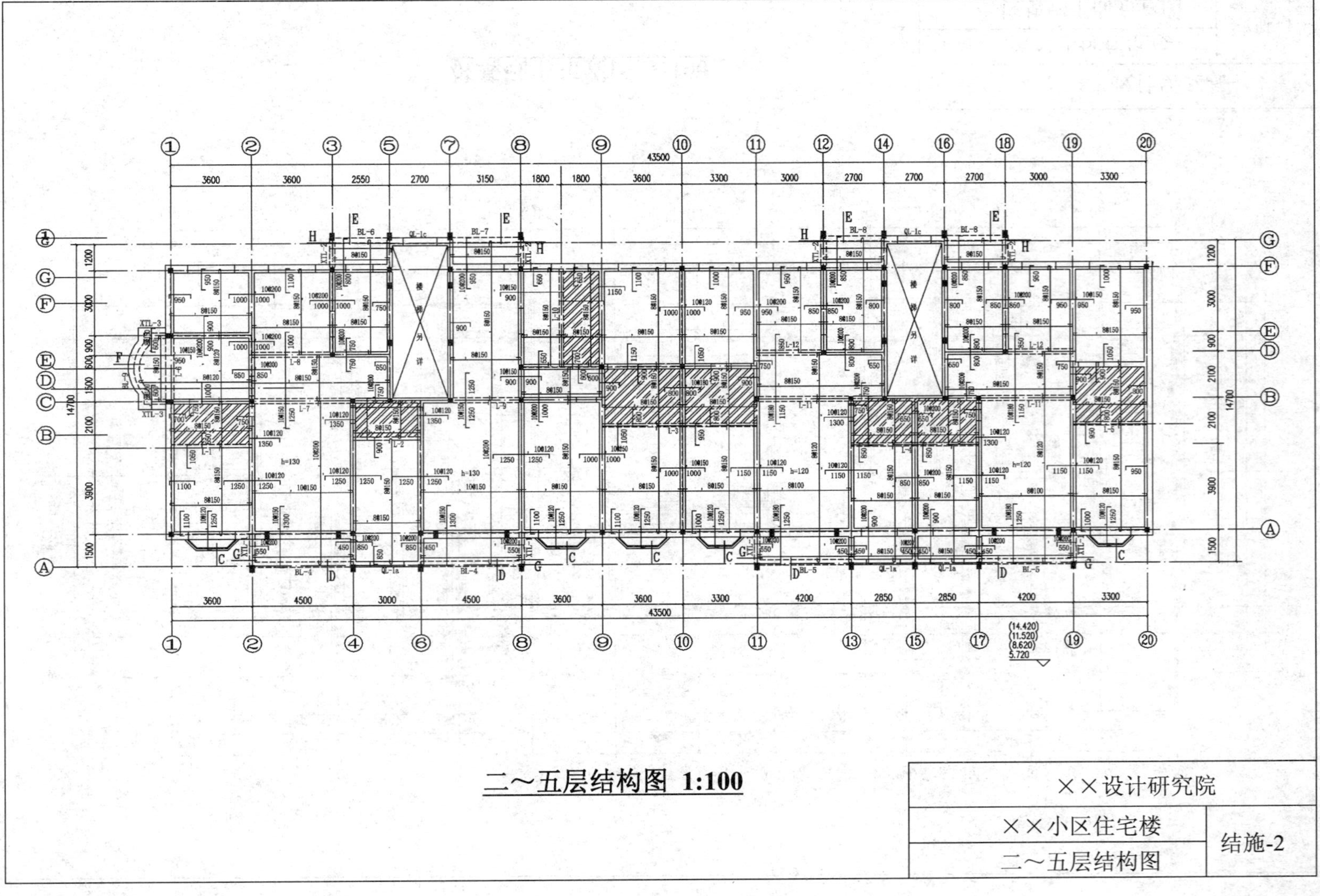

二～五层结构图 1:100
××设计研究院
××小区住宅楼
二～五层结构图
结施-2

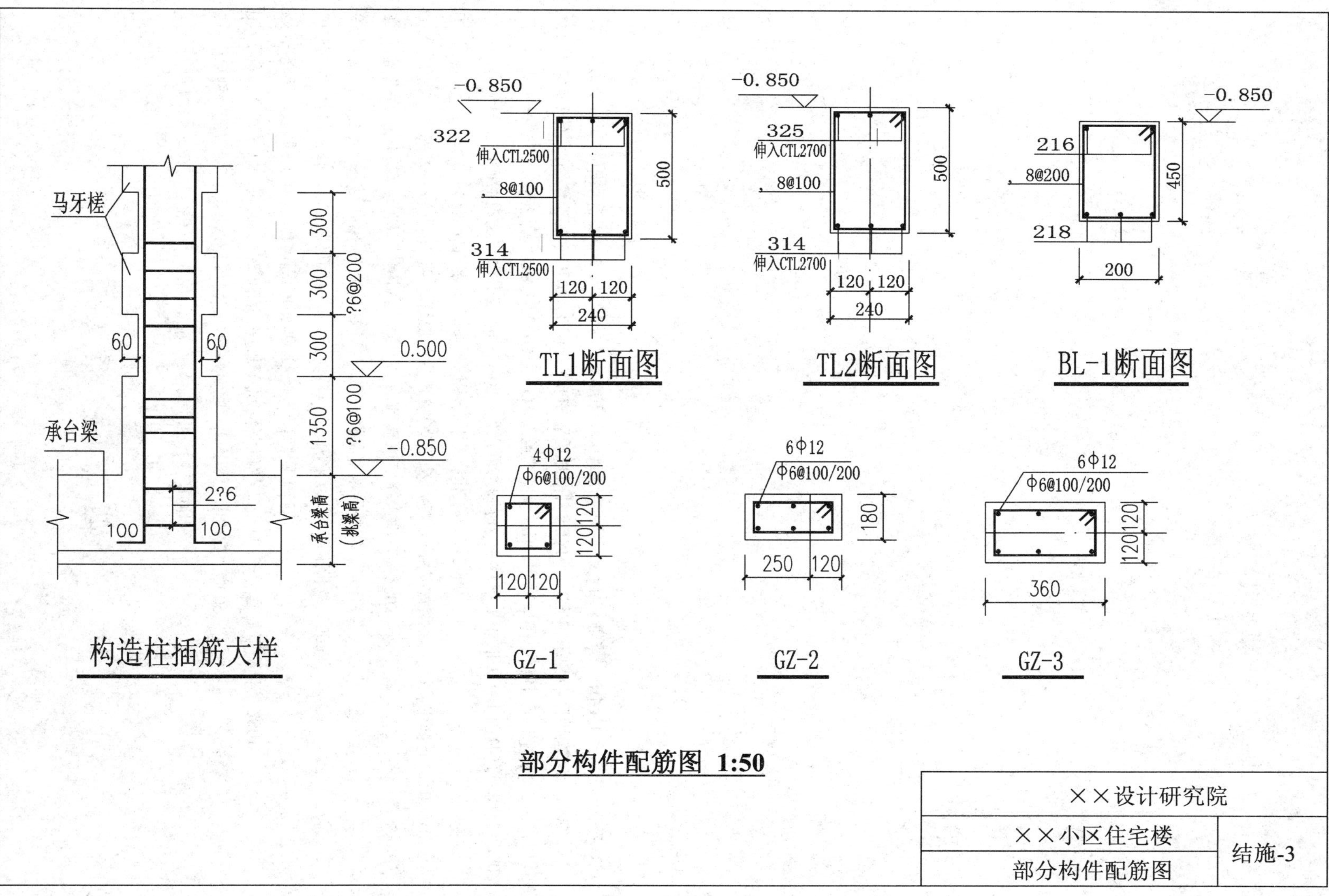

马牙槎
承台梁
60
60
100
100
2?6
300
300
300
1350
?6@200
?6@100
0.500
-0.850
承台梁高
（挑梁高）
构造柱插筋大样
-0.850
322
伸入CTL2500
8@100
314
伸入CTL2500
120
120
240
500
TL1断面图
-0.850
325
伸入CTL2700
8@100
314
伸入CTL2700
120
120
240
500
TL2断面图
-0.850
216
8@200
218
450
200
BL-1断面图
4Φ12
Φ6@100/200
120
120
120
120
GZ-1
6Φ12
Φ6@100/200
180
250
120
GZ-2
6Φ12
Φ6@100/200
120
120
360
GZ-3
部分构件配筋图 1:50
××设计研究院
××小区住宅楼
部分构件配筋图
结施-3

参 考 文 献

[1] 肖明和. 建筑工程制图[M]. 北京：北京大学出版社，2008
[2] 郑贵超，赵庆双. 建筑构造与识图[M]. 北京：北京大学出版社，2009
[3] 毛家华，莫章金. 建筑工程制图与识图(2009 重印)[M]. 北京：高等教育出版社，2001
[4] 白丽红. 建筑工程制图与识图[M]. 北京：北京大学出版社，2009
[5] 张天俊，刘天林. 建筑构造与识图[M]. 北京：中国水利水电出版社，2007
[6] 陈锦昌，何斌. 建筑制图(第六版)[M]. 北京：高等教育出版社，2010
[7] 张英，郭树荣. 建筑工程制图[M]. 北京：中国建筑工业出版社，2005
[8] 罗康贤，左宗义，冯开平. 土木建筑工程制图(第 2 版)[M]. 广州：华南理工大学出版社，2010
[9] 林启迪. 工程制图基础[M]. 合肥：中国科学技术大学出版社，2006
[10] 中华人民共和国建设部. GB/T 50001—2001 房屋建筑制图统一标准[M]. 北京：中国计划出版社，2002
[11] 中华人民共和国建设部. GB/T 50103—2001 建筑制图标准[M]. 北京：中国计划出版社，2002
[12] 中华人民共和国建设部. GB/T 50104—2001 建筑制图标准[M]. 北京：中国计划出版社，2002
[13] 中华人民共和国建设部. GB/T 50105—2001 建筑结构制图标准[M]. 北京：中国计划出版社，2002